U0285968

生物安全与生物资源能力体系建设丛书

实验室生物安全能力建设

武桂珍 ◎ 主编

清華大学出版社
北京

本书封面贴有清华大学出版社防伪标签，无标签者不得销售。
版权所有，侵权必究。举报：010-62782989，beiqinquan@tup.tsinghua.edu.cn。

图书在版编目（CIP）数据

实验室生物安全能力建设 / 武桂珍主编 . — 北京 : 清华大学出版社 , 2023.3
（生物安全与生物资源能力体系建设丛书）
ISBN 978-7-302-62358-8

Ⅰ . ①实… Ⅱ . ①武… Ⅲ . ①生物学—实验室管理—安全设备—研究 Ⅳ . ① Q-338

中国版本图书馆 CIP 数据核字（2022）第 254069 号

策划编辑：孙　宇　辛瑞瑞
责任编辑：孙　宇
封面设计：吴　晋
责任校对：李建庄
责任印制：杨　艳

出版发行：清华大学出版社
网　址：http: //www.tup.com.cn，http: //www.wqbook.com
地　址：北京清华大学学研大厦 A 座　　邮　编：100084
社 总 机：010-83470000　　邮　购：010-62786544
投稿与读者服务：010-62776969，c-service@tup.tsinghua.edu.cn
质量反馈：010-62772015，zhiliang@tup.tsinghua.edu.cn
印 装 者：小森印刷（北京）有限公司
经　销：全国新华书店
开　本：210mm × 285mm　　印　张：14.25　　字　数：343 千字
版　次：2023 年 4 月第 1 版　　印　次：2023 年 4 月第 1 次印刷
定　价：168.00 元

产品编号：098233-01

编委会

主　编　武桂珍

副主编　韩　俊　方立群

编　委（按姓氏汉语拼音排序）

曹国庆　中国建筑科学研究院
曹玉玺　中国疾病预防控制中心病毒病预防控制所
陈丽娟　北京市疾病预防控制中心
方立群　军事科学院军事医学研究院
高颜超　浙江省医学科技教育发展中心
顾　华　中国科学院基础医学与肿瘤研究所
韩　俊　中国疾病预防控制中心病毒病预防控制所
侯雪新　中国疾病预防控制中心传染病预防控制所
贾晓娟　中国科学院微生物研究所
江永忠　湖北省疾病预防控制中心
姜孟楠　中国疾病预防控制中心
柯昌文　广东省疾病预防控制中心
李　林　军事科学院军事医学研究院
李思思　中国疾病预防控制中心
李小波　广州国家实验室

梁　磊　中国建筑科学研究院
梁米芳　中国疾病预防控制中心病毒病预防控制所
瞿　涤　复旦大学
魏　强　中国疾病预防控制中心
魏　强　中国医学科学院医学实验动物研究所
魏晓青　军事科学院军事医学研究院
翁景清　浙江省医学科技教育发展中心
武桂珍　中国疾病预防控制中心病毒病预防控制所
张　芬　湖北省疾病预防控制中心
张　勇　中国疾病预防控制中心病毒病预防控制所
张伯寒　军事科学院军事医学研究院
张小山　中国疾病预防控制中心病毒病预防控制所
赵　莉　中国疾病预防控制中心病毒病预防控制所
赵赤鸿　中国疾病预防控制中心
赵四清　军事科学院军事医学研究院
朱以萍　中国科学院微生物研究所

序

2021 年 4 月 15 日《中华人民共和国生物安全法》实施以来，为进一步加强生物安全领域能力建设，国家提出了加强生物资源安全管理，加快建设病原微生物菌（毒）种等国家战略资源平台等新的要求。

我非常高兴看到，在提升我国生物安全能力建设过程中，中国疾病预防控制中心与清华大学出版社主动作为，策划的《生物安全和生物资源能力体系建设丛书》（以下简称《丛书》）获得了 2022 年度国家出版基金项目支持。近年来，生命科学领域研究取得了重大进步，生物技术快速发展给人类带来诸多生活和生产方式变革的同时，生物安全问题可能带来的风险和隐患也是不可忽视的重要课题。在此背景下，《丛书》从我国生物安全与生物资源领域所面对的新形势、新挑战和新机遇出发，系统全面阐述了本领域的发展现状，总结了近年来的相关成果。因此，《丛书》是针对目前我国生物安全工作薄弱环节和关键技术问题，落实生物安全法，做出的一次有益探索和实践。

《丛书》共三本，《病原微生物保藏鉴定技术》以传染病病原体鉴定关键支撑技术需求为导向，针对我国普遍存在且多发和新发突发传染性疾病病原体为重点，系统展示了我国传染病病原体鉴定和保藏技术方法体系，对提升传染病病原体鉴定发现能力具有重要支撑作用。《国家病原微生物资源库目录》系统总结了国家病原微生物资源目录基本框架和内容构成，初步形成了我国病原微生物资源目录制定、发布、动态调整等机制，特别是成为保藏领域内，尊重、体现菌（毒）种分离、保藏等相关工作人员工作价值的重要载体，对促进资源共享与利用，发挥着重要指导作用。《实验室生物安全能力建设》以公共卫生风险防控能力为主线，系统全面介绍了国内外生物风险管理理论方法和实践最新进展，阐述分析了生物风险管理面临的重要挑战，将为今后加强我国实验室生物风险管理提供重要参考。

在新冠病毒感染疫情仍在全球肆虐的背景下，坚持总体国家安全观，深入推进国家生物安全和生物资源能力体系建设，不断强化我国病原微生物资源全过程、全流程规范化管理，促进我国生物技术健康发展，确保国家生物安全，将是今后一项长期战略任务。

我相信，在我国生物安全领域主管部门和有关专家支持指导下，《丛书》的出版对于进一步提高和有力促进我国生物安全能力，特别是病原微生物资源保藏能力建设，助力新冠病毒感染等重大疫情防控，维护国家生物安全将起到积极推动作用。

徐建国 院士

中国疾病预防控制中心传染病预防控制所研究员

传染病预防控制国家重点实验室主任

中国微生物学会理事长

第一、二届国家生物安全专家委员会主任委员

第三、四届国家病原微生物实验室生物安全专家委员会主任委员

2022 年 12 月于北京

前 言

自生物安全法颁布以来，生物安全已成为国家安全战略的重要组成部分。新冠病毒感染疫情暴发之后，以检测和研究为目的的实验室活动在全球多个生物安全实验室开展，而对于在实验室中操作烈性病原体的担忧也随之涌现。放眼全球，由于实验室防护措施和制度不完善所引发的事故层出不穷，而避免生物危险因子对人员及环境造成危害而采取的综合性管理措施是实验室生物安全的要义。

我国对实验室生物安全的研究较晚，尽管在 2003 年 SARS 疫情后受到重视，得到了长足发展，但在管理理念和设备设施方面还稍显不足。随着科技的高速发展，时代也对生物安全及其体系提出了新的要求。为更好地迎接随之而来的新机遇和新挑战，加强国家生物安全风险防控和治理体系建设，提高国家生物安全治理能力，切实筑牢国家生物安全屏障，我们整理编写了这本《实验室生物安全能力建设》，为构建和完善国家生物安全体系贡献自己的力量。

本书从实验室生物安全的概念与历史、发展现状、要素与要求、风险评估与管理、文化建设以及软硬件能力建设等多个方面沥述了实验室生物安全及其体系建设的使命性与重要性，在对现行制度体系进行了批判性思考的同时，也提出了创新性的建议和对未来实验室生物安全体系革新的展望。

本书的编写出版得到了 2022 年国家出版基金项目“生物安全和生物资源能力体系建设丛书”的资助，由中国疾病预防控制中心与清华大学出版社联袂打造，旨在为国家生物安全战略体系建设发展的大背景下所产生的新机遇、新挑战提供参考，坚持助力推动实验室生物安全体系建设改革和国家生物安全法律法规的完善，维护我国生物安全的长治久安，为“科技兴邦，科技强国”提供强有力支撑。

在此，衷心地感谢参与编写工作的专家与工作人员。由于时间紧迫，错误与疏漏在所难免，敬请各位读者和专家批评指正。相信在我们的共同努力下，实验室生物安全体系的建设发展能够厚积薄发，迈上新的台阶！

武桂珍

2022 年 11 月

目录

第1章

绪 论

生物安全是国家安全的重要组成部分，实验室生物安全是生物安全的重点领域，为我国传染病防控提供了基础支撑，维护着生态安全与社会安定，是国家安全的重要保障。随着科技的进步，尤其是生物科技迅猛发展，生物安全实验室不仅在我国传染病预防控制、突发公共卫生事件处置方面，而且在动物防疫、植物防病、出入境检验检疫、健康食品检测和评价等方面发挥着极其重要的作用，为人类健康和社会经济发展提供了安全保障。同时生物科技被误用和谬用的风险更为严峻，通过基因改造、基因合成等生物技术产生新的病原体或毒素成为现实，生物恐怖事件的威胁将持续存在，其巨大潜在破坏力不容忽视。此外，近几年新发、突发传染病不断出现，2019 年出现的新冠病毒感染疫情成为全球大流行疫情，病毒的不断变异给疫情的防控带来巨大压力，严重影响了人类健康和全球经济；疫源地在非洲中西部的猴痘，从 2022 年 5 月开始，很短时间内波及世界 70 多个国家，确诊病例上万，这些都给实验室生物安全带来巨大的挑战。我国高度重视生物安全实验室能力建设，不断加强法制机制建设，制定各种法律法规，加强生物安全实验室建设，规范实验室生物安全操作，提升生物安全实验室管理水平，增强科研人员生物安全意识和能力，为传染病疫情防控和研究提供坚强的保障体系。

1.1 生物安全与实验室生物安全

生物是整个自然界的一环，生物及其自然状态下形成的生态平衡，是整个人类和所有国家生存发展的重要条件,对人类和各个国家的生存发展具有多方面的意义。人类在开发利用生物资源过程中，不断创新发明新的技术，从不同方面增进了人类健康，使人类的寿命延长、抵抗疾病的能力不断增强。青霉素的发现为抗生素的广泛应用打开了一扇门，也成为第一种能够治疗人类疾病的抗生素，结束了小小的伤口就可以夺走一个人生命的历史。如今各类抗生素的发明和不断更新换代显著提高了人类的生活质量，使人类的健康指数不断提高。疫苗的生产和使用使人类在应对传染病过程中由原来的被动化为主动，增强了人类抵御疾病的能力，消除了天花，有效遏制了鼠疫、霍乱等烈性传染病。

但生物技术，特别是基因技术的发展，为人类防病治病提供便利的同时也存在着各种隐患，科学家已在哺乳动物中实现"基因驱动"，基因驱动系统使变异基因的遗传概率从 50% 提高到 99.5%，可用于清除特定生物物种。随着基因编辑和基因驱动技术的发展，基因武器风险越来越高。这些对于维护国家安全提出了新挑战，如果失去价值导向，罔顾伦理风险，将会给一个国家带来灾难，甚至陷人类于灭顶之灾。近些年，生物安全相关问题频频发生，新冠病毒感染疫情和猴痘疫情都被世界卫生组织（World Health Orgnization，WHO）列为"国际关注的突发公共卫生事件"，这是 WHO 发布的最高级别警报。除此以外，近十年来相继出现了甲型 H1N1 流感、高致病性 H5N1 禽流感、高致病性 H7N9 禽流感、埃博拉、寨卡等重大新发突发传染病疫情。随着全球化程度不断加深，人际交往更加频繁，传染病疫情的传播也更快更广，即使远在世界另一极，也只是一趟航班的距离。实验室感染事件、生物恐怖威胁时有发生，生物多样性遭到严重破坏、外来物种入侵等重大生物安全问题一直存在，严重威胁人类健康、社会发展和国家安全。

为了维护国家安全，防范和应对生物安全风险，保障人民生命健康，保护生物资源和生态环境，促进生物技术健康发展，推动构建人类命运共同体，实现人与自然和谐共生，我国制定了《中华人民共和国生物安全法》，并于 2021 年 4 月 15 日正式施行。生物安全法对防范重大新发突发传染病、动植物疫情、病原微生物实验室生物安全管理、人类遗传资源与生物资源安全管理、防范生物恐怖袭击与防御生物武器威胁等做出规定，是我国生物安全领域的里程碑式法律，标志着我国生物安全进入依法治理的新阶段。生物安全法中明确定义，生物安全是指国家有效防范和应对危险生物因子及相关因素威胁，生物技术能够稳定健康发展，人民生命健康和生态系统相对处于没有危险和不受威胁的状态，生物领域具备维护国家安全和持续发展的能力。生物安全是国家安全的重要组成部分。维护生物安全应当贯彻总体国家安全观，统筹发展和安全，坚持以人为本、风险预防、分类管理、协同配合的原则。

实验室是实验人员工作的场所，是对研究的对象进行操作的场所，同时也是人员防护与环境保护的主要防护地。生物领域的实验室，涉及动物学、植物学、微生物学等多学科领域，其中从事病原微生物研究的实验室涉及病原微生物的培养、检测、鉴定，药物实验，诊断试剂和疫苗研发，动物实验等活动，具有较高的潜在安全风险。从人类开始在实验室从事病原微生物研究以来，就一直受到病原微生物实验室感染和泄漏的威胁，生物实验室获得性感染多数与操作病原微生物有关，还与实验室的防护等级、防护能力和使用频率、实验人员的素质和能力，以及实验室的安全管理体系等因素相关。

实验室生物安全是生物安全的重要内容之一，确保实验室生物安全，就是在进行病原微生物实验活动过程中，确保从事实验活动的工作人员的人身安全、防止实验室涉及的生物因子泄漏至实验室外，保护环境、社会和人类健康。

随着国家经济、科技水平的不断提高，尤其是 2003 年严重急性呼吸综合征（severe acute respiratory syndrome，SARS）疫情以后，我国对实验室安全问题越发重视，国家出台了一系列相关的法规条例对实验室进行规范化、制度化的管理，实验室管理人员及相关学者对实验室生物安全的研究也越发深入。2004 年 4 月，中华人民共和国质量监督检验检疫总局和中华人民共和国标准化管理委员会正式颁布的国家标准《实验室生物安全通用要求》（GB 19489—2004）是我国第一部关于实验室生物安全的国家标准。该标准的发布对我国实验室安全管理、公共卫生体系建设以及认证认可体系建设具有里程碑意义，标志着我国实验室生物安全管理和实验室生物安全认可工作步入了科学、规范和发展的新阶段。2004 年 9 月，中华人民共和国建设部与国家质量监督检验检疫总局联合发布了《生物安全实验室建筑技术规范》（GB 50346—2004），提出了生物安全实验室建设的技术标准。2004 年 11 月，国务院颁布的《病原微生物实验室生物安全管理条例》是第一部与实验室生物安全相关的条例，规范和指导了我国实验室生物安全管理工作。随后又陆续颁布了实验室生物安全相关的各种条例和法规，使我国实验室生物安全工作进入法治化和规范化的轨道，不仅全方位提高了实验室工作人员的安全意识和水平，而且建立了实验室安全管理体系，极大推动了我国实验室生物安全的发展。

生物因素带来的安全危害一直是人类面临的巨大挑战，自农耕社会以来，瘟疫与灾荒就是一直伴随人类社会发展的梦魇。生物安全实验室作为病原研究、监测和防控的基础支撑，必须得到保障和加强。我国实验室生物安全的发展起步较晚，尽管十多年来中国生物安全实验室快速发展，实验室管理体制趋于健全，实验室设备设施更加完善，生物安全实验室建设已初具规模和体系，这些实验室在国家新发突发传染病防控、疫苗研究、国家重大活动保障等方面发挥了重要作用，但是伴随着科技的进步，经济全球化的进程，人员流动和活动范围日益扩大，地球生态环境造成破坏，病原体跨物种、跨地域传播加速，新发和再发传染病持续存在，传染病疫情的发生呈不断加剧态势，对生物安全的需求不断增加，对生物安全实验室的管理制度、标准体系、设计建造技术、关键防护装备的研究、运行维护等方面提出了新的要求。面对挑战，有必要加强实验室生物安全能力建设，为传染病疫情防控和研究提供坚强的保障体系。

1.2 实验室生物安全基本概念与范围

实验室生物安全（laboratory biosafety）是指实验室的生物安全条件和状态不低于容许水平，可避免实验室人员、来访人员、社区及环境受到不可接受的损害，符合相关法规、标准等对实验室生物安全责任的要求。自从人类开始在实验室开展病原微生物研究，实验人员就直接面对、接触各种病原微生物，因此一直面临着病原微生物实验室感染和泄漏的威胁，从实验室感染事件的国内外文献可见，20 世纪初至今，病原微生物实验室感染事件时有发生。随着人类对于病原微生物认识和研究的不断深入，根据病原微生物的传染性、感染后对个体或者群体的危害程度，我国《病原微生物实验室生物安全管理条例》中将病原微生物分为四类。第一类：能够引起人类或者动物非常严重疾病的微生物，以及我国尚未发现或者已经宣布消灭的微生物；第二类：能够引起人类或者动物严重疾病，比较容易直接或者间接在人与人、动物与人、动物与动物间传播的微生物；第三类：能够引起人类或者动物疾病，但一般情况下对人、动物或者环境不构成严重危害，传播风险有限，实验室感染后很少引起严重疾病，并且具备有效治疗和预防措施的微生物；第四类：在通常情况下不会引起人类或者动物疾病的微生物。其中第一类、第二类病原微生物统称为高致病性病原微生物。伴随着病原微生物研究工作的开展，实验室感染事件的不断发生，由此提出了实验室生物安全的需求，并逐渐形成以生物安全实验室设施设备防护屏障、病原微生物实验室操作技术规范和实验室生物安全管理体系为核心的实验室生物安全基本概念。

1.2.1 生物安全实验室设施设备防护屏障

生物安全实验室（biosafety laboratory）是指通过实验室的设计建造、生物安全设备的配置、个人防护装备的使用，以及严格遵守预先制定的安全操作程序和管理规范等综合措施，确保操作生物危险因子的工作人员不受实验对象的伤害，确保周围环境不受生物因子污染，并保护实验对象（如病原微生物、样本）不被污染的实验室。只有实验室的生物安全条件和环境处于良好状态，才能避免实验室人员的感染及环境的污染。

生物安全实验室设施设备防护屏障是构成生物安全实验室的基本要素，也是实验室生物安全的基本保障，是保护实验人员免受感染和环境远离污染的安全防护屏障。实验室设施通常指实验室的建筑结构和配套的通风空调系统等整体性装置，一般为基础设施。根据对所操作生物因子采取的防护措施，将实验室生物安全防护水平分为一级、二级、三级和四级，其中一级防护水平最低；四级防护水平最高。依据国家相关规定：生物安全防护水平为一级的实验室适用于操作在通常情况下不会引起人类或者动物疾病的微生物；生物安全防护水平为二级的实验室适用于操作能够引起人类或者动物疾病，但一般情况下对人、动物或者环境不构成严重危害，传播风险有限，实验室感染后很少引起严重疾病，并且具备有效治疗和预防措施的微生物；生物安全防护水平为三级的实验室适用于操作能够引起人类或者动物严重疾病，比较容易直接或者间接在人与人、动物与人、动物与动物间传播的微生物；生物安全防护水平为四级的实验室适用于操作能够引起人类或者动物非常严重疾病的微生物，以及我国尚未发现或者已经宣布消灭的微生物。以 BSL-1、BSL-2、BSL-3、BSL-4（bio-safety level，BSL）表示仅从事体外操作的实验室的相应生物安全防护水平。以 ABSL-1、ABSL-2、ABSL-3、ABSL-4（animal biosafety level，ABSL）表示包括从事动物活体操作的实验室的相应生物安全防护水平。

实验室设备通常是实验室中包含的具有相对完整功能性的，以及独立使用的机械或机器，包括公共配套设备、安全防护设备和实验仪器等。安全防护设备主要用于对实验人员、实验对象和周围环境的安全保护，是确保实验室安全运行的关键要素。实验室安全防护设备一般包括生物安全柜、负压动物隔离装置、个体防护装备、压力蒸汽灭菌器和消毒设备等。

生物安全柜（biological safety cabinet，BSC）是具备气流控制及高效空气过滤装置的操作柜，可有效降低实验过程中产生的有害气溶胶对操作者和环境的危害。生物安全柜是实验室中主要的一级防护屏障装备，可保护操作人员、实验室环境和（或）工作材料免受操作含有生物因子的材料时可能产生的传染性气溶胶和飞溅物的影响，正确使用和维护的情况下，可以有效减少实验室相关感染。

根据结构设计、正面气流速度、送风、排风方式不同，将生物安全柜分为Ⅰ级、Ⅱ级和Ⅲ级。

负压动物隔离装置是通过送风、排风设备及高效滤器的组合应用，维持动物隔离装置的负压，使得动物隔离装置与环境之间保持一定的压力差和洁净度，以避免感染事件发生或污染环境，负压动物隔离装置分为独立通风笼具、非气密式动物隔离设备和手套箱式动物隔离设备。

个人防护装备（personal protective equipment，PPE）是指用于个人穿戴、具有隔离、过滤或消除污染功能、保护操作人员不受物理、化学和生物等有害因子伤害的器材和用品。个体防护装备主要包括眼镜、口罩、面罩、防毒面具、帽子、防护服、手套、鞋套以及听力保护器等，所保护的部位主要包括眼睛、头面部、躯体、手、足、耳（主要保护听力）以及呼吸道。在生物安全实验室中开展工作，必须使用恰当的个体防护装备，与生物安全柜等设施共同组成物理防护屏障，保护实验人员免于生物因子的危害。

压力蒸汽灭菌器温度随蒸汽压力增高而升高，利用压力蒸汽和高热释放的潜热进行灭菌，是目前可靠而有效的灭菌方式。适用于耐高温、高压、不怕潮湿的物品的灭菌，对感染性物质和废弃物的去污染无害化处理。

消毒灭菌装置是实验室生物安全的重要保障。由于生物安全实验室的消毒对象种类多、影响消毒效果的因素多，选择经过验证的高效、环保、安全的消毒方法，对于保障实验室生物安全、实验室人员身心健康非常重要。世界上多数高等级生物安全实验室都在使用气体或蒸汽方法对实验室内环境、生物安全柜、动物隔离装置等进行消毒或灭菌。

1.2.2 病原微生物实验室操作技术规范

病原微生物实验室操作技术规范是指在开展病原微生物实验活动的实验室中，建立的一套符合国家或国际法规要求，经过验证、安全、可靠的实验室操作技术规范，适用于所有开展病原微生物实验活动的实验人员。实验人员必须严格遵守实验室操作技术规范，以保护实验室和社区的人员免受感染，防止环境污染，并对实验中的材料提供保护。

实验室是开展病原微生物实验活动的场所，也是人员防护与环境保护的主要场所。实验室应编制简明易懂、可操作性强的安全手册，供实验室所有人员学习和遵守执行。实验室规范化操作是避免病原微生物实验室人员感染及伤害的关键环节，为减少或避免实验过程中的失误、操作不规范以及仪器设备使用不当造成的事故或事件，应对开展的病原微生物实验活动进行风险评估，制定相应的病原微生物标准操作技术规范。

病原微生物实验室活动分为实验室常规实验、感染性材料实验和动物实验，由此制定的相关标准操作技术规范，具体内容如下。

1. 生物安全实验室良好的工作规范

良好的实验室工作规范是实验室有序安全的保障，实验人员应掌握生物安全实验室的良好工作规范；包括建立并执行准入制度，所有进入人员要知道实验室的潜在危险，符合实验室的进入规定；建立良好的内务规程；规范个人行为，在实验室工作区不要饮食、抽烟、处理隐形眼镜、使用化妆品、存放食品等；工作前应掌握生物安全实验室标准的良好操作规程；正确使用适当的个体防护装备。

2. 生物安全实验室仪器设备的操作规范

实验室活动离不开仪器设备的使用，正确使用仪器设备可以保证实验的有序正常开展，保护操作人员和实验对象的安全，维护实验室的安全。应制定仪器设备的使用标准操作规范，定期对仪器设备进行性能检测和维护保养。

3. 感染性材料的操作规范

对从事的病原微生物种类及开展的实验活动进行风险评估，确定其在生物安全相应级别的实验室内开展实验活动，并对所进行的实验活动制定标准操作规范。常见的实验活动包括感染性材料的样本分装、菌（毒）株的分离、培养、检测、鉴定等活动。同时需制定相应的废弃物处理标准操作规范，以保证实验结束后废弃物的正确处理，防止感染性材料再次污染，保护人员和环境的安全。

4. 动物实验相关的操作规范

动物实验是根据实验目的，选用符合实验要求的动物，根据科学的实验方案，在相应的环境设施中进行各种科学实验并观察、记录动物的反应过程及结果，以获得新知识或进行验证的活动。应根据实验动物的种类、所开展的病原微生物危害程度制定相应的实验动物操作技术规范，选择适用于所操作动物的设施、设备、实验用具等，将实验动物饲养在可靠的专用笼具或防护装置内。动物实验时，要采用适当的保定方法或装置来限制动物的活动性，动物饲养人员和实验操作人员要有实验动物饲养或操作上岗合格证书等。

5. 实验活动中的应急处置规范

实验室应急处置规范是为应对实验活动中可能产生的意外事故，以及火灾、水灾、地震或人为破坏等突发紧急情况而制定的应急方案；应至少包括组织机构、应急原则、人员职责、应急通信、个体防护、应对程序、应急设备、撤离计划和路线、污染源隔离和消毒、人员隔离和救治、现场隔离和控制、风险沟通等内容。

1.2.3 实验室生物安全管理体系

实验室生物安全管理体系是一个实验室系统化、明文规定、用于解决实验室生物安全问题相互关联的一组要素，其作用是维护实验室的活动符合实验室生物安全的规定，可自行发现、纠正问题，改进、提高实验室生物安全性，实现实验室生物安全发展的方针和管理目标，以持续满足实验室生物安全管理的需求。实验室管理的目标是确保实验活动安全、有序，实验结果准确、有效，因此实验室生物安全管理体系应具备系统性、全面性、有效性及适应性，即管理体系应覆盖管理活动的要素，要素之间相互联系，能有效协调。

实验室生物安全管理体系包括组织机构设立，实验室生物安全管理方针和目标确定，岗位职责明确，实验人员、实验活动、设施设备的管理，实验室生物安全体系文件编写等。建立实验室生物安全管理体系是一项系统工程，是实验室内部各部门与关联的要素组成的一个整体，其核心是合理、科学和完整。依法管理是实验室生物安全管理工作的出发点和落脚点，使管理工作有据可依。我国从 21 世纪初就相继颁布了一系列法律法规、标准和技术文件，如《中华人民共和国传染病防治法（修订版）》《病原微生物实验室生物安全管理条例》《医疗废弃物管理条例》《实验室生物安全通用要求》《人间传染的病原微生物名录》《中华人民共和国生物安全法》等，为实验室生物安全管理工作提供了法律依据，对实验室生物安全管理与实验室建设工作提出了具体技术要求，是实验室管理文件编写的主要依据。

实验室生物安全管理体系文件是建立实验室生物安全管理体系的基础，也是体系评价、改进、持续发展的依据。实验室生物安全管理体系文件基本框架一般分为四个层次：生物安全管理手册、程序文件、标准操作规程和记录表格、报告等。

实验室生物安全管理手册是实验室生物安全管理的纲领性文件和政策性文件，是生物安全管理的第一层次文件，直接关系到生物安全管理工作的成效和体系运行效率。应包括：组织结构、人员岗位及职责、安全及安保要求、管理人员的权限和责任等、生物安全管理方针和管理目标、生物因子风险评估和风险控制、实验活动和实验材料的管理、安全监督、事故报告等。

程序文件是生物安全管理体系的支持性文件，目的是便于对生物安全管理体系所涉及的关键活动进行连续和有效的控制。程序文件应明确规定实施具体安全要求的责任部门、责任范围、工作流程及责任人、任务安排及对操作人员能力的要求、与其他责任部门的关系、应使用的工作文件等；应满足实验室实施所有的安全要求和管理要求的需要，工作流程清晰，各项职责得到落实。

标准操作规程即作业指导书，是指设施、设备、实验方法的具体操作过程，事物所形成的技术细节的描述，是一个可操作性的文件，是指导实验人员完成其具体工作任务的指导书的指南，需要足够详细明确。

记录是为了给已完成的活动或达到的结果提供客观证据的文件，是生物安全管理体系文件的重要组成部分。应明确规定对实验室活动进行记录的要求，至少应包括记录的内容、记录的要求、记录的档案管理、记录使用的权限、记录的安全、记录的保存期限等。保存期限应符合国家和地方性法规或标准的要求。

1.3 实验室生物安全历史发展

生物安全实验室是开展传染病防治、生物防范和应用生物安全研究必备的实验场所，可为实验人员免受病原微生物感染并防止病原微生物泄漏到外环境提供重要的安全平台。自 19 世纪末发现致病菌，人类开始在实验室从事病原微生物研究的过程中一直伴随着实验室感染事件的发生，实验室生物安全与生物安全实验室是一对孪生兄弟，推动了实验室生物安全的发展，并最终形成规范化、标准化的现代生物安全实验室。徐涛院士等将实验室生物安全发展分为 4 个阶段，即萌芽期（1949 年以前）、形成期（1949—1983 年）、成熟期（1984—2004 年）和繁荣期（2004 年至今），与此相应的生物安全实验室从最初萌芽到快速发展，最终形成实验室全球合作发展期也经历了 4 个阶段。本文将结合生物实验室的发展对实验室生物安全的各阶段进行介绍。

第一阶段是 1949 年以前，实验室生物安全萌芽期，对生物危害的认识促进了生物安全起步，提出并逐步实现生物安全防护。

传染病是人类健康的大敌，从古至今，鼠疫、伤寒、霍乱等许多可怕的病魔夺去了人类无数的生命。人类要战胜这些凶恶的疾病，首先要弄清楚致病的原因。第一个发现传染病是由病原细菌感染造成的人是德国科学家罗伯特·科赫。他在 19 世纪末提出的科赫法则，是用以验证细菌与病害关系的科学验证方法，被后人奉为传染病病原鉴定的金科玉律，自此开启了病原微生物感染致病相关研究，霍乱弧菌、结核分枝杆菌、鼠疫耶尔森菌、伤寒杆菌等病原微生物不断被发现。随着不断研究病原微生物致病机制的同时，工作过程中造成的感染事件不断出现，从事病原微生物有关的实验人员感染病原微生物的危险性明显高于普通人群。最早记录的实验室感染事件为 1886 年德国科学家科赫发表的关于霍乱的实验室感染报告和 1893 年法国报道的一例实验室感染事件，实验人员在培养细菌过程中意外感染破伤风。此后，世界各地先后报道多起实验室感染。1938 年，美国密歇根州立学院 45 名工作人员感染布鲁氏菌，其中 1 例死亡，多人隐性感染，推测是同楼的布鲁氏菌实验室造成的感染。1947 年，美国 NIH 发生 47 例 Q 热感染，研究者认识到这些病例与实验室内形成立克次体气溶胶有关。

随着病原微生物研究范围逐渐扩大、种类日益增多、深度不断增强，在科学研究、临床诊断、制剂生产等过程中研究人员意外感染事件的报道越来越多，有关病原研究过程中的生物安全防护问题越来越引起人们的重视，在对实验室感染事件的研究中逐渐形成了生物安全的理念。19 世纪末，以罗伯特·科赫为首的微生物学家开始尝试设计简单的生物安全柜用来开展微生物学实验；20 世纪初，科研人员开始设计各类防护装置来避免实验室感染事件的发生，1943 年由美国人设计的Ⅲ级生物安全柜基本成型，并于 1944 年被用于美国马里兰州迪特里克的美国陆军生物武器实验室。与此同时，操作病原微生物以及处置传染病患者和传染病疫情过程中的个体防护逐渐被人们认识，并形成基本统一的规范，包括穿防护服、佩戴手套，特别是应对呼吸道传播的病原微生物时佩戴口罩。

第二阶段是 1949—1983 年，即实验室生物安全形成期，是生物安全防护屏障的探索与实施。

1949 年 Sulkin 和 Pike 发表第 1 篇与实验室感染相关的调查报告，总结了 222 例病毒性感染，其中 21 例（9.4%）是致死性的；至少有 1/3 病例的感染与操作感染性动物和组织相关；有 27 例（12.2%）为已知事故引起。随后于 1951 年，他们开展的美国全国性实验室感染调查活动，参与的实验室约 5000 家，实验室感染涉及细菌、病毒、真菌、立克次氏体等 60 多种病原体，共计 1342 例实验室感染者，其中 39 例死亡，但只有 1/3 的实验室感染被记录下来。调查截至 1976 年，美国累积实验室感染病例达到 3921 例，不到 20% 与明确的事故相关，80% 以上的可能是由于暴露于实验室气溶胶而造成的感染。

在认识到生物危害的同时，生物安全学科也在探索实验室生物防护措施的过程中逐步建立起来。1950 年，美国公共卫生协会组织的学术会议上展出了生物安全防护一级屏障设备，随后，以美国陆军生物武器实验室的现代生物安全之父阿诺德·魏杜姆（Arnold G. Wedum）为首的科学家科学评估了处理危险病原微生物的风险，特别是各种微生物操作中产生气溶胶的风险，制定了相应的操作规程和管理办法，使用合理有效的微生物学实验技术，设计研发相关设备和设施。20 世纪 60 年代早期提出的单向气流概念开始应用于实验室和生物安全柜，结合同期研究发现的交叉污染和交叉感染等情况，提出将从事感染性疾病研究的实验室进行整体设施改造和区域化管理，逐渐形成实验室防护的思想，以实现对研究人员和周围环境的保护。

美国学者于 1969 年提出对微生物的危害性进行分级，并于 1976 年和 1981 年分别进行了修订，将微生物按危险类别从高到低分了 4 个等级。1979 年，WHO 采用了美国对微生物的分级标准；1983 年 WHO 发布了《实验室生物安全手册》（*Laboratory Biosafety Manual*，LBM）（第 1 版），提倡各国接受和执行生物安全的基本概念，同时鼓励各国针对本国实验室如何安全处理病原微生物制定具体的操作规程，并为制定这类规程提供专业指导。从此，生物安全实验室在世界范围内有了一个统一的标准和基本原则。

第三阶段为 1984—2004 年，即实验室生物安全成熟期，生物安全指南与标准促进生物安全实验室发展，使生物安全实验室进入标准化建设阶段。

1983 年，《实验室生物安全手册》（第 1 版）的发行推动了实验室生物安全的发展，已经有许多国家利用该手册所提供的指导原则制定了本国的生物安全操作规程。1984 年美国发布的第一版《微生物和生物医学实验室生物安全》（*Biosafety in Microbiological and Biomedical Laboratories*，BMBL）也成为实验室生物安全的基础文件。1993 年生物安全等级制度的建立，以及 1993 年和 2004 年《实验室生物安全手册》第 2 版、第 3 版的相继出版，标志着实验室生物安全步入成熟期。

尽管采取了各种预防实验室感染的措施，但实验室感染仍时有发生。Kao AS 等对美国 1990—1994 年结核杆菌实验室感染情况的调查，有 13 个实验室中的 21 名实验人员感染结核杆菌，其中 7 例是明确的实验室感染，6 例无法确定感染源。1981—1992 年关于艾滋病毒职业感染的数据显示，美国共有 32 名卫生保健工作者患有职业性获得性艾滋病毒感染，其中有 25% 是实验室工作人员。Sejvar JJ 等使用 listservs 上的帖子调查了实验室获得性脑膜炎球菌感染的风险，获得 1985—2001 年世界各地发生的实验室获得性脑膜炎球菌病的报告，确定了 16 例可能的实验室病例，包括美国 6 例。9 例（56%）由血清型 B 引起，7 例（44%）由血清型 C 引起，8 例（病死率 50%）死亡。

值得注意的是，自 1965 年以来，实验室获得性感染的年度数量稳步下降。例如，英国 1988—1989 年的调查结果发现，实验室感染发病率为 82.7/10 万，而 1994—1995 年的实验室感染发病率为 16.2/10 万。说明随着对病原微生物的危害认识，人们更加重视实验室安全，通过使用适合的生物安全实验室、生物防护设备如生物安全柜，以及个人防护设备，从而不断减少病原微生物的危害。

针对实验室感染，研究学者意识到除了加强实验室生物安全防护，还应加强生物安全管理体系。在 20 世纪末，全球性、区域性及各国的生物安全法规、标准纷纷出台，并及时更新，趋向于全球统一，形成了 4 个不同级别的生物安全实验室制度，这些生物安全指南和标准的发展，不仅促进了实验室生物安全的发展，也促进了生物安全实验室的全球建设，使生物安全实验室的理念和标准更加科学、合理，进入标准化建设阶段。

第四阶段，2004 年至今，即实验室生物安全繁荣期，也是生物安全实验室全球合作发展期。

2003 年突然暴发的 SARS 疫情波及全球多个区域，在全球控制疫情流行后 2003 年 9 月—2004 年 4 月，新加坡、中国台湾地区、安徽省和北京市等国家和地区先后出现了 SARS 感染病例，且均源于实验室感染，这使得各国政府和科研人员对生物危害有了更深刻的认识，促进了实验室生物安进入全面发展的繁荣期。

新发突发传染病的传播比以往更容易，可以在很短时间就波及全球。新冠病毒感染疫情在短短几个月就发展成为全球大流行疫情，截至 2022 年 8 月，已造成约 5.8 亿人感染，约 640 万人死亡，且病毒的不断变异给疫情的防控带来巨大的压力，严重影响了全球的经济和人类的健康；自 2022 年 5 月开始的猴痘疫情，截至 2022 年 8 月，在 3 个月时间波及世界 89 个国家，确诊病例 3 万多人。突发的疫情使得实验室的使用频次加大，实验人员高负荷工作给实验室生物安全带来隐患。

随着全世界范围内新发突发传染病疫情如 SARS、禽流感、埃博拉、新型冠状病毒等传染病疫情的暴发流行，各国均加大对高致病性病原微生物的研究，纷纷加速建设本国的高等级生物安全实验室，并在新时期逐渐开始建立实验室网络体系，对提高其所在国家生物威胁应对能力发挥着重要作用。同时各国着重建立生物安全实验室的合作体系，构建高等级生物安全实验室群，以更好地应对全球一体化所面临的传染病防控和生物威胁新形势，进入了生物安全实验室的全球合作发展期。

尽管各国都制定了相应的管理制度，采取了各种生物安全防护措施，但仍不能完全避免生物安全事件的发生，实验室生物安全管理成为备受关注的因素。我国自 2003 年 SARS 疫情后，实验室生物安全工作得到高度重视，2004 年 11 月国务院颁布了《病原微生物实验室生物安全管理条例》，规范和指导了我国实验室生物安全管理工作。随后，我国陆续颁布了各种法规和制度。目前我国在生物安全实验室国家标准、国家认可制度、国际合作等领域形成了自己的特色，从而在国际实验室生物安全领域拥有了一定的话语权。《中华人民共和国生物安全法》是我国生物安全领域的里程碑式法律，这部法律的正式施行标志着我国生物安全进入依法治理的新阶段。

1.4 实验室生物安全事件

病原微生物实验室涉及各级医疗卫生、科研教学、出入境检验检疫以及相关企业领域实验室，是人类用于进行病原研究的特殊工作环境，实验人员直接面对、接触各种病原微生物。自人类开始病原微生物研究，实验室生物安全事件时有发生，自德国科学家科赫 1886 年发表的实验室霍乱感染病例报告以后，相关实验室感染报道不断增多，病原微生物的危害及实验室感染的潜在风险，促进了生物安全理念形成与发展，并最终形成了由防护屏障、病原微生物操作技术规范和实验室生物安全管理体系为核心的现代生物安全实验室。但是近些年随着生物安全实验室数量的剧增，各种各样的生物安全泄漏事件也层出不穷，有研究表明实验室生物安全事故与实验室的数量呈正比例增长。

实验室生物安全事件的实际发生率很难计算，一方面是因为没有系统的实验室生物安全事件报告系统，实验室相关感染的监测数据较难收集；另一方面实验室感染与常规疾病发生的感染途径可能不同，相应地，其疾病的潜伏期或临床症状可能不典型，不易判断；此外，实验室人员或主管部门可能担心受处罚或荣誉受损，而隐瞒不报。可用数据仅限于已发表的事件报告、特定微生物感染事件或基于已发生的生物安全事件的回顾调查，对这些数据进行潜在的安全问题分析、危害的关键控制点分析对于生物安全控制非常必要，但历史数据可能不一定适用于当前实验室的工作环境和新技术。

1.4.1 实验室生物安全事件的历史

1915 年 Kisskalt 发表了第一份伤寒杆菌实验室感染事件调查报告，1885—1915 年，有 50 例实验室伤寒病例，其中 6 例死亡病例，感染途径包括气溶胶生成、锐器损伤、摄入、口腔移液和飞溅到黏膜上。Sulkin 和 Pike 于 1951 年发表的实验室感染专题调查报告，涉及美国约 5000 个实验室，包括国家和地方的卫生部门、医院、医学院校、兽医学校、研究所、商业的生物学实验室等，共计 1342 例实验室感染者，但其中 1275 例发生在 1930 年以前，涉及 60 多种不同的微生物，其中细菌 27 种，病毒 22 种，立克次体 5 种，真菌 6 种，寄生虫 12 种，发病最多的是布鲁氏菌病等 10 种疾病。在 1342 例实验室感染者中，有 39 例死亡，病死率为 2.9%。Sulkin 于 1961 年、1976 年再次统计美国实验室感染情况，实验室感染病例总数和病死率都有所增加，分别为 2348 例病毒（病死率为 4.6%）和 3921 例细菌感染（病死率为 4.2%），细菌感染仍占优势，其次是病毒感染。Pike 等 1985 年做了更为广泛的调查，包括美国及其他国家的实验室感染，发现实验室感染中细菌与病毒感染的比例发生了变化，1930—1950 年的 20 年中，细菌感染者占 57%，病毒感染者占 20%，而 1950—1965 年，细菌感染者的比例下降到 30%，病毒感染者则上升到 39%，且病毒感染者的病死率较高。Harding 和 Lieberman 综述并分析了 58 份发表的文献，1980—1991 年间的 375 例实验室感染者，多数与细菌感染相关，主要由伤寒沙门菌、布鲁氏菌和衣原体引起；约 3/4 的病毒感染由虫媒病毒和汉坦病毒引起；95% 的立克次体感染由伯氏考克斯体引起。

随着人们对生物危害的认识不断加深，提出并逐步实现了生物安全防护，制定了相应的操作规程和管理办法，设计并研发了相关防护设备和设施，最终形成了现代生物安全实验室。由于不同防护等级的实验室其数量、防护能力、使用频率及主要用途的差别，导致各等级实验室发生生物安全事件的情况不同。裴杰等根据发表的文献对 1980—2015 年不同病原体引起实验室感染情况及致死率按不同级别实验室进行了分析，BSL-2 实验室是进行低致病性病原微生物实验操作的基础实验室，该型实验室具有生物防护的基本功能，只进行一般的实验研究，因此发生的生物安全事件较少。BSL-4 实验室是目前全世界防护等级最高的实验室，但该型实验室造价昂贵、维护运行成本较高且需要极高的技术要求及高层次的专业技术人员，尽管其开展的病原微生物危害性最高，但由于其数量稀少及较强的防护功能，该型实验室发生的生物安全事件也较少。BSL-3 实验室是目前全球范围内进行致病性病原体研究的主流实验室，但面对风险未知的病原体及高致病性病原体该型实验室的防护能力又较低，所以 BSL-3 实验室中发生的生物安全事件最多。相对细菌而言，病毒往往具有极强的传染性及扩散能力，且致病性、致死性较高，除此之外，针对病毒的特异性药物及治疗手段匮乏，导致相关人员易受感染且病死率较高。

1.4.2 实验室生物安全事件的常见原因及其危害

气溶胶感染是引起实验室感染的主要原因，在实验过程中，用火焰烧灼接种后的接种环、使用吸管稀释或混合菌液、注射器排气、将感染性液体由一个容器移入另一容器、打开冻干培养物等操作，均可产生气溶胶。此外使用匀浆机、振荡仪、超声波破碎仪等处理感染性材料时都可以产生感染性微生物气溶胶。1976 年 Pike 发表的 3921 例实验室感染中，59% 发生在科研实验室，17% 发生在诊断实验室。约 70% 的实验室感染与直接操作病原微生物相关，包括操作感染性材料、动物实验、传染性气溶胶和意外事故相关，约有 20% 为原因不清的实验室感染被合理地假设为暴露于传染性气溶胶引起。意外事故是实验室感染的第二个常见原因，包括仪器设备或设施出现意外故障和操作人员出现疏忽和错误操作，如针刺、利器切割、感染性材料飞溅或溢出、动物咬伤、抓伤或逃逸等。

生物安全事件可能只是个别实验人员引起的，但其背后却隐藏着巨大的公共风险，其危害程度远远超过一般公害，最终造成的危害不仅限于实验者本人，同时还殃及周围同事或社区中的人群，甚至可能涉及周围的环境。1979 年 4 月 4 日—5 月 18 日，莫斯科东部叶卡捷琳堡市出现 79 例炭疽，其中 64 例死亡；同时，该市郊区 5 个村庄也发生家禽炭疽暴发。经调查确认是军方一个微生物实验室未及时安装高效过滤器造成的炭疽杆菌泄漏。当时政府为 5 万人注射了疫苗，用氯对患者所在的医院进行了彻底消毒，房屋也被清洗，野狗被扑杀，街道的表层被推土机挖走后重铺。

2003 年突然出现的 SARS 暴发疫情很快波及世界各地，在全球控制疫情流行后约 3 个月的 2003 年 9 月，新加坡国立大学研究生在环境卫生研究院实验室中感染 SARS 病毒，原因是研究院同一时间处理多种不同的活性病毒，因处理程序不当，SARS 病毒污染了这名研究生研究的西尼罗病毒材料而造成感染。2003 年 12 月一名中国台湾地区的 SARS 研究人员在实验室感染 SARS 病毒，直接原因是这名研究人员在实验室内未能遵守规章，因操作疏忽而感染 SARS。2004 年 4 月安徽省、北京市先后发现新的 SARS 病例，起源于实验室内感染，是一起因实验室安全管理不善，执行规章制度不严，技术人员违规操作，安全防范措施不力，导致实验室污染和工作人员感染的重大责任事故。

2005 年 4 月 13 日，世界卫生组织向全世界 18 个国家的数千个实验室发出了立即销毁 H2N2 流感病毒样品的警报，此样品为美国“梅里迪安生物科技有限公司”错误分发的于 1968 年在自然界已消失的流感样品。为防止暴发大规模的流感疫情，有关国家的实验室接报后立即与时间赛跑，快速投入销毁 H2N2 流感病毒的行动。

1.4.3 实验室生物安全事件的管理

实验室生物安全最重要的原则是“安全第一”，首先要保护操作者的安全，其次是环境的安全。实验室生物安全事件发生突然，不可预见，但造成的危害比较严重，可能引起实验人员的感染，严重的可能造成人员的死亡，甚至导致环境污染和大面积人群感染。为预防和控制实验室生物安全事件发生，需要加强实验室生物安全管理，严格执行国家和有关部门的实验室生物安全规范与标准。

对操作的病原微生物进行潜在危险识别和风险评估，只有在具有相应级别的生物安全防护设施内才能从事高危险级别的病原微生物研究，生物安全防护设施要有标准的硬件条件（包括设施、设备、个人防护装备），也要有规范的实验室管理和操作程序。

实验室的生物安全管理涉及多个方面，包括建立生物安全管理体系、人员管理、感染性材料管理、设施与设备管理、废弃物管理、个人防护和应急预案等。应加强实验室的管理，切实做到实验人员严格遵守实验室管理和操作规范，按照实验室的要求严格控制用于实验的微生物种类。建立和完善突发公共卫生事件的应急机制，定期对人员进行培训和演练，一旦发生生物安全事件，当事人应迅速准确地采取应对措施，报告事故发生情况，相关部门立即启动应急预案。

1.5 实验室生物安全建设意义

实验室生物安全是生物安全的重要内容，不仅是传染病预防控制在内的生物医学领域工作的基础支撑，而且与环境安全和社会安全息息相关。新发突发传染病、生物恐怖、生物技术谬用等对我国人民健康、经济发展和国家安全构成了重要威胁。我国实验室生物安全起步较晚，尽管自 2003 年 SARS 疫情后，我国生物安全得到足够重视，生物安全实验室快速发展，实验室管理体制趋于健全，但与发达国家先进的设施设备及实验室管理理念仍有一定的差距。随着信息化、人工智能等技术的发展，实验室生物安全面临着技术革新的挑战，因此加强实验室生物安全建设具有重要意义。

1.5.1 传染病预防控制和病原微生物研究的需求

随着经济全球化的发展，人类活动的日益频繁，气候变化、生态改变、环境污染等加剧了微生物的适应性变化、病原体跨物种传播。自 2003 年 SARS 疫情，新发、突发疫情不断，先后经历了 H5N1 禽流感、H7N9 禽流感、中东呼吸综合征、埃博拉病毒病，到 2019 年开始延至现在的新型冠状病毒感染疫情，对全球造成了严重影响。为应对未来更多未知或新发传染病在人群中流行传播，应加强实验室生物安全建设，制定科学的防控策略。

科学的传染病疫情防控离不开对病原微生物的研究，通过研究病原微生物的生物特性及其传播流行的规律，可以了解其毒力及致病性，并根据这些特性制定出科学的防控措施。在研究病原微生物，尤其是高致病性病原微生物时，必然应用生物安全防护设施设备，因此加强生物安全建设有助于对病原微生物的研究，有助于保护实验人员和环境。

1.5.2 生物安全实验室发展的需求

我国自 2003 年 SARS 疫情后，加快了生物安全实验室的建设步伐，我国高等级生物安全实验室从最初的几个发展到现在已经初具规模和体系，几乎每个省都至少有一套高等级实验室，在建设过程中培养了一批工程设计公司和设计师，成就了生物安全实验室的设备制造商，并建立了生物安全领域的专家群。这些实验室在国家新发突发传染病防控、疫苗研究、国家重大活动保障等方面发挥了重要作用。

生物安全实验室和生物安全防护设备是生物安全的支撑，增强实验室设施设备的性能有助于提高生物安全实验室的能力和降低风险。随着我国生物安全实验室的需求和建设不断增多，一些做普通洁净室工程的公司也逐渐进入生物安全实验室的建设市场，但这些公司对生物安全实验室不够了解或缺乏建设高等级生物安全实验室的经验，所建的生物安全实验室特有的检测项目较难达标。此外，我国高等级生物安全实验室的生物防护设备如Ⅱ级生物安全柜、压力蒸汽灭菌器、生物防护口罩等国产化技术、产品、标准已成熟，能满足生物安全三级实验室的使用要求，但品牌、质量仍不及同类进口产品，生物安全四级实验室装备的进口率尤为突出。

因此，加强实验室生物安全建设，加大生物安全实验室关键设施设备的研发，提高设备产品的稳定性、安全性和有效性，加强高等级生物安全实验室自动控制和人工智能等领域的产品研发，对于提高实验室生物安全保障能力具有重要意义。

1.5.3 实验室生物安全管理的需求

尽管我国在生物安全方面经过几十年的发展，制定了一系列生物安全的法律法规和行业规范，实验室管理体制趋于健全，然而我国关于生物安全的法律法规和行业规范多为宏观性的指导与规定或质量要求标准，对日常实际工作中的操作规范缺少清晰的具体要求，导致这些指导性要求较难对实验生物安全工作提供可靠的具有操作性的技术支持。同时，生物实验室作为处理各类病原体及感染动物的特殊场所，实验室研究过程中菌毒种管理、病原体样本贮存、运输和处理等过程中管理方面存在重视程度不够和监管不到位的现象，缺乏全国统一的高等级生物安全实验室科学、规范、有效的运行监管制度。

高素质的生物安全实验室相关从业人员有利于实验室的管理和控制实验操作过程中的风险，应加强生物安全实验室人员的能力建设，包括管理人员和实验人员。生物实验室的建造、管理、运行涉及生物学、医学、工程学、建筑学等诸多领域，需要多个学科的交叉融合，高等级实验室管理人员不仅需具有专业知识背景，丰富的实验室工作经验，还需了解多个学科的基础知识。实验人员的素质决定了一个实验室的生物安全状况，因此还需加强管理人员和实验人员的技术能力和生物安全责任意识，保证其掌握实验室技术规范、操作规程、生物安全防护知识和实际操作技能，以及应急事故处理技能。

总之，加强实验室生物安全建设是对于我国生物安全具有重要意义，可以完善我国生物安全相关法律法规，建立更有针对性、专业性的生物安全实验室法制体系，加强实验室生物安全监管，为国家生物安全防护提供强有力的支撑；可以加强人才队伍建设，培养优秀的设计、建设、管理以及操作人才，为实验室生物安全提供技术支持和服务；可以加快研发生物安全防护装备，提升高等级生物安全实验室的生物安全防护水平，以应对突发和新发的各种传染病及生物风险。

参考文献

[1] 保罗·S·凯姆, 戴维·H·沃克, 雷蒙德·A·济林斯卡斯. 苏联炭疽惨案: 尘封38年的真相[J]. 环球科学, 2017, (5): 60-65.

[2] 刘静, 李超, 柳金雄, 等. 高等级生物安全实验室在生物安全领域的作用及其发展的思考[J]. 中国农业科学, 2020, 53(1): 74-80.

[3] 吕京, 赵赤鸿, 陆兵, 等. 生物安全实验室建设与发展报告[M].北京: 科学出版社, 2021: 1-28.

[4] 裴杰, 王秋灵, 薛庆节, 等. 实验室生物安全发展现状分析[J].实验室研究与探索, 2019, 38(9): 289-292.

[5] 王俊丽, 崔长海, 聂国兴, 等. 实验室生物安全管理与建设[J]. 实验室研究与探索, 2013, 32(6) : 427-429.

[6] 武桂珍, 王健伟. 实验室生物安全手册[M]. 北京: 人民卫生出版社, 2000: 1-9.

[7] 徐涛, 车凤翔, 董先智, 等.实验室生物安全[M].北京: 高等教育出版社, 2010: 1-18.

[8] GRIST N R, EMSLIE JAN. Infections in British clinical laboratories, 1988–1989[J]. J Clin Pathol, 1991, 44: 667-669.

[9] KAO A S, ASHFORD D A, MCNEIL M M, et al. Descriptive profile of tuberculin skin testing programs and laboratory-acquired tuberculosis infections in public health laboratories[J]. J Clin Microbiol, 1997, 35(7): 1847-1851.

[10] PETTS D, WREN M, NATION B R, et al. A short history of occupational disease: 1. Laboratiory-acquired infections[J]. Ulster Med J, 2021, 90(1): 28-31.

[11] SEJVAR J J, JOHNSON D, POPOVICH T, et al. Assessing the risk of laboratory-acquired meningococcal disease[J]. J Clin Microbiol, 2005, 43: 4811-4814.

[12] SEWELL D L. Laboratory-associated infections and biosafety[J]. Clin Microbiol Rev, 1995, 8(3): 389-405.

[13] WALKER D, CAMPBELL D. A survey of infections in United Kingdom laboratories, 1994–1995[J]. J Clin Pathol, 1999, 52: 415-418.

[14] WEINSTEIN R A, SINGH K. Laboratory-acquired infections[J]. Clin Infect Dis, 2009, 49(1): 142-147.

第2章 实验室生物安全发展现状

2.1 国外实验室生物安全政策法规标准

近年来，实验室生物安全事件持续增加，实验室生物安全政策、法规和标准成为全球关注的重要问题。随着高等级生物安全实验室建设持续推进，相关国际组织及部分国家进一步强化政策法规建设，要求政府加大实验室生物安全和生物安保监管力度，保障跨人类、动物和农业设施的实验室生物安全和生物安保工作健康持续发展。

2.1.1 国际组织及区域集团

1. 世界卫生组织

世界卫生组织对实验室生物安全问题一向非常重视，1983 年出版了《实验室生物安全手册》第 1 版，1993 年该手册的第 2 版正式出版，并于 2003 年 4 月推出了该手册第 2 版修订本的英文版。2004 年正式发布第 3 版《实验室生物安全手册》。2020 年 12 月第 4 版《实验室生物安全手册》发行，第 4 版基于第 3 版的风险评估框架，对风险进行全面、以证据为基础和透明的评估，确保安全措施与实际风险相对应。《实验室生物安全手册》是历史上首个具有国际适用性的实验室生物安全手册，它的出版标志着在全球范围内有了统一的标准和基本指导原则。目前，《实验室生物安全手册》已被世界各国广泛使用，作为事实上的全球标准，在实验室生物安全风险管理方面发挥了重要的指导作用。

《感染性物质运输指南》（*Guidance on regulations for the Transport of Infectious Substances*，WHO/EMC/97.3）于 1997 年由世界卫生组织首次颁布，2004 年颁布了修订版，此后该指南每两年修订一次，最新版本于 2021 年 2 月更新，并取代了 2019 年发布的版本（WHO/WHE/CPI/2019.20）。该指南为促

进所有运输方式遵守针对感染性物质和病原微生物运输的现有国际规定提供了实用的指导意见，但不能取代各国和国际已有的运输规定。WHO 于 2006 年颁布了《生物风险管理：实验室生物安保指南》，主要针对高等级实验室面临的生物恐怖袭击等安全威胁。该指南对之前出台的《实验室生物安全手册》中有关实验室生物安全的概念与理论进行了拓展，丰富了其内涵与外延，主要介绍“生物风险管理”方法，探讨当前实验室安全监管存在的不足和问题，并推荐切实可行的解决方案。2012 年 2 月 WHO 发布了《结核病实验室生物安全手册》（*Tuberculosis Laboratory Biosafety Manual*），强调了应在不同级别的结核病（TB）检测实验室实施的最低限度生物安全措施，以降低实验室获得性感染的风险。2019 年 SARS-CoV-2 的发现，WHO 于 2020 年 5 月出台了《与冠状病毒病（COVID-19）相关的实验室生物安全指南》［*Laboratory Biosafety Guidance Related to Coronavirus Disease*（COVID-19）］临时指导指南，并于 2021 年 1 月更新了新的版本，为参与 COVID-19 实验室工作的实验室和利益相关者提供与 SARS-CoV-2 病毒相关的实验室生物安全临时指南。

2. 世界动物卫生组织

世界动物卫生组织（WOAH，前身为 OIE）是一个政府间组织，也是世界贸易组织（WTO）与动物卫生和人畜共患病相关标准的参考组织，成立于 1924 年，目前有 172 个成员国和地区。其主要目标是确保全球动物疾病状况的透明度，分析和传播兽医科学信息，以提供专业知识并鼓励国际团结控制动物疾病，通过发布动物和动物产品国际贸易卫生标准来保障世界贸易，改善国家兽医服务的法律框架和资源，为动物源性食品的安全提供更好的保障，并通过基于科学的方法促进动物福利。

1968 年，WOAH 首次通过《陆生动物健康规范》（*Terrestrial Animal Health Code*），此后定期更新并发布了不同的版本，最新版本是 2022 年的第 30 版。《陆生动物健康规范》为改善全球陆生动物健康和福利以及兽医公共卫生服务提供相应的标准。WOAH 于 1989 年出版了《生物产品推荐诊断技术和要求手册》，主要目的是为实验动物和动物产品提供国际公认标准的实验室诊断方法，并对疫苗、治疗制剂及其他生物产品的研发和质量控制进行安全监管。1992 年第二版发行，并更名为《诊断检测和疫苗标准手册》，随后分别于 1996 年、2000 年和 2004 年陆续推出第三版至第五版。2008 年出版的第六版更名为《陆生动物诊断检测和疫苗标准手册》（*Manual of Diagnostic Tests and Vaccines for Terrestrial Animals*）。

WOAH 于 1995 年推出了《水生动物健康规范》（*Aquatic Animal Health Code*），最新版本已更新至 2021 年。水生动物卫生服务部门可利用该项法典标准制定预防、早期发现、报告和控制水生动物（两栖动物、甲壳类动物、鱼类和软体动物）病原体的措施。《水生动物诊断试验手册》（*The Manual of Diagnostic Tests for Aquatic Animals*）于 1995 年首次出版，提供了一种诊断《水生动物法规》中所列疾病的标准化方法。新版本每 4 年出版一次，2021 年第八版《水生动物诊断试验手册》发行，尽管目前有许多关于水生动物疾病诊断和控制的出版物，但《水生动物诊断试验手册》一直是一份重要的参考文件，供世界各地的水生动物卫生实验室使用。

3. 国际标准化组织

国际标准化组织（ISO）于 2003 年正式发布首版《医学实验室——质量与能力的专用要求》（ISO 15189），并很快成为医学实验室能力认证方面被广泛接受的标准，该标准于 2007 年推出第 2 版，于2012年推出最新的第3版，更名为《医学实验室——质量与能力的要求》，并于2014年8月进行了修正，根据IOS官网显示，该标准每五年审查一次。该标准主要对医学实验室能力和质量提出专业化要求，是目前国际上公认的指导医学实验室建立和完善先进质量管理体系的最适用标准，同时也是实验室生物安全国际标准化的重要管理依据。《医学实验室——安全要求》（ISO 15190—2003）是国际标准化组织制定的生物医学领域所有类型实验室安全方面的标准，对医学实验室应遵守的安全防护要求做出详细规定。相比较之前颁布的ISO 15189，ISO 15190在提出生物医学实验室质量管理的基础上更加强调其安全监管，要求高等级实验室应指定专门的实验室安全管理人员，以及全体实验室工作人员的生物安全责任意识。

《实验室和其他相关组织的生物风险管理》（ISO 35001）于2019年11月首次发布，是所有测试、储存、运输、使用或处置危险生物材料的机构的国际标准。在COVID-19大流行期间，ISO 35001对生物材料生物风险管理方面起到了正确的指导作用。该标准能够识别、评估、控制和监测与危险生物材料相关的风险，是同类标准中第一个专门帮助实验室和其他涉及生物危害材料的情况下适用于保护个人和环境的标准。值得注意的是，该标准不适用于测试食品或饲料中是否存在微生物和（或）毒素的实验室，也不适用于管理在农业中使用转基因作物的风险。

2020年2月由国际标准化组织发布《生物技术——核酸合成》（ISO 20688）（*Biotechnology — Nucleic Acid Synthesis*），对核酸合成技术提出了国际化的生产和质量要求。该标准共分为两个部分：第一部分ISO 20688-1：2020是对合成寡核苷酸的生产和质量控制要求，以帮助改进寡核苷酸质量管理和提升寡核苷酸产品质量水平，促进和提升生物技术的测量水平，为生物安全检测、监测，产品符合性判定提供技术支撑，提高生物安全检测监测水平；第二部分ISO/CD 20688-2是对合成基因片段、基因和基因组的生产和质量控制的一般定义和要求，但截至2022年8月，该部分还在编著中，并未正式发布。

4. 欧洲经济共同体

早在20世纪80年代，欧洲国家就开始关注实验室生物安全问题，《关于保护工人免受与工作中接触生物因子相关的风险》是欧洲经济共同体（European Economic Community，EEC）委员会1989年6月12日理事会指令89/391/EEC第16（1）条意义上的单独指令，1990年、1993年、2000年经过了3次修订，主要包括一般性规定、实验室所在机构的安全管理职责、特殊性规定等内容，也对从事上述感染性病原微生物研究或工作的实验室人员的预防免疫应对措施进行了明确规定。该指令旨在保护工人免受生物因子对健康和安全风险，包括预防因在工作中接触生物因子而产生或可能产生的风险。该指令对微生物危险等级进行分类，但仅限于对人感染致病性微生物，不包括对植物和动物有致病性的微生物。

2.1.2 重点国家

1. 美国

美国未设立专门政府机构全权负责实验室生物安全管理工作，而是由涉及多部门的多个机构协同监管。美国国立卫生研究院（National Institutes of Health，NIH）主要监管涉及重组 DNA 技术的相关研究；美国国家生物安全科学顾问委员会（National Science Advisory Board for Biosecurity，NSABB）主要对实验室两用生物技术研发活动进行监督和评估；美国疾病控制与预防中心（Centers for Disease Control and Prevention，CDC）主要对感染人类的管制生物因子进行监管；美国职业安全与卫生管理局（Occupational Safety and Health Administration，OSHA）主要负责制定生物安全实验室防护标准；美国农业部（United States Department of Agriculture，USDA）主要对感染动植物的管制生物因子进行监管。此外，美国食品和药物管理局（United States Food and Drug Administration，FDA）、环境保护署（Environmental Protection Department，EPA）等也参与生物安全实验室监管工作。

（1）美国国立卫生研究院：1974 年 10 月，NIH 发布《国家癌症研究所研究致癌病毒的安全标准》（*National Cancer Institute Safety Standards for Research Involving Oncogenic Viruses*），该标准中概述的安全措施旨在帮助研究人员减少致癌病毒的潜在暴露，并尽可能减少对工作环境的干扰，为所有使用致癌病毒的研究人员提供了操作规范。NIH 在 1976 年发布了《涉及重组 DNA 研究的生物安全指南》（*NIH Guidelines for Research Involving Recombinant DNA Molecules*），目的是接受 NIH 资助并开展重组 DNA 研究的实验室人员提供监管和指南，指导重组 DNA 分子的特殊操作和对含有重组 DNA 分子的生物材料和病毒的特殊操作。随后几年，NIH 对指南进行了多次修订和完善，最近一次修订是在 2013 年，新修订的指南更名为《涉及重组或合成核酸分子的研究指南》，该指南作为指导重组 DNA 分子的特殊操作和指导对涉及重组 DNA 分子的生物材料和病毒的特殊操作的标准，涵盖所有涉及重组 DNA 的研究活动，其实验室生物安全的分类标准、操作标准、防护等级等与美国 CDC/NIH 的《微生物和生物医学实验室中的生物安全》保持一致。

（2）美国疾病控制与预防中心：1984 年美国 CDC 首次发表《微生物和生物医学实验室生物安全》（*Biosafety in Microbiological and Biomedical Laboratories*，BMBL），成为美国生物安全实践和政策的基石。1993 年和 2001 年 CDC 先后发布了 BMBL 第三版和第四版，2009 年 BMBL 第五版（BMBL-5）发布，对实验室生物安全性和风险评估提出了具体要求。BMBL-5 自发布后在国际上受到极大推崇，相关 BSL-4 实验室安全建设及工作建议规范延续至今，其连同 WHO 发布的《实验室生物安全手册》一起，被国际同行公认为实验室生物安全的“金标准”。2020 年美国 CDC 发布了 BMBL-6，这一版本包括修订部分、代理摘要声明和附录，并将该版本中包含的建议与其他组织和联邦机构发布的指南和法规进行了协调。BMBL 是美国实验室生物安全和生物防护原则、实践和程序的业界标准。按照《美国联邦法规》第 52 部分第 42 条，遵循 BMBL 是研究机构接受 HHS 拨款的一项前提条件。美国国土安全部（DHS）还要求，由 DHS 进行资助或赞助的实体，根据“066-02 生物安全管理指令”，采用并执行 BMBL 最新版本，进行生命科学研究。

《人类和动物医学诊断实验室安全工作实践指南》是美国 CDC 又一重要的实验室安全工作指导性文件，该指南发布于 2012 年 1 月 6 日，专门为人类和动物临床诊断实验室生物安全实践提供指导和建议，旨在补充由 CDC 和 NIH 发布的 BMBL-5。该指南不是为了取代现有的生物安全指南，而是为了提高临床诊断实验室活动的安全性，鼓励实验室工作人员考虑以前可能没有考虑或解决的安全问题，以及鼓励实验室人员在实验室中创建和培养安全文化。

（3）美国职业安全与卫生管理局：1990 年，OSHA 发布了《实验室危险化学品职业暴露标准》（29 CFR1910.1450），该标准又被称为“实验室标准”。该项标准的颁布在工业、政府和学校实验室中形成了一种安全意识、责任、组织和教育的文化，是对所有人员进行生物安全教育的一个重要组成部分。1991 年 12 月 6 日，OSHA 发布了《职业接触血源性病原体标准》（29 CFR 1910.1030），并于 1992 年 2 月 13 日发布了该标准的执行程序，以确保执行血源性病原体职业暴露标准时遵循统一的检查程序。2001 年 1 月 18 日 OSHA 公布了第一次修订版，该修订版增加了保护工人免受血源性病原体造成的健康危害的保障措施，于 2001 年 4 月 18 日生效。2011 年，OSHA 发布了《实验室安全指南》（*Laboratory Safety Guidance*）（3404-11R2011），该指南适用于主管、主要调查人员和管理人员，旨在使雇主了解 OSHA 标准以及 OSHA 指南，以保护工作人员免受实验室中遇到的各种危险。除了处理实验室危害的 OSHA 标准和指南信息外，附录还提供了处理实验室安全各个方面的其他政府和非政府机构的信息。

2. 英国

英国设立健康与安全执行局（Health and Safety Executive，HSE），履行咨询、管理和实施职责。HSE 主要负责制定常规卫生、安全和环境相关标准和法规，对大部分涉及生物因子、生物安全、转基因相关的事宜进行管理，并专门负责危险性人类及动物病原体、微生物转基因修饰的监管。环境、食品和农村事务部负责制定涉及动植物疾病标准，并保证一致性，为特定动物病原体研究颁布行政许可。

英国长期以来将公共卫生列为国家安全问题的优先事项，1984 年由英国健康与安全委员会任命的危险病原体咨询委员会（Advisory Committee on Dangerous Pathogens，ACDP）发布的《生物因子的分类》（*Categorisation of Biological Agents*）作为一份指导性的文件，支持了《1988 年危害健康的物质控制条例》（*Control of Substances Hazardous to Health Regulations 1988*，COSHH），为之后 BSL-4 实验室安全建设和规定提供了基础，同时根据需求 ACDP 在对其进行几次修订后，现已有三个文件取代 1995 年第四版的《生物因子的分类》，分别是针对 BSL-2 和 BSL-3 相关管理的《微生物隔离的管理、设计和操作》（*The Management*，*Design and Operation of Microbiological Containment Laboratories*）、针对医疗领域的《生物因子：实验室和医疗场所风险管理》（*Biological Agents: Managing the Risks in Laboratories and Healthcare Premises*）以及针对 BSL-4 实验室的《生物因子：4 级防护设施的原理、设计及运行》（*Biological Agents: The Principles*，*Design and Operation of Containment Level 4 Facilities*）。ACDP 发布的《微生物防护实验室的管理和运作》（*Management and Operation of Microbiological Containment Laboratories*）和 HSE 发布的《生物因子：4 级防护设施的原理、设计及运行》对 BSL-4 实验室的健康和安全管理、设施和运行规则以及主要要求等进行了阐述和建议。同时，“实验室生物安保标准”、《2002 年危害健康物质管制条例》（*Control of Substances Hazardous to Health Regulations 2002*，COSHH）、《2008 年特定动物病原体令》（*Specified Animal Pathogens Order 2008*，SAPO）、《根据危害和防护分类的生物因子的分类》等也在 BSL-4 实验室的物理防护要求、监督审查管理、人员安全培训等方面做了阐述并提供了建议。

3. 俄罗斯

俄罗斯由联邦消费者权益保护与公益监督署、国防部、卫生部、科学院等部门协同监管实验室生物安全。联邦卫生部负责制定有关俄罗斯联邦实验室生物安全领域政策，联邦消费者权益保护和公益监督局（Russian Federal Service for Surveillance on Consumer Rights Protection and Human Wellbeing，简称 Rospotrebnadzor）主要通过对研究机构、卫生和流行病学中心、防疫机构和卫生服务的监管，统一相关实验室生物安全管理政策，保证政策执行。

俄罗斯实验室生物安全领域相关法规的制定与英美等国相比起步较晚，《1993 国家卫生法规（SR）》是俄罗斯发表的第一份生物安全实践政策。俄罗斯于 2005 年通过《国家卫生条例》。此外，在生物和化学安全领域还制定了一系列相关法案，包括《确保俄罗斯联邦直到 2010 年及以后的化学和生物安全领域的国家政策基础》《关于联邦行政机构在确保俄罗斯联邦生物和化学安全领域的权力划分》《俄罗斯联邦化学和生物领域安全国家规划（2009—2014）》《俄罗斯联邦化学和生物安全领域的国家规划（2015—2020）》等，以此建立“俄罗斯联邦国家生化安全系统”，确保包括实验室生物安全在内等活动的实施。为了促进生物安全意识的培养和生物安全教育的开展，俄罗斯政府机构于 2007 年出版了第一版《俄罗斯生物安全术语》，并于 2010 年 11 月推出了《英—俄生物安全和生物安保词典》。

2019 年 3 月 11 日，俄罗斯签署总统令，通过《化学和生物安全国家政策基本原则》，规定了生物安全政策执行目标、优先事项、安全任务和执行机制，完善了国家生物安全监管措施。2020 年 12 月 30 日俄罗斯总统正式签署《俄罗斯生物安全法》，这是俄罗斯首次确立关于生物安全领域的国家法律框架，并在该法律中设立一系列配套措施，保护国民及环境不受危险生物因素的威胁，建立和发展生物风险监测系统，不仅涉及人类社会公共卫生事件、传染病和流行病等问题，还涉及驯养动物和野生动物的疾病预防，以及生物学领域的危险性技术活动等生物安全风险。在此之前，俄罗斯联邦并没有对生物安全问题在立法上进行如此全面的监督和管理。

4. 加拿大

加拿大专门设立机构性生物安全委员会和生物安全官，负责提出需要考虑和解决的具体生物安全问题，对实验活动开展风险评估，审查和批准生物安全协议书等政策性文件，解决实验室内部生物安全事项争议或问题，从而在机构内部形成上下联动、迅速响应的协调机制。

1977 年 2 月，加拿大医学研究委员会（MRC）出版了《重组 DNA 分子、动物病毒和细胞指南》（*Guidelines for the Handling of Recombinant DNA Molecules and Animal Viruses and Cells*），随后 MRC 又分别于 1979 年和 1980 年发布了该指南的两个新版本。该指南提出有关动物病毒和细胞培养过程中实验室安全和潜在生物安全问题。加拿大自然科学和工程委员会（Natural Science and Engineering Research Council，NSERC）、加拿大国立研究委员会（the National Research Council of Canada，NRC）以及诸多地方和私人研究基金机构均认可并执行该指南。此外，加拿大国家健康和社会福利部（the Minister of National Health and Welfare Canada）规定，由联邦政府进行或支持的所有研究均应遵守该指南中的相关规定。

MRC 和疾病控制中心于 1990 年出版第一版《实验室生物安全指南》，并先后于 1996 年和 2004

年出版第二版和第三版。2013 年发布最新版《加拿大实验室生物安全标准和指南》，目的是为政府机构、商业公司、科研学术机构及其他公共卫生机构的所属实验室提供生物安全政策和规范化操作指导，同时作为一本技术手册，也对防护型生物安全设施的设计、建设、审查认证进行规定并提出相关建议，旨在尽可能减少实验室工作人员暴露于病原体的感染风险，预防危险性病原微生物散逸至实验室外环境中危及公众生命健康。

2015 年 3 月 11 日加拿大颁布《加拿大生物安全标准（第二版）》[*Canadian Biosafety Standard*，CBS（*Second Edition*）]，更新了《加拿大生物安全标准和准则》（*Canadian Biosafety Standards and Guidelines*，CBSG），进一步将包含实验室生物安全指引等在内的相关内容进行了更新和统一。2016 年 5 月 26 日《加拿大生物安全手册（第二版）》[*Canadian Biosafety Handbook*，CBH（*Second Edition*）]作为 CBS 的随附文件发布，对有关如何进行操作进行了阐述，以实现 CBS 中概述的生物安全及其要求，这是在加拿大处理或贮存人类和陆生动物病原体和毒素的统一国家标准。

2018 年 8 月 17 日加拿大公共卫生局（Public Health Agency of Canada，PHAC）和加拿大食品检疫局（Canadian Food Inspection Agency，CFIA）制定并发布《新型和新兴甲型流感病毒的生物安全指令》（*Biosafety Directive for New and Emerging Influenza A Viruses*），旨在帮助实验室确定合适的收容水平和其他生物安全要求，以安全处理含有新兴的甲型流感病毒的样品。这些指南及安全指令的发布确保了加拿大 BSL-4 实验室的安全使用，为国家生物安全提供了保障。

2.1.3 其他国家

除上述国际组织、经济集团和重点国家外，还有很多国家也高度重视发展实验室生物安全，如日本、澳大利亚、新西兰、瑞典、瑞士、德国、比利时、法国、荷兰等国家都结合本国实际制定了相应的实验室生物安全政策法规及标准，其中比较有代表性的有日本、澳大利亚、瑞典、瑞士等国家的一些相关政策法规及标准。

1. 日本

为确保研发生物安全，早在 20 世纪 70 年代日本就制定了两个针对重组 DNA 试验的准则，即《综合性大学研究设施中重组 DNA 试验准则》（*Guidelines on Recombinant DNA Experiments in Universities and Other Research Organizations*）（教育部制定）以及 1979 年的《重组 DNA 试验准则》（*Guidelines for Recombinant DNA Experiments*）（科学技术部制定，适用于除大学外的其他所有研究机构）。日本在 1981 年建立了高等级生物安全实验室，并开始陆续出台实施实验室安全相关的法律法规。作为世界生物安全立法最早的国家之一，日本在法律监管方面一直由首相、内阁，日本科学委员会、科学技术政策委员会、外务省生化武器禁止条约室等部门统一协作完成。

日本于 2019 年将生物战略列为国家战略，并规划 2030 年成为世界先进生物经济社会，可以看出，日本将生物技术视为国家发展的重要战略，在实施战略的同时，日本以生物安全防控为基本要素，以法律保障为首要条件，开展生物安全立法体系建设，在《禁止生物武器公约》的基础上形成了六法四条例的生物安全立法体系，其中包括《传染病法》《检疫法》《新型流感等对策特别措施法》《植物防疫法》《家畜传染病预防法》《实验室生物安全指南》《重组 DNA 实验指南》《传染病预防及传染病患者护理法》《关于使用转基因生物的条例》《重组 DNA 实验指南》《国立传染病研究所病原体等安全管理条例》等。

2. 澳大利亚和新西兰

澳大利亚政府在实验室安全领域一直都很重视，自 2005 年以来在实验室规划和操作、化学、电离辐射、工厂和设备、(循环)通风柜以及微生物安全及防护等方面分别制定标准予以规范。2010 年 9 月 17 日澳大利亚和新西兰标准《实验室安全第三部分：微生物安全与防护》颁布，该标准由澳大利亚 / 新西兰标准联合委员会(Join Standards Australia /Standards New Zealand Committee)CH-026(实验室安全)制定，以取代 AS/NZS2243．3：2002 标准中相应部分，同时新标准对 BSL-4 和 ABSL-4 防护设施等提出要求。

3. 瑞士和瑞典

瑞士实验室生物安全监管机构制订了《依据对人和环境的危险生物体的分类》(FCRS)，该分类主要依据两点标准：一是根据病原微生物、毒素、细菌等生物体对人和环境的危险性程度；二是在生物防护系统中可识别的受体生物体和载体生物体之间的组合物质。

瑞典工作环境局是劳工部批准的独立政府机构，主要负责瑞典国内生物安全相关法规的实施，包括实施欧盟指令 2000/54/EC“高等级生物安全实验室工作人员生物剂暴露感染风险预防”和欧盟指令 2009/41/EC“转基因生物应用”。欧盟指令 2000/54/EC 通过瑞典的国家条例 AFS 2005: 01“病原微生物工作环境风险——感染、毒素作用及超敏感性反应”的实施。瑞典工作环境局同时也颁布了 AFS 2000: 05“转基因生物的有限应用”。欧盟指令 2000/54/EC 和瑞典工作环境局的法令 AFS 2005 为瑞典封闭设施建设的安全监管提供指导。AFS 2000: 05 和 AFS 2005: 01 对何时以及应该怎样向瑞典工作环境局提出批准许可相关实验室机构处理 3 级和 4 级生物剂的申请进行详细的规定，同时规定每 3 ~ 5 年应重新提交申请认证。经查阅相关材料，截至目前，瑞典政府除颁布了上述两项指令外，暂未专门针对实验室生物安保出台其他正式的法规性文件。

4. 以色列

以色列的生物安全管理比较特别，其生物安全监管很大程度上是从工人和职业安全的角度入手。因此，大部分确立的生物安全法规都属于工业、贸易和劳工部(MITL)的管理范畴。MITL 对于工作人员和工作场所的安全以及实验室生物安全负有主要立法责任。MITL 的实验室能力认证委员会(LAA)提供了针对非卫生部研究设施的生物安全法规。卫生部负责监督医疗实验室，但卫生部对由私人医疗计划或卫生维护组织(HMO)运营的医院的监管则有限。医学院校的实验室则由机构安全委员会而非卫生部负责。

MITL 的《医学、生物和化学实验室安全监管条例》于 2001 年颁布，其中确定了病原体风险组和不同类型的实验室，规定 MITL 和卫生部共同负责确保各自研究设施的实验室安全。该条例明确实验室持有人和工作人员的责任，确定实验室职业安全措施，工作人员的培训需求，以及打算开展“危险制剂”研究申报工作。此外，条例覆盖了针对每个生物因子风险组工作人员和管理者的一般经验水平，物理防护要求和个人防护装备。《工作组织和监督法》(195484)概述了 MITL 监督下实验室的政府检查机构，建立了安全卫生研究所，并提出了针对机构安全委员会、受托人和官员的要求。以色列卫生部长负责推行《疾病制剂法案》，该法案适用于监督和监管所有涉及疾病制剂研究的实验室，包括政府实验室以及学术界和工业界的公共与私人研究实体。

5. 新加坡

基于国家生物安全委员会代表的建议，新加坡2016年实施《生物因子和毒物法案》（BATA）。《保护区域和保护地点法案》授权限制进入某一特定区域和特定实验室，如那些开展第一级和第二级生物生物病原体研究和检测的实验室。卫生部下属的生物安全部门成立于2005年，主要负责实施新加坡的国家生物安全政策和BATA。根据BATA的要求，他们将开展审计和检查工作，调查实验室的事故，开发“生物安全紧急情况和反应”程序。BATA要求每个实验室都有一个生物安全委员会和生物安全协调员，还要求实验室要有机构生物安全委员会（IBCs）来监管生物安全研究、实验室和工作人员。IBCs必须由生物安全协调员、微生物学家、维护人员和管理层高级代表组成。这些成员必须实施风险评估、处理计划活动可能导致的风险、制定其他进行计划活动所必需的安全政策。每两年，评估所有的措施、政策、项目和工作守则。其中的生物安全协调员还负责执行生物安全委员会制定的“措施、政策、项目和工作守则”，同时还要执行生物安全委员会在审查项目时提出整改意见。

6. 肯尼亚

肯尼亚制定了相对全面的《国家生物安全法案》，把微生物和毒素分为了四个风险组，第四组的个人风险和集体风险最高。同时，还根据设计、运行、操作程序和设备情况对实验室进行分类管理。实验室生物安全标准被分为BSL-1 ~ BSL-4（和WHO的标准一样），当病原体风险组的级别增加时，生物安全标准也随之上升。1998年，肯尼亚国家科学技术委员会（现称NACOST）发布了肯尼亚的第一份生物安全政策——《生物技术的生物安全法规和指导方针1998》，该文件与WHO的《生物安全准则》《环境管理和协调法案》（EMCA）、《职业安全与健康法案》（OSHA）以及肯尼亚的《国家感染预防和控制卫生保健服务指导方针》相一致，是所有生物安全级别实验室用来制定自己实验室生物安全议定书的模板。2009年，肯尼亚仿照《卡塔赫纳议定书》的政策，制定出台了《国家生物安全法案2009》，明确对所有遗传修饰有机体的研究、转移以及使用、环境释放进行监管。生物安全管理从指导性文件正式升级成为国家法案。

综上所述，目前，世界各国尤其是西方生物安全研究和疾病防控应对强国竞相立法，对高等级生物安全设施的建设、生物实验室的管理、实验研究、转基因技术、疫苗制剂研发、应用、运输及国际贸易等各个环节进行规范化、法治化管理；以高等级实验室的生物安全作为技术壁垒，来保护本国家/地区的生物防御国防力量和经济贸易利益免受外来冲击，也是各国不断加强和完善实验室生物安全立法的重要出发点和立足点。

2.2 中国实验室生物安全制度建设与发展

中国生物安全实验室建设起步较晚，在20世纪80年代后期，国内开始建设高等级生物安全实验室，但高等级生物实验室建设标准、实验室生物安全相关的法律法规和生物安全规章制度及生物安全国家认可体系方面仍是空白。2001 年美国“炭疽邮件”事件引发国际社会对生物安全形势的担忧，各国纷纷加大高等级生物实验室特别是 BSL-4 实验室的建设数量和投入规模，生物安全的严峻形势也引起我国政府的高度重视，相关机构开始联合制定实验室生物安全准则或规范。在 2003 年 SARS 疫情暴发之后，国家大规模开展高等级生物实验室的研究和建设工作，有关实验室生物安全制度及相关法律法规也开始逐步出台。从 2002 年我国颁布了实验室生物安全领域第一个行业标准《微生物和生物医学实验室生物安全通用准则》（WS 233—2002）开始，一直到 2020 年 10 月 17 日，中华人民共和国第十三届全国人民代表大会常务委员会第二十二次会议通过《中华人民共和国生物安全法》，使我国实验室生物安全体系化、制度化建设取得长足进步，我国实验室生物安全制度建设与发展经历了以下三个阶段。

2.2.1 起步阶段

20 世纪 80 年代，为了加强当时实验室实验动物的管理工作，1988 年经国务院批准，国家科学技术委员会制定了《实验动物管理条例》（国家科学技术委员会令第 2 号），该条例规定国家实行实验动物质量监督和质量合格认证制度。《实验动物环境及设施》（GB 14925—2001）由中华人民共和国国家质量监督检验检疫总局 2001 年 8 月 29 日发布，2002 年 5 月 1 日实施，规定了实验动物繁育、生产及实验环境条件和设施的技术要求及检测方法，适用于一切实验动物繁育、生产、实验场所的环境条件及设施设计、施工、工程验收及经常性监督管理。2010 年 12 月 23 日，中华人民共和国国家质量监督检验检疫总局联合中国国家标准化管理委员会发布《实验动物环境及设施》（GB 14925—2010）代替 GB 14925—2001。与 GB 14925—2001 相比，GB 14925—2010 对标准的范围、引用标准、定义进行了规范；对设施、环境、工艺布局的规定更具可操作性；对污水、废弃物及动物尸体处理笼具、垫料、饮水、动物运输的规定较为具体。

2003 年，为保证 SARS 研究工作的顺利开展、加强从事 SARS 研究实验室的管理、防止病毒对环境的污染、保障实验人员的安全和健康，中华人民共和国科学技术部、卫生部、国家食品药品监督管理局、国家环境保护总局联合组织了从事微生物、环境监测、实验动物研究的有关专家，根据当时我国现有的相关实验室规定及法律法规，并参照国际上通行的生物安全实验室管理规定，制定了《传染性非典型肺炎病毒研究实验室暂行管理办法》（以下简称《实验室暂行管理办法》）以及《传染性非典型肺炎病毒的毒种保存、使用和感染动物模型的暂行管理办法》（以下简称《病毒暂行管理办法》）。《实验室暂行管理办法》对从事 SARS 病毒研究的实验室实行分级管理，对实验室的实验范围、各区域划分、设备要求、操作规范及污染物处理等作出具体要求；对 SARS 病毒感染小动物实验室以及大动物实验室的防护措施、灭菌操作、解剖取样作出具体规定；同时，还对实验室组织管理作出明确规定，要求管理责任制、明确实验室规章制度及实施健康医疗监督等。《病毒暂行管理办法》中明确 SARS 属于法定管理传染病，对于病毒的保存、使用等需要实行申请、审定制度，对于病毒的保存、运输、建立动物模型等具体操作作出相关细则要求，并且规定使用该类病毒进行实验的单位要建立监测制度、事故报告、应急措施办法以及病毒的销毁程序等。中华人民共和国科学技术部和国家认证认可监督管理委员会在2003年提出《医学实验室—安全要求》(ISO 15190：2003，IDT)，规定了医学实验中安全行为的各项要求。该要求采用ISO规定的有关术语和定义，对实验操作风险等级、实验室管理要求及安全设计等方面作出具体要求。农业部2003年10月15日发布《兽医实验室生物安全管理规范》，明确了其适用范围为各级兽医实验室的建设、使用和管理，规定了兽医实验室生物安全防护的基本原则，实验室分级、各级实验室管理的基本要求。

SARS疫情过后，为防范此类重大公共卫生疫情，中共中央决定，大幅度增加卫生防疫经费投入，在全国建设各级疾病预防控制中心，引进和自建了一批接近三级水平的生物安全实验室，我国高等级生物安全实验室进入快速发展时期。中华人民共和国卫生部颁布了我国实验室生物安全领域第一个行业标准《微生物和生物医学实验室生物安全通用准则》(WS 233—2002，以下简称《准则》)，并且于2003年8月1日实施。《准则》明确了适用范围，规定了微生物和生物医学实验室生物安全防护的基本原则、实验室的分级以及各级实验室的基本要求，并且对于实验室安全操作规程、管理制度、微生物危害评估做了进一步的细分，《准则》还明确了关于新建三级和四级生物安全实验室的建造、设计、验收和现有生物安全防护实验室的检测、安全设备的种类、配置以及后续的使用和维护的具体细则和要求。在管理制度方面，《准则》对实验室内的布置和准入、工作人员的资格和培训，以及实验室特殊管理方面对于可能的危险因素、意外事故紧急救助及处理措施等方面作出具体要求。《准则》的贯彻实施，标志着我国实验室生物安全管理开始了规范化管理。

2.2.2 逐步规范

2004年，我国发布了国家生物安全实验室建设体系规划。为了加强病原微生物实验室生物安全管理，保护实验室工作人员和公众的健康，2004年11月5日中华人民共和国国务院第69次常务会议通过《病原微生物实验室生物安全管理条例》(国务院令第424号)，标志着我国的实验室生物安全管理开始全面走向法治化的道路。在行政法规管理层面来说，《病原微生物实验室生物安全管理条例》和《实验动物管理条例》是关于实验室生物安全最重要的两部法规。后来相继公布的《实验室生物安全通用要求》(GB 19489—2004)和《生物安全实验室建筑技术规范》(GB 50346—2004)，对生物安全实验室的设施设备提出了通用要求。此后，国家对已有的标准和制度文件不断修订和制定，对《实验室生物安全通用要求》(GB 19489—2004)和《生物安全实验室建筑技术规范》(GB 50346—2004)中的部分内容作了调整，颁布了修改之后的《实验室生物安全通用要求》(GB 19489—2008)、《生物安全实验室建筑技术规范》(GB 50346—2011)。

2005年国家食品药品监督管理局发布行业标准《Ⅱ级生物安全柜》(YY 0569—2005)，2011年修订为《Ⅱ级生物安全柜》(YY 0569—2011)，该标准规定了Ⅱ级生物安全柜的术语和定义、分类、材料、结构和性能的要求、试验方法、检验规则、标志、标签、说明书、包装、运输和贮存的要求。中华人民共和国国家质量监督检验检疫总局与中国国家标准化管理委员会2005年12月1日发布了《医学实验室安全要求》(GB 19781—2005)，该标准的全部技术内容为强制性，规定了医学实验中安全行为的具体要求，内容涉及医学实验室术语、风险等级评估、管理责任、安全设计、各类项目程序及记录、危险标识、各类事件及事故的报告、培训、个人责任、个人防护、安全设施等方面，均作出具体细则。2022 年 10 月 12 日，国家市场监督管理总局、国家标准化管理委员会发布国家标准《生物安全柜》（GB 41918—2022），该标准规定了生物安全柜的术语和定义、分类、材料、结构和性能的要求、试验方法、标志、标签、说明书、包装、运输和贮存的要求，计划于 2025 年 11 月正式实施。

为加强可感染人类的高致病性病原微生物菌（毒）种或样本运输的管理，保障人体健康和公共卫生，依据《中华人民共和国传染病防治法》《病原微生物实验室生物安全管理条例》等法律、行政法规的规定，2005 年 11 月 24 日，国家卫生部发布了《可感染人类的高致病性病原微生物菌（毒）种或样本运输管理规定》（中华人民共和国卫生部令第 45 号），于 2006 年 2 月 1 日起施行，该规定适用于可感染人类的高致病性病原微生物菌（毒）种或样本的运输管理工作，对于高致病性病原微生物菌（毒）种或样本的保藏、运输、接受单位以及各类原因的跨省、自治区、直辖市的毒株运输作了具体细则要求，同时，明确对于高致病性病原微生物菌（毒）种或样本的出入境，按照卫生部和国家质检总局《关于加强医用特殊物品出入境管理卫生检疫的通知》进行管理。

为规范病原微生物实验室生物安全环境管理工作，根据《病原微生物实验室生物安全管理条例》和有关环境保护法律和行政法规，2006 年 3 月 2 日，国家环境保护总局 2006 年第二次局务会议通过《病原微生物实验室生物安全环境管理办法》，于 2006 年 5 月 1 日起施行。该办法适用于中华人民共和国境内的实验室及其从事实验活动的生物安全环境管理，明确了实验室设立单位的管理责任和国家环境保护总局的管理举措。2006 年中国合格评定国家认可委员会发布《实验室生物安全认可准则》（CNAS-CL05：2006），规定了中国合格评定国家认可委员会对实验室生物安全认可的要求，包括两部分：第一部分等同采用国家标准《实验室生物安全通用要求》（GB 19489—2004）；第二部分引用了国务院《病原微生物实验室生物安全管理条例》的部分规定，但并不表明准则未引用的规定不适用于实验室。前文提到的《实验室生物安全通用要求》（GB 19489—2008）已于 2008 年 12 月 26 日发布，正式代替了 GB 19489—2004。随后，采用国家标准 GB 19489—2004 而制定的 CNAS-CL05：2006 也按照 GB 19489—2008 进行修订，形成《实验室生物安全认可准则》（CNAS CL05：2009）。根据《病原微生物实验室生物安全管理条例》的规定，中华人民共和国卫生部 2006 年制定印发了《人间传染的病原微生物名录》，包括 160 种病毒以及 6 种特殊病原体。在具体的实验研究中，可以根据此表判断病原微生物的危害分类，从而选择正确的防护以及达到实验操作要求的标准，保护好实验人员。

国家质检局于 2008 年出台的《医学实验室——质量和能力的专用要求》（GB/T 22576—2008）是在同等参照 ISO 15189：2007 第二版的基础上结合我国生物实验室实际制定的。2008 年 8 月 13 日，中华人民共和国住房与城乡建设部发布《实验动物设施建筑技术规范》（GB 50447—2008），规定了实验动物设施分类和技术指标、建筑和结构的技术要求，对空调、通风和空气净化等核心内容的作出了详尽的规定，对实验动物设施的给水排水、电气、自控和消防设施的配置原则以及施工、检测和验收的原则、方法也作了必要的规定。2008 年，国家标准委员会发布《高效空气过滤器》（GB/T 13554—2008），2020 年 3 月 31 日发布修订版《高效空气过滤器》（GB/T 13554—2020）。新标准适用于常温条件下送风及排风净化系统和设备使用的过滤器。

2010 年 7 月 15 日中华人民共和国住房和城乡建设部发布的《洁净室施工及验收规范》(GB 50591—2010)适用于新建和改建的、整体和装配的、固定和移动的洁净室及相关受控环境的施工及验收。2011 年，中华人民共和国卫生部发布《传染病医院建筑施工及验收规范》(GB 50686—2011)，该规范制定的目的是使传染病医院建筑在施工及验收中贯彻国家有关的方针政策，规范施工，统一验收标准，以保证工程质量、施工安全、保护环境和节约资源。

为规范三级、四级病原微生物实验室建设审查，根据《病原微生物实验室生物安全管理条例》(国务院第 424 号令)的有关规定制定，2011 年 6 月 24 日，科学技术部颁发《高等级病原微生物实验室建设审查办法》(科学技术部令第 15 号)，自 2011 年 8 月 1 日起施行，明确规定了实验室的新建、改建、扩建以及移动式实验室的进口等问题需报科学技术部审查同意，提出提出申请建设实验室需要满足的条件、设立安全审查委员会的相关要求以及明确审查程序。

2012 年 12 月 31 日发布的《移动实验室通用要求》(GB/T 29479—2012)规定了各类移动实验室的管理要求、技术要求、移动特性要求、结构与设计要求和制造与交验要求。2012 年，中华人民共和国住房和城乡建设部发布《传递窗》(JG/T 382)，规定了传递窗的术语和定义、分类与标记、基本规定、要求、试验方法、检验规则、标志、包装、运输和储存等，适用于工业与民用建筑中有空气隔离要求的房间之间使用的传递窗产品的生产及检验。

为适应我国疾病预防控制事业的发展，2013 年 5 月 1 日，住房和城乡建设部与国家质量监督检验检疫总局联合发布《疾病预防控制中心建筑技术规范》(GB 50881—2013)，指出有生物安全要求的实验室，应符合现行国家标准《生物安全实验室建筑技术规范》(GB 50346)、《实验室生物安全通用要求》(GB 19489)的有关规定。动物实验室应符合现行国家标准《实验动物环境及设施》(GB 14925)及《实验动物设施建筑技术规范》(GB 50447)的有关规定。

2.2.3 稳步发展

中国合格评定国家认可委员会 2013 年 11 月 22 日发布《医学实验室质量和能力认可准则》(ISO 15189 : 2012，IDT)，于 2014 年 11 月 1 日实施。该准则规定了中国合格评定国家认可委员会对医学实验室质量和能力进行认可的专用要求，包含了医学实验室为证明其按质量管理体系运行、具有相应技术能力并能提供正确的技术结果所必须满足的要求。该准则可用于医学实验室建立质量管理体系和评估自己的能力，也可用于实验室客户、监管机构和认可机构确认或承认医学实验室的能力。

2014 年中国国家质量监督检验检疫总局发布的《检验检疫二级生物安全实验室通用要求》(SN/T 3902—2014)，是我国出入境检验检疫行业标准，规定了对检验检疫二级生物安全实验室的分类、风险评估和风险控制、建筑设计、设施设备、标识系统和管理的基本要求，适用于卫生检疫、动物检疫和食品微生物检验领域涉及低致病性生物因子操作的实验室。

2015 年中国国家认证认可监督管理委员会发布《实验室设备生物安全性能评价技术规范》(RB/T 199—2015)，规定了实验室中与生物安全相关的 12 种设备的生物安全性能评价要求。该标准适用于生物安全实验室所涉及的设备生物安全性能评价。医院、药厂等场所使用本标准所涉及的设备时，其生物安全性能评价也可参考本标准。2015 年发布的《移动式实验室生物安全要求》（GB 27421—2015）适用于涉及生物因子操作的移动式实验室，规定了对一级、二级和三级生物安全防护水平移动式实验室的设施、设备和安全管理的基本要求，但不包括对移动式生物安全四级实验室和开放或半开放饲养动物的生物安全三级实验室的要求。

2016 年 2 月 1 日中国合格评定国家认可委员会发布《实验室生物安全认可规则》（CNAS-RL05：2016），于 2016 年 5 月 1 日实施。在 2019 年 12 月 15 日第一次修订并实施，修订后沿用原文件号。认可规则是 CNAS 认可工作公正性和规范性的重要保障，根据《病原微生物实验室生物安全管理条例》和《中华人民共和国认证认可条例》，国务院认证认可监督管理部门授权 CNAS 依照实验室生物安全认可准则，统一实施实验室生物安全认可工作。该规则不但成为我国实验室生物安全领域国家标准体系中的基础标准，而且为我国二级、三级、四级实验室的建设、运行和管理提供了明确和可操作的指导，同时也为我国农业生物、病原微生物实验室以及人类的生物安全和生物安保作出了卓越贡献，其先进性达到甚至在很多方面超过了国际同类文件的水平。2016 年医药行业标准《蒸汽灭菌器生物安全性能要求》（YY 1277—2016）发布，规定了蒸汽灭菌器生物安全性能要求的术语和定义、要求和试验方法。

2017 年国家卫生和计划生育委员会发布《病原微生物实验室生物安全通用准则》（WS 233—2017），该标准规定了病原微生物实验室生物安全防护的基本原则、分级和基本要求，适用于开展微生物相关的研究、教学、检测、诊断等活动实验室。2018 年，国家卫生和计划生育委员会年发布《病原微生物实验室生物安全标识》（WS 589—2018），该标准规定了病原微生物实验室生物安全标识的规范设置、运行、维护与管理，适用于从事与病原微生物菌（毒）种、样本有关的研究、教学、检测、诊断、保藏及生物制品生产等相关活动的实验室。

2018 年中国国家认证认可监督管理委员会发布《移动式生物安全实验室评价技术规范》（RB/T 142—2018），该标准规定了移动式生物安全实验室的分类、基本性能评价、环境参数评价、设施和设备评价及检测评价，适用于对移动式生物安全实验室设施设备生物安全性能的评价。2019 年发布《高效空气过滤装置评价通用要求》（RB/T 009—2019），该标准规定了高效空气过滤装置的类型、通用评价要求、安装前评价、安装后的现场评价要求、过滤装置性能现场检测验证和评价报告的要求，适用于去除气溶胶的高效空气过滤装置的评价。2019 年 6 月 26 日，中国国家认证认可监督管理委员会发布的《实验动物设施性能及环境参数验证程序指南》（RB/T 019—2019）给出了实验动物设施性能及环境参数的验证程序、验证项目、样品采集、记录、性能和指标要求的指南，适用于对实验动物设施的性能和环境参数进行验证。2020 年 8 月 26 日，中国国家认证认可监督管理委员发布《病原微生物实验室生物安全风险管理指南》（RB/T 040—2020），该标准给出了病原微生物实验室开展生物安全风险管理原则和实施过程的通用指南，适用于病原微生物实验室开展风险管理工作，也适用于监督管理部门对实验室生物安全风险管理工作的评价和考核。

2018 年 7 月 16 日，科学技术部令第 18 号发布科学技术部规章《高等级病原微生物实验室建设审查办法（2018 修改）》，全文包括总则、申请、审查、附则共四章十六条。与 2011 年 6 月 24 日科学技术部令第 15 号发布的《高等级病原微生物实验室建设审查办法》相比，科学技术部令第 18 号将规定的移动式实验室的进口等问题需报科学技术部审查同意，修改为实验室的生产、进口需报科学技术部审查同意。附则强调，通过建设审查的实验室建成后，有关部门根据相关规定进行建筑质量验收、建设项目竣工环境保护验收、实验室国家认可和实验活动审批及监管等，以确保实验室安全运行。

新型冠状病毒引发的疫情使实验室生物安全的重要性再次凸显，完善实验室生物安全的法律法规显得尤为重要。2020 年 4 月 3 日，国家市场监督管理总局和国家标准化管理委员会发布《应急医用模块化隔离单元通用技术要求》(GB/T 38800—2020)，为我国应急医用隔离单元产品研发设计、生产制造、市场销售及使用维护提供了规范化、标准化依据，并为疫情防控期间的国家隔离医疗产品对外出口提供了基础条件。2020 年 10 月 17 日，中华人民共和国第十三届全国人民代表大会常务委员会第二十二次会议通过《中华人民共和国生物安全法》(以下简称《生物安全法》)，自 2021 年 4 月 15 日起施行。实验室生物安全是《生物安全法》的重点调整内容之一，该法提出国家加强对病原微生物实验室生物安全的管理，制定统一的实验室生物安全标准，从事病原微生物实验活动应严格遵守有关国家标准和实验室技术规范、操作规程，采取安全防范措施。该法规定病原微生物实验室的设立、进行高致病性或者疑似高致病性病原微生物活动，应当经相关部门批准，并将实验活动情况向批准部门报告。该法规定对于实验动物要施行严格的管理、建立健全安全保卫制度和应急预案，严防高致病性病原微生物泄露及丢失等情况出现。《生物安全法》的颁布为实验室安全规范发展提供正确导向，使实验室生物安全法律体系得到进一步完善。

2.2.4 总结

2003 年暴发 SARS 以来，我国加大了高等级生物实验室的建设与发展，与此同时，也加快了我国实验室生物安全相关政策法规的出台。但与美国、英国、法国及加拿大等西方发达国家健全完善的高等级生物安全实验室法律法规及标准指南相比较，我国生物安全实验室法律规制、体系规划和实验室的建设相对有很大程度的滞后性。长期以来我国对关键生物危害防护设施设备的研发投入不足，技术储备较为落后，而美国等西方发达国家严格限制向我国出口高等级生物安全实验室的关键设备及核心技术装备。此外，我国对高等级生物实验室特别是 BSL-4 实验室的安全管理缺乏实际经验，落后于欧美发达国家。已建成的多家生物安全 3 级实验室的安全管理、防护条件、设施水平和防护机制均存在不同程度的漏洞和缺陷，在全国各地区分布不均衡，并且很多实验室由于建设和运行维护经费不足等原因导致利用率不高。近年来，我国实验室设计、建设、相关设施技术以及设施和设备的国产化水平都有较大的提高，在生物科学领域，也培养了一批高端科技人才以及高水平工程技术和管理人才，在 H5N1 禽流感、甲型 H1N1 流感、H7N9 型禽流感、埃博拉以及新型冠状病毒等新发传染病的预防和控制中发挥了重要作用，很大程度上提高了我国应对突发公共卫生事件和生物防范的能力。与此同时，在实验室生物安全管理法律及法规方面也逐步完善，逐渐形成了涵盖实验室规划、立项、设计、建设、认证、使用、维护和监督全流程的实验室生物安全管理体系。法律法规的制定推进了我国实验室生物安全管理体系的建立健全，保障了高等级生物安全实验室的安全有效运行。

2.3 生物安全实验室分类

按照实验室处理的有害生物因子的风险，国际上将生物安全实验室分为四级，一级风险最低，四级最高，将三级、四级生物安全实验室定义为高等级生物安全实验室。高等级生物安全实验室的建设越来越受到各个国家的重视，只有具备这样的硬件设施，才有可能进行高致病生物因子的研究，才能具备防范、控制重大疫情传播的能力。生物安全实验室的建设水平，代表一个国家在生物、疾控、医疗、动物疫控等领域的发展水平，关系到国家安全。

生物安全实验室一般分为细胞研究实验室和感染动物实验研究实验室，国际上通常分别用BSL和ABSL表示细胞研究实验室、感染动物实验研究实验室的生物安全水平，高级别生物安全实验室通常表示为BSL-3，ABSL-3，BSL-4和ABSL-4。此外，出于对植物和无脊椎动物生物安全风险防范的特殊要求，如温室环境和特殊的传播途径等，一些国家将植物和无脊椎动物实验室单独分类。四级生物安全实验室是国际上防护等级最高的实验室，在我国相关标准中规定，四级实验室适用于操作能引起人类或者动物非常严重疾病的微生物，以及我国尚未发现或者已经宣布消灭的微生物。由于国情不同，不同国家对高等级实验室内操作的致病生物因子分类并不相同，例如一些在某个国家较多存在的生物因子，由于在另一个国家已经绝迹，会被该国家列为最高防范级别。

根据病原微生物的风险评估和防护屏障，四级实验室通常分为安全柜型实验室（cabinet laboratory）和正压服型实验室（suit laboratory）2种。安全柜型四级实验室设置Ⅲ级生物安全柜，通常按照不同功能串联成序列（cabinet lines），所有的有害因子操作都在完全封闭的Ⅲ级生物安全柜中进行，实验人员不需要穿正压防护服，不需要设置生命支持系统。由于一些有害因子无法完全封闭在生物安全设备中，比如进行大型动物实验，需要建设正压服型四级实验室，进入实验室的操作人员必须穿着由生命支持系统供气的全身式正压防护服，整个核心工作间相当于一个封闭的Ⅲ级生物安全柜；同时，需要设置生命支持系统和化学淋浴系统，这种实验室建设复杂，成本高。国际上安全柜型的四级实验室因为建设简单、成本低，因此应用较多。近些年随着技术的发展，正压服四级实验室建设逐渐增多，比如我国新建设的几个四级实验室都采用正压服型式。另外，前几年曾经出现过混合型四级实验室的提法，即同时采用Ⅲ级生物安全柜和正压防护服，这其实是过度冗余的安全考虑，实验人员穿着正压防护服后很难戴上Ⅲ级生物安全柜配套的手套，即便能够将手部伸入也无法进行实验操作，未见实际中有如此应用的报道。

2.3.1 临床实验室生物安全

医疗机构临床实验室和检验科与专业的疾病预防控制机构、科研机构的实验室有所不同，工作人员所接触的标本或生物材料中可能携带的潜在病原微生物往往是未知而多样的，既无法预先判断标本中所带的致病微生物的高危程度，更难确定哪种类型的检测应该在哪级的生物安全实验室中进行。由于实验室的规模、建筑布局、周围环境、内部分隔、设备、人员的拥挤程度及通风条件等的不同，导致实验室内病原体的浓度增加，使实验室内感染机会明显大于室外。生物危害，不仅仅在于会引起实验人员何种疾病，也不是看看上周做的实验对今天有何伤害，它是一种综合的、长期的效应。为此，实验室工作人员要做好生物安全个人防护，严格按照管理制度和标准操规程工作，避免职业暴露的发生。

1. 临床实验室生物安全存在的问题与现状

近几年，医疗机构临床实验室生物安全管理，虽然从无到有、从简易到系统、从零散到整体，正逐步走向规范，各级政府和医疗机构也投入了大量人力、物力，但生物安全工作涉及的部门多、面广，人们的理解程度和重视力度不够，致使多数基层实验室和检验科仍然缺乏有效的生物安全评价体系。国家卫生行政主管部门对医疗机构临床实验室和检验科分步检查与督导，初步了解基层实验室生物安全的基本情况，存在较多问题，需进一步加强与管理。

（1）生物安全知识教育培训滞后，医务人员生物安全和医院感染防控知识匮乏。

（2）检验人员常年接触标本，存在侥幸心理，特别在工作繁忙时容易忽视自我防护。虽然强调了垃圾分类丢弃的制度，但突击检查时仍然发现生活垃圾和医疗废物混放的现象。

（3）由于基层医院经济条件较差，工作用房面积不足，区域划分不清，缺乏有效的防护屏障，增加了环境污染的机会，有些检验科生物安全防护设施差，近 80% 基层实验室没有配备生物安全柜、紧急喷淋设备和洗眼设备，遇到职业暴露时不具备应急处理的功能。

（4）检验人员长期与传染病患者、患者的血液、体液、排泄物等各种传染源接触，并且使用针头、刀、剪等锐器，随时在工作中可能遇到标本溅洒、皮肤破损、手部被刺伤的意外，因此是职业暴露的高危人群。

2. 临床实验室职业暴露感染的途径

临床实验室在工作过程中可能造成环境污染，如离心、混匀、接种、制片、移液、加样等均可产生气溶胶污染，标本喷溅等可直接污染皮肤黏膜及实验台面和地面等，工作人员可通过呼吸道吸入、消化道摄入传播及经血传播等途径造成感染，给实验室工作人员健康带来威胁。

（1）呼吸道吸入：呼吸道传播的微生物主要存在于气溶胶中并引起人类感染，如结核分枝杆菌、炭疽杆菌、SARS 冠状病毒等，气溶胶可在实验室内长时间飘浮并随气流在室内流动。工作人员在实验室内工作，甚或逗留期间通过吸入含有致病微生物的气溶胶颗粒发生暴露并可致感染。

（2）消化道摄入传播：经消化道摄入传播的微生物主要存在于粪便、食物等，可引起人类消化道感染，如：志贺菌属细菌、沙门菌属细菌、葡萄球菌属细菌。感染可发生在无意识的手—口途径。

（3）经血传播的微生物是存在于血液中并可引起人类疾病的生物病原体，如：HBV、HCV、HIV、疟原虫、梅毒螺旋体等。经血传播而致的感染主要发生在针刺意外、锐器刺伤、破损的皮肤或黏膜污染时。

3. 临床实验室生物安全的防护

临床实验室生物安全的防护：一级防护屏障是通过生物安全柜、负压罩等实验设备和个人防护装备实现的操作者和被操作对象之间的隔离；二级防护屏障包括消防、应急供电、应急淋浴、洗眼设施以及实验室的结构、通风系统等。为了保证检验工作者的安全，防止职业暴露，创建安全文化，临床实验室相关人员首先需经过系统培训，明确职能责任，教育和提高工作人员的安全意识，了解风险因素，严格遵守操作规程，熟练操作技能，正确使用防护用品和设备。

2.3.2 高校实验室生物安全

高校实验室是国家科学创新和人才培养主要基地，也是安全事故多发、易发的主要场所。近年来，国内高校生命生物类学科和生物交叉学科飞速发展，大批重要科研成果已接近国际领先水平。然而，诞生这些成果的生物类实验室内由于经常接触病原微生物、实验动物、危险废弃物等危险源，具有较高危险性，尤其是当实验材料是活的生物或具有活性的组织器官时，易引发实验室感染。由于生物感染往往具有隐蔽性，感染后不易觉察等特点，易造成群体性感染事故。如 2011 年东北农业大学使用未经检验的山羊进行动物实验，造成 27 名学生及 1 名教师陆续确诊感染属于乙类传染病的布鲁氏菌病。

高校实验室生物安全存在的问题与现状

实验室病原微生物安全是指在从事病原微生物实验活动的实验室中避免病原微生物对工作人员和公众的危害，对环境的污染，保证试验研究的科学性并保护被试验因子免受污染。通过调查了解，在病原微生物安全认知方面，许多师生没有病原微生物安全知识，不了解病原微生物法律法规，也不了解实验室生物安全等级和气溶胶危害；在微生物操作与个人防护方面，许多师生在样品采集及操作过程中未使用生物安全柜或使用生物安全柜时未采取相应防护措施，没有进行必要消毒或没有定期检测及维护生物安全柜，甚至没有根据《人间传染的病原微生物名录》对所在实验室的病原微生物种类进行统计和分类管理，一些如金黄色葡萄球菌、铜绿假单胞菌等应在生物安全二级以上实验室进行操作的微生物也普遍存在于普通生物实验室和生物安全一级实验室。

实验动物是生命科学研究的主要实验材料，实验动物安全是指对实验动物可能产生的潜在风险或现实危害的防范和控制。调查结果表明，在实验动物安全认知方面，国内高校安全培训较为欠缺，许多师生不了解人畜共患病和动物气溶胶的危害；在使用资质与场所方面，虽然大部分实验室的实验动物能够做到从有资质单位购买，但仍然有不少实验动物来源于其他途径，甚至是野生动物，存在较大的安全风险隐患。且许多实验动物饲养在无合格资质的场所，甚至散养在实验室中也没有利用哨兵鼠监测病原微生物感染情况，动物逃逸现象时有发生，造成生物安全危害。在安全操作及个人防护方面，许多师生安全操作意识不强，或实验操作时未穿着、佩戴防护用品，或未及时灭菌处理使用过的隔离服，动物咬伤或抓伤事故时有发生，极易引发人畜共患病传播。

生物实验室危险废弃物种类较多，大体可分为有传染性的生物废弃物和非传染性的化学废弃物两大类，生物废弃物主要有沾染病原微生物的培养基、手套、针头等及实验动物垫料、尸体等，化学废弃物主要有化学品废液及其他废弃物。生物废弃物往往含有致病性病原微生物和其他有害物质，如果处置不当，易造成实验室环境污染，甚至导致传染病的传播。化学废弃物也往往是有毒有害的，如果处理不当，不仅对人体造成伤害，而且会对环境造成严重污染。高校生物类实验室在生物废弃物管理上存在未进行分类收集和高温无害化处理的情况，甚至将生物废弃物作为普通垃圾处理；化学废弃物管理上，存在未分类收集，无专用的废液存放容器、回收容器无成分标签等，还有部分实验室存在将未经处理的废液随意排放的现象造成环境危害。

2.3.3 第三方检测实验室生物安全

第三方检测机构是指独立于甲、乙双方之外的，能够独立承担责任并出具真实、权威的检测报告和数据的机构，在社会活动中，扮演着越来越重要的角色，由于其本身性质，具有检测范围广、种类多，样品复杂等特点，因此在检测时不可避免地存在一些生物安全问题。

检测过程中存在多种安全隐患，因为样本来源渠道丰富且在检测前对待检样本完全不知情，所以意外接触到病原的可能性大，被检测内容单一阴性但并不能确定没有其他病原污染；工作内容重复性高，且检测体量极大，容易发生聚集效应。第三方检测机构均以营利为单纯目的，容易对安全隐患忽视，快速上马更多检测项目但管理制度并不健全，更多停留在纸面而难以做到切实有效；实验室工作人员安全意识相对薄弱，在高强度工作下员工容易出现懈怠等情况，容易忽略安全风险；上级管理部门不清，各类型检测实验室主管部门多头，容易造成生物安全管理职责的缺失。

2.4 国内外生物安全实验室体系建设

2.4.1 生物安全实验室的发展

生物安全实验室是开展生物安全相关研究的基础设施和重要平台，不仅是为了保护研究人员免受污染，也是为了防止病原微生物进入环境。根据实验室的物理防护等级、管理要求及所研究的病原微生物类型，有四个生物安全等级定义了适当的实验室技术、安全设备和设计。其中 BSL-1 实验室被用于研究不会引起人类或者动物疾病的微生物；BSL-2 实验室用于研究能够引起人类或者动物疾病，但一般情况下对人、动物或者环境不构成严重危害；BSL-3 实验室用于研究能够引起人类或者动物严重疾病，比较容易直接或间接在人与人、动物与人、动物与动物间传播的微生物；BSL-4 实验室用于研究能够引起人类或者动物非常严重疾病的微生物。

20 世纪 40 年代，美国为了研究生物武器，开始实施“气溶胶感染计划”，大量使用烈性传染病的病原体进行实验室、武器化和现场试验。在这些研究和相关的实验中，实验室感染（Laboratory Acquired Infections，LAIs）频频发生。此后，各国也不断有 LAIs 发生。为此美国开始针对实验室意外事故感染建设生物安全实验室，设计木箱和钢箱来防止与工作有关的 LAIs。美国首先开展了实验室相关感染调查，并分别于 1951 年、1965 年和 1976 年发布实验室相关感染调查报告。1947 年，NIH 的 7 号楼建成了第一个和平时期专门针对病原微生物安全的研究实验室。进入 20 世纪 60 年代，美国、英国、苏联、加拿大、日本等发达国家也陆续建造了不同防护级别的生物安全实验室。20 世纪美国和英国就开始建设了 BSL-4 实验室。

进入 21 世纪，2001 年发生的“炭疽”恐怖袭击事件和 2003 年初出现的 SARS 全球流行，生物安全问题引起全球关注，生物安全实验室建设步伐进一步加速。2003 年，美国发布“生物盾”计划，有力推动了美国生物安全实验室的建设。BSL-3 实验室的发展更为迅速，截至 2011 年仅美国就已建成 1495 个 BSL-3 实验室。此后，澳大利亚、加拿大、苏联、南非、日本、法国、德国、瑞典、丹麦、荷兰、巴西、印度、西班牙、意大利、加蓬、中国等国家先后开始建设 BSL-4 实验室。全球已建成和在建的各类 BSL-4 实验室共有 50 多个，其中美国 12 个、英国 5 个，其他发达国家如德国、加拿大、澳大利亚等均建有 2 个或以上。中国周边国家中，印度有 2 个，日本有 2 个，韩国、俄罗斯各有 1 个 BSL-4 实验室。中国已建成 3 个 BSL-4 实验室。

2.4.2 国外生物安全实验室的建设

1. 美国生物安全实验室体系

美国应急医学检验室网络（Laboratory Response Network，LRN）是由 CDC 根据第 39 号总统指令建立的，该指令概述了国家反恐政策，并向联邦部门和机构指派了具体的任务。LRN 负责维护由州和地方公共卫生、联邦、军事和国际实验室组成的综合网络，于 1999 年 8 月开始运营，其目标是通过改善国家公共卫生实验室基础设施，以确保实验室对生物恐怖主义作出有效反应。LRN 提高了美国对生物和化学恐怖主义的防范能力，也加强了国家和地方公共卫生实验室、兽医、农业、军事以及水和食品检测实验室之间的联系。

2002 年 2 月，美国 NIH 感染性疾病研究所（National Institute of Allergy and Infectious Diseases，NIAID）与生物恐怖主义问题蓝丝带小组经过磋商，建议 NIAID 要更好地保护人类免受生物恐怖主义的威胁。2003 年 9 月和 2005 年 9 月，NIAID 宣布获得部分拨款，用于建设 2 个国家生物防护实验室（NBLs）和 12 个区域生物防护实验室（RBLs），在全国范围内增加 BSL-4 和 BSL-3 实验室。目前 RBL 的 12 个实验室有科罗拉多州立大学传染病研究中心、杜克大学医学院人类疫苗研究所、乔治梅森大学国家生物防护和传染病中心、罗格斯大学区域生物防护实验室、塔夫斯大学区域生物防护实验室、杜兰大学区域生物安全实验室、阿拉巴马大学伯明翰东南生物安全实验室、芝加哥大学域生物防护实验室、路易斯维尔大学预测医学中心、密苏里大学传染病研究区域实验室、匹兹堡大学区域生物防护实验室和田纳西大学区域生物防护实验室。

国家生物防御分析与对策中心（National Biodefense Analysis and Countermeasures Center,

NBACC）成立于2005年，隶属于国土安全部，主要职责是分析美国当前和未来的生物威胁、评估生物防御弱点、进行微生物法医学分析等。该中心内含BSL-2、BSL-3、BSL-4实验室，用于开展管制生物剂和毒素(biological selected agents and toxins,BSAT)的相关研究。NABCC为了创造一个安全、可靠的BSAT操作环境，于2010年制定和实施了一项支持生物安全的"人员可靠性计划"(personal reliability program，PRP)。PRP是NBACC管理层研发并实施的一项基于人员风险的评估工具，希望借此在实验室内部培育一种支持生物安全的"负责任的文化"，调动其工作人员积极参与生物安全文化建设，最大程度降低生物安全事件发生的概率。

美国实验室网络综合联盟（Integrated Consortium of Laboratory Networks，ICLN）是美国最大的实验室网络体系。ICLN使美国450多家独立的各专业实验室及网络成为国家安全实验室成员，为恐怖主义和其他重大灾难的早期探测和有效的后果管理提供快速、高质量的准确分析数据，为国家安全提供专业的技术支撑。该联盟的成立是为了提供一个美国全国范围的实验室网络综合系统，以协助应对恐怖主义行为和其他需要实验室综合响应的事件，其基础是对分析结果可靠性和准确性以及性能可比性的共识。

2. 欧洲生物安全实验室体系

欧洲生物安全四级实验室网络（European Network of Biosafety-Level-4 laboratories，EURONET-P4）是在2005年响应欧盟委员会的号召而建立的，目的是增强现有BSL-4实验室间的组织和协作，建立实验室之间迅速交流的渠道，以便交换诊断方案、样品、试剂（可行时）和培训人员，确保对高度传染性疾病紧急情况作出有效反应，加强他们在实验室生物安全性、病毒诊断能力等领域的合作，形成一个快速的、有效的和协调的应对欧洲健康威胁自然感染的网络，从而加强欧洲应对传染病突发事件的能力。

欧盟高等级生物安全实验室计划（European high security laboratories level-4，EHSL4）由法国国家健康与医学研究院负责协调。该计划内的实验室分布在欧洲各地，规模大小不一，功能各不相同（有诊断、科研、动物实验、专业培训等）。在此基础上，欧盟将继续支持实验室的建设，以满足对新出现的烈性病毒和抗药性细菌的研究需要。同时，EHSL4计划促进并协调好基础研究和临床研究的工作，提高欧盟的病原体诊断能力，对科研人员进行生物安全与可靠性培训。

欧洲高致病性病原体研究基础设施（European research infrastructure on highly pathogenic agents，ERINHA）是一个欧盟研究基础设施，致力于RG4病原体和新出现的高传染性微生物的研究。它是一个分布式的研究基础设施，将成员和外部用户（包括学术界和工业界的科学家）与欧洲BSL-4实验室和补充设施联系起来，以便开展单一国家基础设施或BSL-4网络无法提供的高质量研发项目和服务。欧盟资助的ERINHA项目让医学和生物科学家、国家部委、行业和资助企业参与建设研究能力和合作。他们的最终目标是建立一个泛欧开放式研究基础设施，以研究和监测高致病性传染病以及耐药性病原体的出现。

有来自25个国家的38个伙伴机构参与了欧盟层面的有效应对高度危险和新出现的病原体（efficient response to highly dangerous and emerging pathogens at EU level，EMERGE）联合行动。EMERGE由德国罗伯特·科赫研究所协调，目的是满足对造成严重跨境疫情的高危病原体作出高效、快速和协调反应的需要。EMERGE有三个主要目标：确保对新出现的和重新出现的跨境事件作出有效的反应；通过连接实验室网络和机构，确保协调和有效地应对此类突发事件；开展外部质量保证工作，并提供适当的培训，确保实验室做好准备，在突发事件中进行诊断和管理生物风险。

2.4.3 我国生物安全实验室的建设

1. 高等级生物安全实验室的建设

我国生物安全实验室建设起步较晚。20 世纪 80 年代后期，为开展艾滋病研究，中国疾病预防控制中心（原中国预防医学科学院）引进了国外 BSL-3 实验室技术和设备，建造了我国卫生系统第一个 BSL-3 实验室，配备了排风过滤装置、高压灭菌器、传递窗、污水处理池及观察池，并制定了比较系统的操作规程。1992 年，根据国家兽医科学研究的需要，中国农业科学院指定哈尔滨兽医研究所负责建成了我国首个可开展猪等大动物实验的动物生物安全三级实验室。1999 年，中国疾病预防控制中心传染病预防控制所（原预防医学科学院流行病研究所）为开展鼠疫菌的研究，开始建设生物安全三级实验室，并于 2002 年投入使用。一些省级疾病预防控制中心（原卫生防疫站）也建设了一些 BSL-3 实验室。这些 BSL-3 实验室的建立，为我国高致病性病原微生物的诊断、致病机制研究、疫苗研发等提供了技术支撑和安全保障。

在 2003 年 SARS 暴发前，我国各疾控机构、生物医学研究机构、医院、大学和企业相继建成了多个达到 BSL-3 的实验室，分别归属卫生、农业、质检、教育、军事部门及企业。SARS 出现后，特别是出台了国家标准后，许多机构为了开展相关研究工作，也开始按照国家标准的要求，新建、改建、扩建生物安全三级实验室。2006 年 7 月 31 日，中国疾病预防控制中心病毒病预防控制所生物安全三级实验室经过中国合格评定国家认可委员会认可，取得实验室认可证书，并于 2006 年 11 月 23 日通过卫生部的评估，获得从事高致病性病原微生物实验活动资格证书。

在固定生物安全实验室建设发展的同时，我国也重视移动式生物安全实验室的建设发展。2004年，我国从法国引进 4 套移动式生物安全三级实验室；2006 年 10 月，我国自主研制的首台移动式生物安全三级实验室通过验收；2014 年 9 月，国产移动式生物安全三级实验室运抵塞拉利昂执行埃博拉病毒应急检测。通过借鉴国外移动实验室建设和管理的先进经验，并结合我国国情，我国移动生物安全实验室的管理开始走向科学化、规范化、法治化。

2016 年 11 月，国家发展和改革委员会、科技部联合发布了我国《高级别生物安全实验室体系建设规划》（2016—2025）（以下简称《规划》），《规划》明确了高等级生物安全实验室体系建设规划的重要性，总结了已经取得的建设成果，也总结了实验室建设、管理方面的不足，提出了近些年我国高等级生物安全实验室建设的发展目标：到 2025 年，形成布局合理、网络运行的高级别生物安全实验室国家体系。一是建成我国高级别生物安全实验室体系。按照区域分布、功能齐备、特色突出的原则，形成 5 ~ 7 个四级实验室建设布局。在充分利用现有三级实验室的基础上，新建一批三级实验室（含移动三级实验室），实现每个省份至少设有一家三级实验室的目标。以四级实验室和公益性三级实验室为主要组成部分，吸纳其他非公益三级实验室和生物安全防护设施，建成国家高级别生物安全实验室体系。二是管理运维、技术发展、标准制定、评价认证以及应用指导能力显著提高。三是国际科技合作水平显著改善。

目前，我国生物安全高等级实验室的建设已经从模仿和探索阶段逐渐走向成熟，规范生物安全实验室建设和管理的国家标准。《实验室生物安全通用要求》（GB 19489）在 2008 年进行了修订,《生物安全实验室建筑技术规范》（GB 50346）在 2011 年也进行了修订。关于生物安全三级实验室的平面布局、围护结构、通风空调、水电气、污物处理、自动控制等硬件，以及实验室运行管理等方面，我国都有了自己的理解和解决方案。

2. 高等级生物安全实验室的关键防护装备

高等级生物安全实验室的关键防护装备是用于保护实验室操作人员和环境免受病原微生物危害的技术装备，也是体现国家生物安全建设水平的关键要素之一。我国生物安全关键防护装备研发一直滞后于西方发达国家,长期以来主要依赖进口。SARS 暴发后,我国相关生物安全标准陆续颁布实施，实验室生物安全防护装备也随之进入规范化发展轨道。2005 年以来，在国家科技攻关计划、科技支撑计划、863 计划、传染病防治科技重大专项、国家重点研发计划等相关科技项目的支持下，我国生物安全实验室关键防护装备取得显著成效，研发了一批具有自主知识产权的防护装备，解决了生物安全实验室关键防护装备从无到有的问题。

2.4.4 构建完善的生物安全实验室体系

目前，传染病仍然是全球卫生和安全的重大威胁之一，尤其是烈性传染病对人类健康和社会经济的威胁巨大。2014 年西非国家暴发的埃博拉疫情给人类的生命安全及全球经济造成了极大的威胁，虽然目前疫情已得到控制，但仍有重新暴发的可能。诸如此类的烈性传染病通常有危害大、疫情扩散快、难以控制等特点，因此针对这类传染性病原体的研究通常需要在安全防范措施较为完善、安全性较高的生物实验室开展。WHO 在总结西非暴发埃博拉疫情后,提出包括埃博拉病毒、马尔堡病毒、克里米亚刚果出血热病毒以及中东呼吸综合征病毒等在内的 10 种烈性病原体名单，这些病毒的诊断及预防研究必须在 BSL-4 实验室内开展，才能满足生物安全管理规定的要求。各类烈性传染病的预防和控制需要研发有效的诊断检测、疫苗、药物治疗等方法，但目前很多传染病尚未研究出证实有效的治疗方法，如长期威胁人类健康的艾滋病和 2014 年暴发的埃博拉。而这些相关研究都需要在高等级生物安全实验室中进行，需要以科技前沿研究和国家重大战略需求为目标，根据全球高级别生物安全实验室的总体布局趋势，结合我国的发展环境，基于我国现有的建设部署，以盘活存量、适度增量为原则，从科研、新建、推进和提升 4 个层面逐步完善我国高级别生物安全实验室体系。须加快实现在各省（自治区、直辖市）均建成 BSL-3 实验室的目标，推进 BSL-4 实验室的建设和投入使用。

生物安全实验室属于国家敏感基础设施，它与实验室核心设备和关键设备均属于国际有关条约的管控范围。长期以来发达国家在此领域凭借其雄厚的科技实力，已经形成系列化、多样化、配套化的实验室生物安全专用产品，同时也形成了利润丰厚的国际市场。由于核心材料、核心部件和工程设计技术及耐久性试验评价不足等诸多因素影响，导致我国生物安全防护装备的质量水平、工艺技术和设备稳定性等方面与国外主流品牌还存在着较大差距，且关键装备发展不平衡，例如正压防护服、防护手套、防护鞋等设备研发进展缓慢，这些原因导致国内高等级生物安全实验室依赖进口产品的局面并未发生根本性转变。因此，我国需持续加大研发投入，加强生物安全装备基础材料和核心部件关键技术创新，加速融入交叉学科和智能化技术，建立权威的生物安全装备性能验证评价体系和平台，促进国产化设备使用体验、实际应用和应急物资储备，从而全面实现生物安全实验室关键防护装备的技术突破和自主保障。

参考文献

[1] “新冠肺炎疫情全球大流行与我国生物安全体系建设”研讨会在京召开[J].国际安全研究, 2020, 38(3): 2,161.

[2]《实验动物与比较医学》编辑部.《中华人民共和国生物安全法》:病原微生物实验室生物安全[J]. 实验动物与比较医学, 2022, 42(2):1.

[3] 毕建军, 王壮, 陈洁君, 等.高级别生物安全实验室废弃物安全处置[J]. 军事医学科学院院刊, 2006(04):394-397.

[4] 代海兵, 连一霏, 高青, 等. 临床检验实验室感染与安全防护[J]. 实验室科学, 2019, 22(4):227-230.

[5] 胡凯, 李向旭, 聂伟. 实验室生物安全管理评价指标体系及备案模型建立现状及思考[J].河南医学研究, 2015, 24(12):52- 53.

[6] 黄世安, 衣颖, 刘志国. 国内移动生物安全实验室建设和管理现状[J]. 医疗卫生装备, 2016, 37(6): 114-117.

[7] 金钟, 吴烽, 徐宁, 等. 生物安全实验室质量安全管理体系的构建与应用[J]. 质量安全与检验检测 , 2022, 32(2): 56-58, 87.

[8] 李家增, 郜怡. 病原实验室人员生物安全知识认知情况调查[J].中国误诊学杂志, 2011, 11(27):6695.

[9] 李明. 国家生物安全应急体系和能力现代化路径研究[J].行政管理改革, 2020(4):22-28.

[10] 梁磊, 王燕芹, 崔磊, 等. 基于功能需求的高级别生物安全实验室布局思路探讨[J]. 中国医院建筑与装备, 2020, 21(5): 21-24.

[11] 刘妍, 张小燕, 林爱芬, 等. 生物样本库建设过程中生物安全和生物危害指导文件——了解生物安全等级, 满足生物样本库安全要求[J]. 中国医药生物技术, 2020, 15(2): 139-143.

[12] 刘跃进. 当代国家安全体系中的生物安全与生物威胁[J].人民论坛·学术前沿, 2020(20):46-57. 2020.20.005.

[13] 彭华松, 徐汪节, 刘闯, 等. 国内高校实验动物安全管理的调查研究与思考[J]. 中国兽医学报, 2019, 39(3):598-602.

[14] 沈志雄, 高杨予兮.完善国家生物安全体系, 维护国家生物安全[J].世界知识, 2020(10):20-23.

[15] 司林波.国家生物安全治理体系建设:从理论到实践[J].人民论坛·学术前沿, 2020(20):75-89. 2020.20.008.

[16] 王景江, 陈锡福. 浅谈医疗机构临床实验室生物安全监管[J]. 中国卫生监督杂志, 2016, 23(4):329-333.

[17] 王景云, 齐枭博.总体国家安全观视域下的生物安全法治体系构建[J].学习与探索, 2021(02):69-73.

[18] 王康.中国特色国家生物安全法治体系构建论纲[J].国外社会科学前沿, 2020(12):4-19, 94.

[19] 王欣.医学实验室生物安全管理的规范化[J].基础医学与临床, 2006(6): 674-678.

[20] 武桂珍, 王健伟. 实验室生物安全手册[M]. 北京: 人民卫生出版社, 2020.

[21] 杨旭, 梁慧刚, 沈毅, 等.关于加强我国高等级生物安全实验室体系规划的思考[J].中国科学院院刊, 2016, 31(10):1248-1254. 1000-3045.2016.10.016.

[22] 袁志明. 中国实验室生物安全管理法律和法规[C].首届国际生物经济高层论坛摘要集, 2005:279-280.

[23] 张静, 刘海燕, 邹兰花.建立实验室生物安全管理体系[J].中国卫生质量管理, 2010, 17(05):92-94. 2010.05.039.

[24] 张珂, 祁桐. 国内第三方检测机构发展浅析[J]. 中国卫生产业, 2019, 16(11):137-138.

[25] 张晓迪, 任晓婷, 赵晨茜, 等. 加强科研型研究生实验室安全意识的思考与探索[J]. 卫生职业教育, 2022, 40(18):32-34.

[26] 张彦国, 曲怡然. 国内外高等级生物安全实验室标准和建设概况[J]. 暖通空调, 2018, 48(1):2-6.

[27] 章欣 . 生物安全 4 级实验室建设关键问题及发展策略研究[D]. 北京 : 中国人民解放军军事医学科学院 , 2016.

[28] 赵冰梅, 杨琳琳.生物安全纳入国家安全体系的思考[J].江南社会学院学报, 2020, 22(04):24-28+41. 32-1569/ c.2020.04.005.

[29] 赵磊. 把生物安全纳入国家安全体系[J].理论探索, 2020(4):66-71.

[30] 赵添羽, 何蕊, 张连祺, 等. 国外高等级生物安全实验室管理政策制度现状与启示[J]. 暖通空调 , 2022, 52(5): 80-84.

[31] 赵焱.关于高级别生物安全实验室若干管理要素的探讨[J].病毒学报, 2019, 35(02): 288-291.

[32] 郑涛. 生物安全学[M]. 北京:科学出版社, 2014.

[33] 中华人民共和国国务院. 病原微生物实验室生物安全管理条例[Z]. 北京, 2004.

[34] 周笑宇.完善我国生物安全风险防御和治理体系[J]. 人民论坛, 2020(29): 68-69.

[35] 周乙华, 庄辉. 实验室感染与生物安全[J].中华预防医学杂志, 2005(3): 215-217.

[36] CDC. 2019. The Laboratory Response Network Partners in Preparedness[EB/OL]. [2019-4-10]. https://emergency.cdc.gov/lrn/index.asp

[37] CENTERS FOR DISEASE CONTROL AND PREVENTION. Biosafety in Microbiological and Biomedical Laboratories (BMBL) 6th Edition[EB/OL]. (2020-11-17)[2022-8-14]. https://www.cdc.gov/labs/BMBL.html.

[38] CENTERS FOR DISEASE CONTROL AND PREVENTION. Guidelines for Safe Work Practices in Human and Animal Medical Diagnostic Laboratories Recommendations of a CDC-convened, Biosafety Blue Ribbon Panel[EB/OL]. (2012-1-6)[2022-8-14]. https: //www.cdc.gov/Mmwr/preview/mmwrhtml/su6101a1.htm.

[39] CENTERS FOR DISEASE CONTROL AND PREVENTION. Strengthening laboratory biosafety and biosecurity capacity through legal frameworks.[EB/OL]. (2018-2-18)[2022-8-14]. https://www.cdc.gov/globalhealth/stories/strengthening_ laboratory_biosafety_and_biosecurity.html.

[40] EUR. Directive 2000/54/EC of the European Parliament and of the Council of 18 September 2000 on the protection of workers from risks related to exposure to biological agents at work (seventh individual directive within the meaning of Article 16(1) of Directive 89/391/EEC)[EB/OL]. (2000-9-18)[2022-8-14]. https://eur-lex.europa.eu/legal-content/EN/TXT/?uri=CELEX%3A32000L0054&qid=1671113272115.

[41] 国家市场监督管理总局. 生物安全实验室建筑技术规范 GB 50346-2011[S]. 北京: 中国标准出版社, 2011.

[42] INFRAWATCH PH. 2020. BANNING BIOLABS. https://www.infrawatchph.com/2020/06/23/banning-biolabs/

[43] ISO 20688-1:2020 Biotechnology-Nucleic acid synthesis-Part 1: Requirements for the production and quality control of synthesized oligonucleotides[EB/OL].[2022-8-14]. https://www.iso.org/standard/68831.html.

[44] ISO. Managing biorisk: why we need ISO 35001[EB/OL]. (2020-12-15)[2022-8-14]. https://www.iso.org/news/ref2594. html.

[45] JAMES WESTGARD. ISO 15189:2012 Medical laboratories - Requirements for quality and competence[EB/OL].[2022-8- 14]. https://www.westgard.com/iso-15189-2012-requirements-1.htm.

[46] NIH. 2017. Biocontainment Research Facilities. https://www.niaid.nih.gov/research/biocontainment-research-facilities

[47] NISII C, CASTILLETTI C, CARO A D, et al. The European network of Biosafety-Level-4 laboratories: enhancing European preparedness for new health threats[J]. European Society of Clinical Microbiology and Infectious Diseases, 2009, 15: 720-726.

[48] OCCUPATIONAL SAFETY AND HEALTH ADMINISTRATION. Laboratories[EB/OL]. [2022-8-14]. https://www.osha.gov/laboratories/ safety-culture.

[49] OCCUPATIONAL SAFETY AND HEALTH ADMINISTRATION. Laboratory Safety Guidance[EB/OL].[2022-8-14]. https://search.osha. gov/search?affiliate=usdoloshapublicwebsite&sort_by=&query=Laboratory+Safety+Guidance&commit=Search.

[50] OCCUPATIONAL SAFETY AND HEALTH ADMINISTRATION. Quick Reference Guide to the Bloodborne Pathogens

Standard[EB/OL].[2022-8-14]. https://www.osha.gov/bloodborne-pathogens/quick-reference.

[51] WHO. 2018. WHO Consultative Meeting on High/Maximum Containment (Biosafety Level 4) Laboratories Networking. https://www.who.int/ihr/publications/WHO-WHE-CPI-2018.40/en

[52] WHO. Guidance on regulations for the transport of infectious substances 2021-2022[EB/OL]. (2021-2-25)[2022-8-14]. https://www.who.int/publications/i/item/9789240019720.

[53] WHO. Laboratory biosafety guidance related to coronavirus disease (COVID-19)[EB/OL]. (2020-5-13)[2022-8-14]. https://www.who.int/publications/i/item/laboratory-biosafety-guidance-related-to-coronavirus-disease-(covid-19).

[54] WHO. Tuberculosis laboratory biosafety manual[EB/OL]. (2013-1-14)[2022-8-14]. https://www.who.int/publications/i/item/9789241504638.

[55] WOAH. Manual of Diagnostic Tests for Aquatic Animals[EB/OL].[2022-8-14]. http://youkud.com/tool/referance/index. html.

[56] WOAH. Previous editions of the Terrestrial Code[EB/OL].[2022-8-14]. https://www.woah.org/en/what-we-do/standards/ codes-and-manuals/previous-editions-of-the-terrestrial-code/.

[57] WOAH. Terrestrial Animal Health Code[EB/OL].[2022-8-14]. https://www.woah.org/en/what-we-do/standards/codes-and-manuals/.

第3章

实验室生物安全管理要素及核心要求

3.1 风险管理要素及核心要求

病原微生物实验室生物安全风险管理的目标是最大程度地减少有潜在风险的生物安全事件的发生，杜绝导致实验室感染、疾病、伤害、死亡或环境污染等实际危害的生物安全事故的发生。风险评估是病原微生物实验室进行生物安全风险管理的重要手段，是制定实验室生物安全管理要求、管理程序、风险控制措施、安全操作规范，以及意外事件和意外事故应急处置方案的根本依据。通过风险评估充分识别病原微生物实验室在运行、管理和实验活动过程中存在的潜在风险，制定针对性的风险控制措施并落实到位，最终达到零事故安全运行的风险管理目标。

风险管理的流程包括风险评估、风险控制措施的实施、风险控制措施实施效果的评价、风险评估和风险管理体系的持续改进。关键的风险管理要素包括：明确、把控风险评估的依据；确定实验室的风险准则；风险评估过程的核心管理要求；风险管理措施有效性的评价与持续改进。本节将简述各个关键风险管理要素及核心管理要求。

3.1.1 明确、把控风险评估的依据

《实验室 实验室生物安全通用要求》（GB19489—2008）规定，实验室应建立并维持风险评估和风险控制程序，以维持进行危险识别、风险评估和实施必要的控制措施。病原微生物实验室的风险评估是一个动态的、不断更新的过程，以确保风险评估结果持续适用、有效。《病原微生物实验室生物安全通用准则》（WS 233—2017）明确规定："风险评估应以国家法律、法规、标准、规范，以及权威机构发布的指南、数据等为依据。对已识别的风险进行分析，形成风险评估报告。"因此，实验

室须定期对风险评估报告的适用性进行评估，当国家发布新的或修订现有的病原微生物实验室生物安全相关法律、法规、标准、规范、指南或数据时，应及时重新进行风险评估。

在实验室实际的运行管理过程中，尤其是进行新发、突发传染病相关实验活动风险评估时，会遇到缺少风险评估依据的情况，通常需要依据国家和权威机构已发布的同属或同科病原微生物的相关法律、法规、标准、规范、指南或数据进行评估。切不可依据未经国家和权威机构认定的实验数据和文献、资料，采用新的实验方法或新的消毒、灭活方法开展实验活动。

对于实验室采用的新技术、新方法的风险评估，应依照国务院424号令《病原微生物实验室生物安全管理条例》第二十九条规定“实验室使用新技术、新方法从事高致病性病原微生物相关实验活动的，应当符合防止高致病性病原微生物扩散、保证生物安全和操作者人身安全的要求，并经国家病原微生物实验室生物安全专家委员会论证；经论证可行的，方可使用。”执行。

此外，世界卫生组织、世界动物卫生组织、国际标准化组织等机构或国内外行业权威机构发布的指南、标准和数据、资料等，包括世界卫生组织认可的加拿大公共卫生署在线资料和数据“病原微生物安全数据单（pathogen safety data sheets）”亦可作为风险评估的依据。

3.1.2 确定实验室的风险准则

实验室须依照本实验室的安全防护等级和本实验室的风险管理目标，确定本实验室的风险准则，即实验室可接受的风险水平，并依据风险准则对识别出的风险进行风险评价。对于可接受的风险制定相应的应急预案，对于不可接受的风险制定有效的风险控制措施，以达到有效控制风险、实现风险管理目标的目的。如采取风险控制措施后，残余风险太大，不能接受的活动，则不能开展相关实验活动。

3.1.3 风险评估过程的核心管理要求

1. 风险评估体系建立

实验室应建立标准化的风险评估体系，以保障相同条件下风险评估结果的一致性和可重复性。因此，实验室应制定风险评估模板和风险评估核查表，以及风险识别、风险评价和风险等级判定的工作程序。

2. 风险评估小组组建

实验室应明确风险评估小组的成员，依据具体的风险评估事项，由承担风险管理责任和风险控制措施实施责任的有经验的各方代表组成，以便充分沟通、评估和判定风险。

3. 风险控制措施选择

针对评估出的风险，在选择和制定风险控制措施时，应遵循风险控制层级的原则，优先选择风险控制效率高的风险控制措施。即优先选择消除和替代的风险控制措施，以消除或最大程度地降低风险发生的可能性；其次选择工程控制措施和管理措施降低风险发生的可能性或严重程度；最后选择适用的个体防护装备降低风险发生的严重程度。以此消除风险或最大限度地将风险发生的可能性和危害后果降低至可接受程度。

4. 风险再评估

当国家发布相关法律、法规、标准、指南，或有新的修订时；当实验室开展新的实验活动，或经过评估的实验活动相关风险要素（包括设施、设备、管理要求、管理流程、人员、实验活动类型、实验方法、操作量等）有变更的情况下；当实验室发生不符合项、本实验室或相关实验室发生生物安全事件或事故时，应重新进行风险评估。

5. 风险评估有效性控制

基于风险评估结果形成的风险评估报告需经实验室技术负责人、安全负责人、实验室主任审核后，由生物安全委员会审批，以受控文件的形式发布实施，并定期对风险评估报告的适用性和风险控制措施实施的可行性进行评估，对风险评估报告的持续有效性负责。

6. 风险评估批准

对未列入国家相关主管部门发布名录的生物因子风险评估报告应得到相关主管部门的批准。

3.1.4. 风险管理措施有效性的评价与持续改进

风险评估是一个持续、动态，不断完善和改进的过程。有效的风险管理需要所有管理人员和工作人员尽职尽责，及时沟通和反馈，对风险管理流程和风险控制措施的有效性进行监督、检查和评估，及时修正、改进和完善风险管理流程和风险控制措施，以确保风险评估报告的持续适用和风险控制措施的有效实施。

1. 安全计划制订

实验室应组织制订安全计划，通过安全计划和风险管控措施的实施，识别和评估实验室风险管理体系，包括实验室工作人员在工作能力、工作表现方面存在的安全隐患，及时对实验室的安全计划和风险管控措施进行必要的调整和修改，以消除或有效降低安全隐患，为实验室工作人员提供安全可靠的工作环境，避免危害性生物材料的暴露风险。

2. 风险管控工作机制建立

实验室应通过日常的安全检查、定期的内部评审和管理评审，建立持续改进风险管控有效性的工作机制，监督、检查和评估风险控制措施落实的充分性和有效性，及时发现不符合的情况，促进风险管理体系的持续改进，以确保风险评估报告持续适用，确保风险管理要求得到及时、有效的实施。

3. 纠正和预防措施

实验室在接受外部评审或安全督查时，应对评审专家发现的不符合项进行认真的分析、讨论，识别出不符合项发生的原因，制定针对性的纠正措施和预防控制措施，避免同样的潜在风险和安全隐患再次发生。

3.2 生物安全文化建设的要素及核心要求

安全是人类社会的基本需求。陈志武在《文明的逻辑》中指出：社会文明进步的历程就是人类与风险博弈的过程。衡量文明的标准，不仅是财富的增加，也是风险的减少。社会的文明进步，不能光看经济增长或生产率，还要看社会的风险应对能力，也就是能否给人带来更大的安全感。

生物安全文化是指：无论是否有准则或规范的约束，机构中的每个人都会在充分交流和相互信任的氛围中共同努力，在建立和不断改进实验室生物安全管理体系的过程中所形成并不断完善的价值观、理念和行为模式。

生物安全文化建设是促进安全行为养成的重要手段，是实验室制订和有效实施安全计划的基础，是实验室生物安全管理体系建设的重要组成部分。2020年，WHO发布的第四版《实验室生物安全手册》和NIH、CDC联合发布的第六版《微生物和生物医学实验室生物安全》都将生物安全文化的理念引入新修订的版本，尤其是WHO的第四版《实验室生物安全手册》，用了大篇幅强调生物安全文化建设的重要性，强调需要将积极主动的生物安全文化贯穿在风险评估、良好的微生物实验操作规程和标准操作规范、对工作人员进行必要的理念传授、更新培训和示范指导、及时报告意外事件和意外事故、随后细致调查分析和纠正整改的过程中。

在我国，安全文化建设最早出现在企业的安全生产指导性文件（《国家安全监管总局关于开展安全文化建设示范企业创建活动的指导意见〔2010〕》和《国务院安委会办公室关于大力推进安全生产文化建设的指导意见〔2012〕》）中。国务院安全生产委员会2022年发布的《“十四五”国家安全生产规划》将安全素质教育和纳入国民教育体系，将安全文化建设列为构建社会共治安全格局的重要组成部分。但生物安全文化建设至今还没有出现在我国生物安全相关的指南、规范和指导性文件中。因此，作为实验室生物安全管理体系建设的重要组成部分，生物安全文化建设需要得到更多的关注和不断完善。

3.2.1 实验室生物安全文化建设的要素

实验室生物安全文化建设的要素包括组织制度保障、生物安全文化理念和宣传培训、生物安全文化的环境氛围、安全行为、激励制度和持续改进。

1. 组织制度保障

（1）指定专人负责实验室生物安全文化建设，制定岗位管理责任和管理目标。

（2）制定实验室生物安全文化建设的规划目标、实施方案、方法措施。

（3）把实验室生物安全文化建设纳入年度安全计划，保证实验室生物安全文化建设方案的有效实施。

（4）建立、完善实验室生物安全文化建设的管理规章制度和安全诚信制度，积极履行社会的安全责任，维护机构和实验室良好的社会形象。建立安全责任制度，明确领导层、管理层和实验操作人员的安全责任，逐级签订《生物安全责任书》，作出安全承诺。

（5）制定安全检查制度和隐患排查、纠正及效果评估制度。

（6）建立安全事故报告、记录制度和整改措施监督落实制度。

2. 生物安全文化理念和宣传培训

（1）建立积极主动的实验室生物安全文化理念，制订生物安全文化的宣传、培训和考核计划。

（2）组建实验室培训授课师资团队，并鼓励实验室工作人员参与外部的生物安全培训。

（3）全员定期参与生物安全理论、安全管理和安全操作规范的学习和培训，保证所有人员理解并认同生物安全理念，具备履行岗位职责所需的生物安全知识和技能。

（4）制定并组织宣贯实验室《生物安全手册》，确保所有岗位工作人员理解并掌握《生物安全手册》的内容。

（5）定期组织实验室风险评估和应急演练。

3. 生物安全文化的环境氛围

（1）建立充分、有效的风险沟通机制，确保实验室内部管理体系各层级和岗位之间保持良好的沟通协作，鼓励员工及时发现、反馈安全隐患，要求实验室管理层及时分析、解决反馈的问题。

（2）利用传媒、展板、宣传册、宣传活动等多种形式，进行生物安全文化的宣传，潜移默化地强化员工的生物安全意识。

（3）通过会议、征文等形式组织、开展实验室生物安全文化建设的经验交流和分享活动。

4. 安全行为

（1）实验室工作人员自觉遵守实验室的安全管理规范和安全操作规范，倡导良好的安全工作行为。

（2）实验室安全管理人员对实验室工作人员的安全工作行为承担监督、指导和纠正的职责。

5. 激励制度

（1）鼓励实验室制定安全绩效考核制度，明确安全绩效考核指标，并把安全绩效考核纳入岗位能力评估、职称评定、评优表彰和绩效奖励等鼓励措施。

（2）对发生的违规行为和意外事故，及时进行纠正和安全处置，事后及时进行讨论、分析和总结，制定出整改措施和预防控制措施，并对全过程进行宣贯培训，保证全员接受、吸取经验教训，避免同类问题再次发生。

6. 持续改进

（1）指定专人负责收集国内外实验室生物安全相关的事件和事故信息，并进行针对性的分析、讨论和评估，从中吸取教训，及时改进实验室的管理体系文件、安全管理流程和安全操作规范。

（2）建立、完善实验室内部管理体系，有效落实安全计划、安全检查、内部评审和管理评审，系统地梳理实验室安全计划的落实和工作人员岗位职责的履行情况，及时发现潜在的问题和安全隐患，不断改进和完善实验室的安全管理体系。

（3）对于外部评审和安全督查中发现的问题和不符合项，同样需要高度重视、举一反三，及时进行整改、纠正并制定相应的预防控制措施。

3.2.2 实验室生物安全文化建设的核心要求

1. 建立积极主动的实验室生物安全文化

倡导建立积极主动的实验室生物安全文化，不因为处罚等压力隐瞒安全隐患和异常状况。通过培训、宣贯、讨论、交流，引导、促进实验室工作人员自觉的安全理念、安全素质和安全行为的养成。

2. 将安全管理制度转化为有效、可行的安全管理流程

将安全管理制度转化为有效、可行的安全管理流程，将管理制度的约束力转化为自觉行动力，将违规处罚转化为让工作人员没有犯错机会的好的管理流程和操作流程。

3. 关注实验室工作人员的职业健康

制定实验室工作人员职业健康管理要求，指定专人负责执行和记录职业健康的管理工作。为实验室工作人员创造符合国家职业卫生标准和要求的工作环境和条件，采取健康监测等措施保障工作人员的职业健康。同时关注实验室工作人员的心理健康，必要时对实验室工作人员进行心理评估。对于工作人员的工作压力和情绪压力，依靠专业人员进行必要的心理疏导和心理辅导。对于经过评估确认不适合从事高风险工作岗位的人员，采取调岗或解聘处理，以免带来不可控的风险和隐患。

3.3 人员能力建设要素及核心要求

生物安全实验室人员能力建设的要素包括：专业基础知识和专业操作技能，生物安全风险识别能力、安全行为能力和应急处置能力，身体及心理素质和人员能力评估。各要素的概述和核心要求如下。

3.3.1 专业基础知识和专业操作技能

专业基础知识和专业操作技能是实验室各岗位工作人员履行岗位职责，保障实验室安全运行和安全管理的必要条件。因此，需要针对不同岗位工作人员及不同专业水平制定相应的培训计划和培训方案，通过理论和实操培训使实验室管理人员、实验操作人员和设施设备运维人员熟知和掌握相应的专业基础知识和专业操作技能。

3.3.2 生物安全风险识别能力、安全行为能力和应急处置能力

生物安全风险识别能力、安全行为能力和应急处置能力是生物安全实验室各岗位工作人员必备的职业素养。同样需要通过严格的培训体系，使各岗位工作人员具备识别风险、评估风险的能力；具备针对识别出的风险制定风险控制措施和预防措施的能力；具备自觉依从安全操作行为的能力；

具备意外情况下安全处置的能力。

3.3.3 身体及心理素质

生物安全实验室的岗位工作具备风险大、压力大和责任大三大特点。因此，各岗位工作人员需要具备良好的身体素质和心理素质，需要具备责任心强、爱岗敬业、遵章守法、坚持原则的性格特质，同时具备良好的沟通、交流及团队协作能力，以胜任生物安全实验室复杂度高、要求高的工作岗位。

3.3.4 人员能力评估

人员能力评估是实验室人员能力建设重要组成部分，是优化、改进人员能力建设方案的依据，是奖励先进、督促后进的有效手段。《实验室生物安全通用要求》（GB 19489—2008）明确要求实验室应建立人员考核与评估制度，至少每 12 个月一次对员工是否胜任其岗位工作的工作能力和工作表现进行考核和评价。人员工作能力的评价包括独立工作能力、完成工作任务的执行力、工作效率、工作质量和总结、分析、改进能力。人员工作表现的评价包括是否遵守劳动纪律，是否积极主动承担并及时完成工作任务，是否善于交流、分享和团队互助，是否具备学习交流和自我提升能力。

3.4 基础设施（基本硬件）能力建设要素及要求

生物安全实验室的建设应切实遵循物理隔离的建筑技术原则，以生物安全为核心，确保实验人员的安全和实验室周围环境的安全，并应满足实验对象对环境的要求，做到实用、经济。根据实验室所处理对象的生物危害程度和采取的防护措施，生物安全实验室分为四级。微生物生物安全实验室可采用 BSL-1，BSL-2，BSL-3，BSL-4 表示相应级别的实验室；动物生物安全实验室可采用 ABSL-1，ABSL-2，ABSL-3，ABSL-4 表示相应级别的实验室。生物安全实验室根据所操作致病性生物因子的传播途径可分为A类和B类。A类生物安全实验室指操作非经空气传播生物因子的实验室；B 类生物安全实验室指操作经空气传播生物因子的实验室。B1 类生物安全实验室指可有效利用安全隔离装置进行操作的实验室；B2 类生物安全实验室指不能有效利用安全隔离装置进行操作的实验室。二级生物安全实验室宜实施一级屏障和二级屏障，三级、四级生物安全实验室应实施一级屏障和二级屏障。

3.4.1 建筑要求

各级生物安全实验室对是否允许共用建筑物，是否有可控制进出的门，对选址和建筑间距均有不同要求。一级、二级实验室要求较低；三级实验室与其他级别的生物安全实验室可共用建筑物，但应自成一区，选址和建筑间距应满足排风间距要求；四级实验室应设置在独立建筑物，或与其他级别的生物安全实验室共用建筑物，但应在建筑物中独立的隔离区域内，宜远离市区。主实验室所在建筑物与相邻建筑物或构筑物的距离不应小于相邻建筑物或构筑物高度的 1.5 倍。

3.4.2 装修要求

各级生物安全实验室对地面、墙面、顶棚、踢脚线等围护结构的做法的具体要求不同。不同级别实验室对是否允许设窗和自然通风均有明确要求。ABSL-2 中 B2 类、三级和四级生物安全实验室的防护区不应设外窗，但可在内墙上设密闭观察窗，观察窗应采用安全的材料制作。所有级别的生物安全实验室均应有防止节肢动物和啮齿动物进入和外逃的措施。

各级实验室的门也有不同的技术要求。二级、三级、四级生物安全实验室主入口的门和动物饲养间的门、放置生物安全柜实验间的门应能自动关闭，实验室门应设置观察窗，并应设置门锁。当实验室有压力要求时，实验室的门宜开向相对压力要求高的房间侧。缓冲间的门应能单向锁定。ABSL-3 中 B2 类主实验室及其缓冲间和四级生物安全实验室的主实验室及其缓冲间应采用气密门。

不同级别生物安全实验室的设计应充分考虑生物安全关键设备的尺寸。生物安全柜、动物隔离设备、高压灭菌器、动物尸体处理设备、污水处理设备等设备的尺寸和要求，必要时应留有足够的搬运孔洞，以及设置局部隔离、防震、排热、排湿设施。一级和二级生物安全实验室防护结构顶棚可设置检修口；三级和四级生物安全实验室防护区内的顶棚上不可设置检修口。

3.4.3 结构要求

生物安全实验室的结构设计应符合现行国家标准《建筑结构可靠度设计统一标准》（GB 50068）的有关规定。三级生物安全实验室的结构安全等级不宜低于一级，四级生物安全实验室的结构安全等级不应低于一级。生物安全实验室的抗震设计应符合现行国家标准《建筑抗震设防分类标准》（GB 50223）的有关规定。三级生物安全实验室抗震设防类别宜按特殊设防类，四级生物安全实验室抗震设防类别应按特殊设防类。生物安全实验室的地基基础设计应符合现行国家标准《建筑地基基础设计规范》（GB 50007）的有关规定。三级生物安全实验室的地基基础宜按甲级设计，四级生物安全实验室的地基基础应按甲级设计。三级和四级生物安全实验室的主体结构宜采用混凝土结构或砌体结构体系。

3.4.4 暖通及净化系统

1. 一般原则

生物安全实验室空调净化系统的划分应根据操作对象的危害程度、平面布置等情况经技术经济比较后确定，并应采取有效措施避免污染和交叉污染。空调净化系统的划分应有利于实验室消毒灭菌、自动控制系统的设置和节能运行。

生物安全实验室空调净化系统的设计应考虑各种设备的热湿负荷。生物安全实验室送、排风系统的设计应考虑所用生物安全柜、动物隔离设备等的使用条件。二级生物安全实验室中的 A 类和 B1 类实验室可采用带循环风的空调系统。二级生物安全实验室中的 B2 类实验室宜采用全新风系统，防护区的排风应根据风险评估来确定是否需经高效空气过滤器过滤后排出。三级和四级生物安全实验室应采用全新风系统。三级和四级生物安全实验室主实验室的送风、排风支管和排风机前应安装耐腐蚀的密闭阀，阀门严密性应与所在管道严密性要求相适应。三级和四级生物安全实验室防护区内不应安装普通的风机盘管机组或房间空调器。三级和四级生物安全实验室防护区应能对排风高效空气过滤器进行原位消毒和检漏。四级生物安全实验室防护区应能对送风高效空气过滤器进行原位消毒和检漏。

2. 送排风系统

空气净化系统至少应设置粗、中、高三级空气过滤，并应符合下列规定。送风系统新风口的设置应符合下列规定：①新风口应采取有效的防雨措施；②新风口处应安装防鼠、防昆虫、阻挡绒毛等的保护网，且易于拆装；③新风口应高于室外地面 2.5 m 以上，并应远离污染源。

一级和二级生物安全实验室排风无特殊要求。三级和四级生物安全实验室排风系统的设置应符合下列规定：①排风必须与送风连锁，排风先于送风开启，后于送风关闭；②主实验室必须设置室内排风口，不得只利用生物安全柜或其他负压隔离装置作为房间排风出口；③ B1 类实验室中可能产生污染物外泄的设备必须设置带高效空气过滤器的局部负压排风装置，负压排风装置应具有原位检漏功能；④动物隔离设备与排风系统的连接应采用密闭连接或设置局部排风罩；⑤排风机应设平衡基座，并应采取有效的减振降噪措施。

三级和四级生物安全实验室防护区的排风必须经过高效过滤器过滤后排放。三级和四级生物安全实验室排风高效过滤器宜设置在室内排风口处或紧邻排风口处，三级生物安全实验室防护区有特殊要求时可设两道高效过滤器。四级生物安全实验室防护区除在室内排风口处设第一道高效过滤器外，还应在其后串联第二道高效过滤器。防护区高效过滤器的位置与排风口结构应易于对过滤器进行安全更换和检漏。

3. 气流组织

三级和四级生物安全实验室各区之间的气流方向应保证由辅助工作区流向防护区，辅助工作区与室外之间宜设一间正压缓冲室。三级和四级生物安全实验室内各种设备的位置应有利于气流由被污染风险低的空间向被污染风险高的空间流动，最大限度减少室内回流与涡流。生物安全实验室气流组织宜采用上送下排方式，送风口和排风口布置应有利于室内可能被污染空气的排出。饲养大动物生物安全实验室的气流组织可采用上送上排方式。在生物安全柜操作面或其他有气溶胶产生地点的上方附近不应设送风口。高效过滤器排风口应设在室内被污染风险最高的区域，不应有障碍。

4. 给排水管道

生物安全实验室的给排水干管、气体管道干管，应敷设在技术夹层内。生物安全实验室防护区应少敷设管道，与本区域无关管道不应穿越。引入三级和四级生物安全实验室防护区内的管道宜明敷。

给水排水管道穿越生物安全实验室防护区围护结构处应设可靠的密封装置，密封装置的严密性应能满足所在区域的严密性要求。进出生物安全实验室防护区的给水排水和气体管道系统应不渗漏、耐压、耐温、耐腐蚀。实验室内应有足够的清洁、维护和维修明露管道的空间。

5. 气体供应

生物安全实验室的专用气体宜由高压气瓶供给，气瓶宜设置于辅助工作区，通过管道输送到各个用气点，并应对供气系统进行监测。所有供气管穿越防护区处应安装防回流装置，用气点应根据工艺要求设置过滤器。

三级和四级生物安全实验室防护区设置的真空装置，应有防止真空装置内部被污染的措施；应将真空装置安装在实验室内。正压服型生物安全实验室应同时配备紧急支援气罐，紧急支援气罐的供气时间不应少于 60 min/ 人。

供操作人员呼吸使用的气体的压力、流量、含氧量、温度、湿度、有害物质的含量等应符合职业安全的要求。充气式气密门的压缩空气供应系统的压缩机应备用，并应保证供气压力和稳定性符合气密门供气要求。

6. 配电

生物安全实验室应保证用电的可靠性。二级生物安全实验室的用电负荷不宜低于二级。BSL-3 实验室和 ABSL-3 中的 A 类和 B1 类生物安全实验室应按一级负荷供电，当按一级负荷供电有困难时，应采用一个独立供电电源，且特别重要负荷应设置应急电源；应急电源采用不间断电源的方式时，不间断电源的供电时间不应小于 30 min；应急电源采用不间断电源加自备发电机的方式时，不间断电源应能确保自备发电设备启动前的电力供应。ABSL-3 中的 B2 类实验室和四级生物安全实验室必须按一级负荷供电，特别重要负荷应同时设置不间断电源和自备发电设备，作为应急电源，不间断电源应能确保自备发电设备启动前的电力供应。

7. 照明

三级和四级生物安全实验室室内照明灯具宜采用吸顶式密闭洁净灯，并宜具有防水功能。三级和四级生物安全实验室应设置不少于 30 min 的应急照明及紧急发光疏散指示标志。三级和四级生物安全实验室的入口和主实验室缓冲间入口处应设置主实验室工作状态的显示装置。

8. 自动控制

空调净化自动控制系统应能保证各房间之间定向流方向的正确及压差的稳定。三级和四级生物安全实验室的自控系统应具有压力梯度、温湿度、连锁控制、报警等参数的历史数据存储显示功能，自控系统控制箱应设在防护区外。三级和四级生物安全实验室自控系统警报，信号应分为重要参数报警和一般参数报警。重要参数报警应为声光报警和显示报警，一般参数报警，应为显示报警。三级和四级生物安全实验室应在主实验室内设置紧急报警按钮。

9. 安防

四级生物安全实验室的建筑周围应设置安防系统。三级和四级生物安全实验室应设门禁控制系统。三级和四级生物安全实验室防护区内的缓冲间、化学淋浴间等房间的门应采取互锁措施。三级和四级生物安全实验室应在互锁门附近设置紧急手动解除互锁开关。中控系统应具有解除所有门或指定门互锁的功能。

10. 通信

三级和四级生物安全实验室防护区内应设置必要的通信设备。三级和四级生物安全实验室内与实验室外应有内部电话或对讲系统。安装对讲系统时，宜采用向内通话受控、向外通话非受控的选择性通话方式。

11. 消防

二级生物安全实验室的耐火等级不宜低于二级。三级生物安全实验室的耐火等级不应低于二级。四级生物安全实验室的耐火等级应为一级。四级生物安全实验室应为独立防火分区。生物安全实验室应设置火灾自动报警装置和合适的灭火器材。三级和四级生物安全实验室防护区不应设置自动喷水灭火系统和机械排烟系统，但应根据需要采取其他灭火措施。

3.5 保障能力建设要素及要求

生物安全实验室保障能力建设是提升国家生物安全风险防控和治理体系建设水平，提高生物安全监测预警、应急处置、基础保障、事后恢复能力的重要内容，是形成平战结合的应对重大新发突发传染病、动植物疫情等生物安全事件的实验室技术提升的重要保障。当前，我国已基本建成国家主导、防控兼备、机制顺畅、基础扎实的生物安全实验室风险防控和治理体系。

3.5.1 法律法规及政策保障

我国历来高度重视生物安全实验室相关的法律法规及制度建设。1989 年，我国通过了《中华人民共和国传染病防治法》。该法是为了预防、控制和消除传染病的发生与流行，保障人体健康和公共卫生而制定的国家法律法规。为了进一步加强病原微生物实验室生物安全管理，保护实验室工作人员和公众的健康，我国于 2004 年制定并出台了《病原微生物实验室生物安全管理条例》（424 号文），该条例于 2018 年根据我国生物安全实验室管理现状进行了修订。2021 年，我国出台了《中华人民共和国生物安全法》，该法第五条规定“国家鼓励生物科技创新，加强生物安全基础设施和生物科技人才队伍建设，支持生物产业发展，以创新驱动提升生物科技水平，增强生物安全保障能力”，对我国生物安全实验室建设、管理和发展提出了明确要求。按照相关法律法规要求，我国适时制定了生物安全实验室相关的标准、规范。2004 年出台了《实验室生物安全通用要求》（GB 19489），对我国生物安全实验室分级管理、认证认可、病原微生物风险评估等工作进行了规定。2005 年《生物安全实验室建筑技术规范》（GB 50346）发布，该标准系统规定了各级生物安全实验室建筑及设施、生物安全设备相关要求，极大规范了我国的生物安全实验室的建设，从硬件上保障了我国生物安全实验室安全。除此之外，我国先后出台了《动物病原微生物分类名录》（2005 年）、《人间传染病原微生物名录》（2006 年）等规范性文件。上述标准规范根据我国传染病防控实际情况进行了及时更新。

生物安全实验室领域的法律、法规及标准、规范及时出台，从法律层面保障了我国生物领域体制机制和制度环境日趋优越，极大地促进了先进技术、人才、资本等创新要素集聚和流动。

3.5.2 生物安全实验室规划及体系建设

科学规划生物安全实验室布局，完善实验室体系建设，对我国生物安全实验室领域的长远发展非常重要。2016 年，国家发展和改革委员会、科学技术部颁布了《高级别生物安全实验室体系建设规划（2016—2025 年）》，计划到 2025 年，形成布局合理、网络运行的高级别生物安全实验室国家体系。落实该规划需要以科技前沿研究和国家重大战略需求为目标，根据全球高级别生物安全实验室的总体布局趋势，结合我国的发展环境，基于我国现有的建设部署，以盘活存量、适度增量为原则，从预研、新建、推进和提升 4 个层面逐步完善我国高级别生物安全实验室体系。

新冠病毒感染疫情暴发后，基于新冠病毒感染疫苗开发和产业化的需求，近期已有多家企业启动了具备生物安全三级防护条件的疫苗生产车间或实验室的建设。基于非洲猪瘟等重大动物疫病疫苗的研发与生产，一些企业也申请建设生物安全三级实验室。高校与研究院所、临床机构、生产企业也提出了新的实验室建设需求。因此我国需要在原有国家生物安全实验室规划体系的基础上，完善规划，统筹布局，加快建设，形成综合能力。

3.5.3 实验室生物安全管理制度保障

1. 实验室生物安全管理体系建立及运行

实验室生物安全管理体系的建立和有效运行，是确保实验室生物安全的制度保障。生物安全管理体系建设依据《实验室生物安全通用要求》（GB 19489）等标准规范要求，包括组织结构设置、发展方针和管理目标的确定、体系文件的编制以及体系的运行与持续改进等。在管理体系建设过程中，特别强调其系统性、全面性、有效性及适用性，同时要充分考虑其各要素间的衔接与统一，成为一个有机整体。

实验室生物安全管理体系建设包括管理体系建立的依据和原则、管理体系组织架构设置、组织机构运作方式等内容。生物安全管理体系文件的框架内容应涵盖生物安全管理手册、程序文件、作业指导书、记录表格、病原微生物风险评估等。生物安全管理体系运行与持续改进包括体系文件的审查和批准发布、体系文件培训、日常管理、实验活动管理、安全监督检查、内部审核、管理评审、持续改进、实验室信息管理等要素。

2. 病原微生物样本和菌（毒）种管理

病原微生物样本和菌（毒）种是国家重要战略生物资源，是进行传染病防治、科研教学、药物研发、标准计量、专利保护等工作的物质基础。加强病原微生物样本和菌（毒）种管理，加快建设菌（毒）种保藏等国家生物安全战略平台建设，完善国家菌（毒）种保藏工作体系，是国家生物安全科技创新的战略保障和技术支撑。当前，我国已经构建了按照病原微生物危害程度进行分类和集中保藏的管理法规、技术标准和工作机制，病原微生物保藏在内的实验室生物安全管理工作逐步走向法治化、规范化、标准化。

3. 感染性物质包装和运输

2004 年颁布实施的《病原微生物实验室生物安全管理条例》对高致病性病原微生物菌（毒）种或者样本的包装和运输进行了明确规定，运输高致病性病原微生物菌（毒）种或者样本，应具备一系列条件。《中国民用航空危险品运输管理规定》（CCAR-276-R1）提出，危险品航空运输应当遵守本规定和《危险物品航空安全运输技术细则》规定的详细规格和程序。2018 年交通运输部发布的交通运输行业标准《危险货物道路运输规则》（JT/T 617），对危险货物分类、包装、标签、托运程序等进行了明确规定。

4. 实验室消毒灭菌和感染性废物处置

消毒灭菌是实验室生物安全的重要技术保障措施之一。在消毒灭菌过程中，既要保证消毒灭菌方法对病原微生物消毒灭菌有效，又要保证对人员无害，对设施结构、仪器设备和其他环境具有较好相容性。所用的消毒剂和消毒灭菌设备，应既要能通过国家卫生行政部门批准或通过产品安全性评价备案，又要保证其消毒效果和安全性能符合国家与行业相关质量标准，并在规定的有效期内使用。

感染性废物处置应遵循《病原微生物实验室生物安全管理条例》《实验室生物安全通用要求》（GB 19489）等相关要求。实验室应当依照环境保护的有关法律、行政法规和国务院有关部门规定，对废水、废气以及其他废物进行处置，制定相应的环境保护措施。处理和处置危险废物应遵循对人的危险和对环境的危害作用最小化、处理方法规范化和排放标准合法化的管理原则。同时，应避免危险废物处理和处置方法本身带来新的风险。

5. 实验室安全防范

实验室安全防范，是实验室生物安全重要组成部分，是保障实验室安全的重要环节。实验室设立单位应当建立健全安全保卫制度，采取安全保卫措施，保障实验室及其病原微生物的安全。实验室的设立单位应加强病原微生物菌（毒）种和样本的安保管理，定期开展风险评估工作，针对安保管理，建立相应的管理制度并配备一定的安保资金，必要时应建立安全防范系统运行与维护的保障体系和长效机制，定期对系统进行维护，及时排除故障，保持系统处于良好的运行状态。病原微生物菌（毒）种和样本的安保管理，适用于所有保存、保藏以及使用病原微生物菌（毒）种和样本的设立单位，如保藏机构、疾控机构、医疗机构、高校以及生产企业等，具体内容应包括人员审核、人力防范、实体防范、电子防范等安保措施。

3.5.4 提高生物安全实验室治理体系和治理能力

习近平总书记指出：“要把生物安全作为国家总体安全的重要组成部分，坚持平时和战时结合、预防和应急结合、科研和救治防控结合，加强疫病防控和公共卫生科研攻关体系和能力建设。”当前我国已把生物安全纳入国家安全体系，突出了生物安全的重要性，拓展了人们对国家安全的认识。高级别生物安全实验室作为生物安全的核心基础设施，是提高生物安全治理体系和治理能力的重要手段。新冠病毒感染疫情发生后，中央和地方政府十分重视高级别生物安全实验室建设，部分省份和科研机构启动高级别生物安全实验室建设规划，利用多方资源建设实验室，这将极大地提高生物安全实验室的保障能力，但是，盲目建设、缺少明确定位和专业支撑人员，会导致资源浪费，也会影响实验室的安全运行。展望未来，应进一步落实高级别生物安全实验室体系建设规划，提高我国生物安全治理体系和治理能力。同时，应进一步加强二级生物安全实验室管理，逐步引导普通生物安全实验室规范、安全运行，进一步保障实验室生物安全。

3.5.5 加强疫情防控相关科研攻关、基础保障力度，提高创新能力

近年来，我国在传染病防控及生物安全领域持续加大了科研投入力度，特别是新冠病毒感染疫情发生以来，我国科研战线争分夺秒、日夜奋战，全力开展科研攻关，在较短时间内取得多项科研成果，同时锻炼出了一批担当作为、用于开拓的科研专家队伍。我们要把疫情防控科研攻关作为一项重大而紧迫的任务抓紧、抓实、抓好，充分发挥我们的政治优势和制度优势，充分发挥专家团队和专业队伍重要作用，力争取得更多突破、拿出更多硬核产品，为打赢疫情防控人民战争提供强大科技支撑。一要以科研攻关推动一线临床救治，及时总结、优化、推广有效诊疗方案，加快药物研发进度，让科研成果更多向临床一线倾斜、尽快落地服务患者，切实提高治愈率、降低病亡率。二要加快推进重点领域科研攻关，依靠科技强化疫病源头防控，加快推进疫苗研发，加强病毒溯源及其传播途径研究，强化检测试剂、人工智能辅助诊断、快速识别等技术攻关及应用。三要加强疫病防控和公共卫生科研攻关体系建设，加大生命安全和生物安全领域科研攻关力度，加快突破医疗设备关键核心技术，积极推广互联网信息技术应用，筑牢生命安全和生物安全的科技防线。四要加强统筹协调，强化科研攻关合力，坚持部省联动、省市联动，加强内地与港澳联合攻关和国际科技合作，鼓励科研机构、科技人员和专家团队开放共享信息，及时总结这次抗击疫情的经验做法，形成常态化防控科学指引、标准和规范。

3.5.6 健全生物资源保护开发利用体制机制

我国有着丰富的生物资源，这些生物资源构成了人们赖以生存的物质基础。但目前人们对生物资源的了解还不够，利用率很低，特别是在生物产品的深加工和综合利用方面水平更低。近年来，我国生物资源量急剧下降，有些物种已经灭绝，或称为稀有或濒危物种。因此，中国的生物资源在世界生物资源中占有重要地位，保护好中国的生物资源不仅对中国社会经济持续发展，对子孙后代具有重要意义，而且对全球的环境保护和促进人类社会进步也会产生深远的影响。一是制订生物资源开发利用规划。合理开发生物资源必须遵循有计划、适度开发的原则，处理好利用与保护之间的关系。二是树立综合利用生物资源的观念。对生物资源的利用，必须抛弃过去那种单一利用的方式，树立综合利用的新观念。随着社会经济持续快速发展和科技进步，我国经济实力迅速提高。人们对生物资源开发利用的认识水平也在不断提高，这为生物综合利用，建立物种经营、全面发展的多元

型经济结构提供了物质保证和科学理论支持。同时，人们对生物资源产品的多方面、不同层次的巨大社会需求，给生物资源的开发提供了广阔的市场，使生物资源综合利用成为可能。

3.6 应急管理能力建设要素及要求

应急是指在发生突发事件时，能够在短时间内配备人力、物资和能源，迅速采取措施，把突发事件的损失减少到最低限度的一种措施或体系。预警是指引起人类行为防治对环境和公众健康产生威胁的一种方法，是有限却能确保人群健康的科学方法，是在缺乏确定的因果关系和缺乏计量反应关系情况下，促进和调整预防行为或者在健康威胁之前采取的措施。生物安全实验室应通过建立标准化的生物安全实验室设施，配备合格的生物安全设备，建立完善的生物安全管理制度，开展规范化的人员培训，减少实验室暴露。同时，应建立必要的意外事故处置程序，一旦出现应急事件或发生意外事故，应做到有据可循，科学、规范处置。

3.6.1 应急事件响应

所有从事病原微生物工作的实验室都应当制定针对所操作病原微生物和感染动物危害的安全防护措施。一级和二级生物安全实验室通常只能开展一类和二类低致病性病原微生物实验活动，尽管实验室生物安全风险总体可控，但也必须杜绝实验室感染事件的发生。高等级生物安全实验室应建立完善的实验室意外事故应急处置预案。明确生物安全管理委员会、生物安全专家小组、单位法人、实验室主管领导、实验室主任、实验室使用管理安全责任人和实验活动当事人的生物安全责任和义务。实验室应设立独立的监管部门加强对实验室的监督管理。

3.6.2 实验室暴露后预防

如果实验人员在开展实验活动时发生意外事故，造成人员的病原微生物意外暴露，实验室负责人应组织做好暴露后的预防工作。实验室实验人员出现病原微生物意外暴露后，首先，要根据暴露情况进行必要的安全处置，防止风险因子进一步扩散。同时对暴露人员开展心理疏导，减轻意外事故暴露对人员造成的心理压力，舒缓紧张情绪。其次，要做好人员健康监护，针对暴露的病原微生物类别，以及感染引起的临床表现，每日测体温，并报告是否出现相关临床症状。最后，实验室主任应根据意外事件危害程度，判断是否应向所在单位的法人和生物安全委员会主任报告事件的经过，单位生物安全管理办公室组织专家小组对事件暴露的风险进行评估，决定对暴露人员开展心理疏导、预防性服药、隔离观察。

3.6.3 实验室事故事件报告程序

为了做好实验室病原微生物样本或菌（毒）种丢失被盗和实验活动意外事故的处置工作，实验室应根据意外事故的事件分级制定详细的处置和报告程序。根据事故风险的级别，应建立包括实验室负责人、单位法人和生物安全管理委员会主任，上级主管部门领导的逐层报告机制。同时，应由相关负责人提出对实验活动当事人的预防感染措施和建议，生物安全管理部门撰写事件发生、处置及评估报告，并书面报告上级主管部门。生物安全重大事件的报告分为初次报告、阶段报告、总结报告。

3.6.4 实验室事故事件处理

当出现生物安全实验室意外事故等应急事件时，采取科学有效的处理方法是控制危害的关键。在任何涉及处理或储存高致病性病原微生物的三级生物安全实验室都必须有一份关于处理实验室和动物设施意外事故等应急事件的书面方案。针对重大事件如高致病性病原微生物菌（毒）种或未经培养的含高致病性病原微生物的样本丢失或被盗，实验人员操作高致病性病原微生物培养物或样本时被污染的锐器刺伤或被感染的实验动物抓伤咬伤，实验人员在高等级生物安全实验室开展实验活动时，在生物安全柜以外发生容器破碎及感染性物质溅洒，实验人员在高等级生物安全实验室从事实验活动的过程中实验室核心区和核心区内的生物安全柜同时出现压力异常，实验室发生火灾等，应制定严格、科学、完善并具有可操作性的处置流程，严格培训并定期演练。针对较大事件如高等级生物安全实验室运行正常，生物安全柜出现压力异常，在正常运行的高等级生物安全实验室内的地面、台面，仪器设备等物体的内外表面发生溢出或泄漏，高等级生物安全实验室在离心操作时在可封闭的离心桶内离心管发生破裂等产生潜在危害性气溶胶，实验人员操作病原微生物培养物或样本时被污染的锐器刺伤或被感染的实验动物抓伤咬伤等，应制定严谨、科学的处置流程，充分培训并定期演练。针对一般意外事故，也应建立完善的处置文件，保证工作人员熟悉。

3.6.5 实验室应急措施

实验室应建立有效的应对措施，提前制定应急预案，并按照应急预案做好物资储备和人员培训。一旦发生各种意外事故造成的应急事件，确保能够科学有效处置，确保实验室生物安全。应急措施至少应包括应急物资储备、人员救护、隔离及医学观察、重大事件的应急消杀能力、人员健康监护、应急演练和培训等要素。

参考文献

[1] 陈志武.文明的逻辑[M].北京: 中信出版社, 2022.

[2] 国家安全监管总局, 国家安全监管总局关于开展安全文化建设示范企业创建活动的指导意见[Z].安监总政法〔2010〕5号.

[3] 国家质量监督总局, 国家标准化委员会. 实验室生物安全通用要求[Z]. 2008.

[4] 国务院安全生产委员会. “十四五”国家安全生产规划[Z]. 2022.

[5] 国务院安全生产委员会.《国务院安委会办公室关于大力推进安全生产文化建设的指导意见[Z]. 2012.

[6] 中华人民共和国国务院令第424号.病原微生物实验室生物安全管理条例[Z].

[7] CENTERS FOR DISEASE CONTROL AND PREVENTION. Biosafety in Microbiological and Biomedical Laboratories (BMBL) 6th Edition[EB/OL]. (2020-11-17)[2022-8-14]. https://www.cdc.gov/labs/BMBL.html.

[8] PATHOGEN SAFETY DATA SHEETS, PUBLIC HEALTH AGENCY OF CANADA. https: //www.canada.ca/en/public-health/services/laboratory-biosafety-biosecurity/pathogen-safety-data-sheets-risk-assessment.html.

[9] CENTERS FOR DISEASE CONTROL AND PREVENTION. Biosafety in Microbiological and Biomedical Laboratories (BMBL) 6th Edition[EB/OL]. (2020-11-17)[2022-8-14]. https://www.cdc.gov/labs/BMBL.html.

[10] WORLD HEALTH ORGANIZATION. Laboratory biosafety manual[M], 4th ed. 2020.

[11] 中华人民共和国卫生部. 微生物和生物医学实验室生物安全通用准则: WS 233—2017[S].2017.

第4章 实验室生物安全风险评估与管理

4.1 风险评估概述

风险评估是收集信息和评价风险的系统过程，主要目的是支持风险管理策略，该策略根据生物因子意外释放和（或）暴露的可能性及后果而制定的。风险评估对于指导风险控制措施的选择和确保实验室在使用生物因子时的生物安全性至关重要。该评估需要考虑许多因素，包括生物因子的传播途径、致病性和感染剂量、预防性治疗或疫苗的可用性、疾病严重程度和死亡率、传染性、流行性、高风险实验室程序（如使用气溶胶生产 / 处理的生物因子、锐器、动物的高滴度或体积）、实验室人员的能力、个体人员的敏感性和生物安全性（生物因子误用 / 用作伤害武器的可能性）。

无论是作为生物安全专业人员、实验室科学家、设施管理者还是技术人员，都必须了解风险评估框架的关键概念和注意事项。风险评估框架是一个基于“计划、执行、检查、行动”周期的五个步骤或程序的过程（图 4-1，表 4-1）：

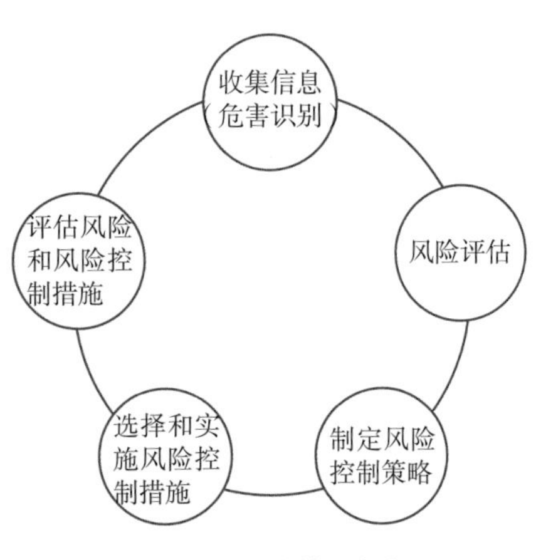

图 4-1　风险管理框架

表4-1 风险管理框架的主要考虑因素

步骤	主要考虑因素
1 收集信息（危害识别）	将处理什么生物因子，它们致病特点是什么？ 将进行实验室工作和（或）程序的类型吗 将使用什么类型的设备 可提供哪种类型的实验室设施 有哪些人为因素存在（如人员能力、员工的水平） 可能影响实验室运行的其他因素是什么（如法律、文化、社会经济、公众）
2 风险评估	暴露和（或）释放是如何发生的 暴露和（或）释放的可能性有多大 收集到的哪些信息对可能性影响最大 暴露和（或）释放的后果是什么 收集到的哪些信息对后果影响最大 活动的总体初始风险是什么 可接受的风险是什么 哪些风险是不可接受的 不可接受的风险能否得到控制，或者工作根本不应该继续
3 制定风险控制策略	有哪些资源可用于风险控制措施 对现有资源最适用的风险控制策略是什么 是否有足够的资源来获取和维持这些风险控制措施 提出的控制策略在当地环境下是否有效、可持续和可实现
4 选择和实施风险控制措施	是否有国家/国际法规要求规定风险控制措施 哪些风险控制措施在当地是可行的和可持续的 现有的风险控制措施是否足够有效，或者多种风险控制措施是否应该结合使用以提高有效性 所选择的风险控制措施是否与风险控制策略一致 实施风险控制措施后的剩余风险水平是多少？现在是否可以接受 是否需要额外的资源来实施风险控制措施 所选择的风险控制措施是否符合国家/国际法规 是否已批准进行工作 风险控制策略是否传达给相关人员 必要的项目是否包含在预算中并已购买 操作和维护程序是否到位 员工是否受过适当的培训
5 评估风险和风险控制措施	活动、生物因子、人员、设备或设施是否有任何变化 是否有关于生物因子和（或）使用的过程的新知识 从事件报告和调查中是否吸取了任何教训，表明需要改进 是否建立了定期评审周期

进行全面的生物学风险评估依赖于对相关知识和对核心概念的明确理解，信息收集非常必要，例如该风险是否具有出现导致危害后果的事件的可能性。在实验室生物安全的背景下，危害是一种生物因子，其致病特性使其有可能对人、动物和（或）环境造成危害。与危害相关的风险被定义为

事件发生的可能性和损害的严重度（后果）的组合。这里，可能性是暴露于实验室工作期间发生的危害或释放危害的概率，如果发生此类事件，后果是结局的严重程度。因此，操作任何生物因子的风险取决于许多动态因素，包括待执行的程序、可用设备的类型、生物因子本身的固有致病特性、可受影响的宿主范围以及生物因子是否在人群中流行，当地人群的易感性，以及实验室人员开展工作的能力。

全面的生物学风险评估需要确定并考虑影响所有实验室人员的因素，并进行信息的收集。一般而言，应从具有不同实验室角色和职责的人员处收集信息，以确保所有观点均已体现。这些人员包括实验室技术人员和科学家、实验室和质量管理者、主要研究者、设备维护人员以及生物安全和生物安全专家。还应从科学文献中获得信息，例如科学论文或综述文章、技术文献和基于网络的资源。通过考虑生物学风险评估过程中的所有相关人员和各个因素，进行风险评估的人员或团队可以为所有人的利益做出明智的决定，从而加强整体机构的生物安全实践活动。

4.2 风险评价

风险评估是指收集信息、评估暴露于工作场所危害的可能性和后果并确定适当风险控制措施以将风险降低至可接受风险（认为可接受并允许继续工作的风险）的系统过程。

风险评估是支持更广泛生物安全管理计划的基本过程。有效的生物安全管理整合并配合一个组织现有的安全和质量管理和领导结构，促进循证、持续改进和全组织的生物安全文化。因此，风险评估是实验室所有成员和实验室外利益相关者的重要职责。全面、有效的风险评估需要实验室人员的投入，他们了解正在评估的工作范围内的过程和程序。

风险评估过程的第一步是确定领导评估的人员和将为评估作出贡献的团队。在开始评估之前，必须明确定义所有团队成员的角色和职责，但可根据需要咨询其他人员。风险评估团队的成员应具有处理正在处理的生物因子或类似生物因子的技能，并了解与实验室中执行的方案和程序相关的所有危害。团队成员必须熟悉实验室设施的布局和条件以及程序中使用的设备。风险评估团队还应了解负责实验室工作的实验室人员的能力和经验。风险评估团队的人员可能包括但不限于主要研究者、实验室和质量管理者、实验室技术人员和生物安全专员。在人员数量有限的情况下，可能无法聚集有资格进行风险评估的人员团队。团队可能由一个或多个人组成，但较小的团队在进行风险评估方面具有更大的工作量和责任。需要注意的是，实验室和（或）组织领导通过直接参与风险评估团队或与团队沟通参与风险评估过程，对于建立生物安全管理计划的组织支持和可持续性至关重要。

根据暴露于或释放生物因子的可能性以及这种暴露/释放的后果来评估风险。对于风险评估周期的每个步骤，有几个因素可能影响暴露于或释放生物因子的可能性和后果。影响后果或损害严重程度的主要因素是待评估生物因子的固有致病特性。实验室操作过程中暴露或释放的可能性受几个因素的影响，包括待执行的程序、周围的实验室环境、直接接触相关生物因子的人员和许多其他因素。

与事件发生可能性高度相关的因素如下。①与气溶胶化有关的实验室活动（如超声、匀浆、离心）。

当气溶胶产生时，通过吸入暴露的可能性就会增加，这些气溶胶释放到周围环境的可能性也会增加，且可能污染实验室表面，并扩散到社区。②与锐器有关的实验室活动。当试验活动涉及使用锐器时，通过穿刺伤口经皮暴露生物因子的可能性增加。③工作人员能力低。由于缺乏经验和理解或未能遵守标准操作规程，工作人员对实验室流程和程序的熟练程度低，可能导致工作中出现错误，更有可能导致暴露和（或）释放生物因子。④具有高度环境稳定性的生物因子。附着在实验室表面的生物因子（例如，由于技术低下导致气溶胶或液滴在释放后沉降）只要在环境中保持稳定，即使看不到污染，也可以成为无意暴露的来源。⑤电力供应不足或缺乏。包括实验室设施和建筑破旧，设备故障，频繁恶劣天气造成的损坏，以及昆虫和啮齿类动物进入实验室。以上因素都可能导致旨在减少生物因子暴露和（或）释放可能性的生物防护系统的部分破坏或完全失效。

一旦发生事故，影响事故后果的因素如下。①感染剂量低。要使暴露者感染，必须有一定数量（体积、浓度）的生物因子存在。即使是少量的病原体也可能导致严重的后果，如实验室相关感染。此外，暴露大量该因子（大于感染剂量）可能导致更严重的感染表现。②传染性高。即使是一次暴露（引起携带或实验室相关感染）也可以迅速从实验室人员或污染物传播给许多人。③严重程度和死亡率高。暴露后发生的实验室相关感染更有可能导致工作人员变得虚弱、失去生活质量或死亡。④缺少有效的预防或治疗干预措施。实验室相关感染的症状或结果不能通过医疗干预有效预防、减少或消除。这还可能包括无法获得医疗干预或应急能力有限的情况。⑤大量易感人群。易感人群越多，与实验室相关的感染就越有可能迅速传播并感染更多的人。⑥非本土病原体。当一种病原在周围人群中不是本土流行的病原体时，该人群更有可能对该病原易感，导致实验室相关感染向社区传播的可能性增加。

与潜在事件的高可能性和更严重后果相关的因素如下。①生物因子的浓度过高或体积过大。被处理的物质中含有的生物因子越多，可接触到的感染性颗粒就越多，接触量就越有可能包含该因子的感染性剂量。此外，暴露在高浓度的病原体中可能会导致更严重的感染、疾病或伤害。②空气传播途径。通过空气传播的生物因子可能在气溶胶中滞留很长时间，并可能在实验室环境中广泛传播，增加了人员接触该因子的可能性。此外，在暴露事件发生后，气溶胶化生物因子可能被吸入并沉积在暴露者的呼吸道黏膜上，可能导致实验室相关感染。

实验室工作中发生暴露或释放的可能性包括罕见、不太可能、可能、很可能、几乎肯定五种。

- 罕见：几乎不可能发生。
- 不太可能：不太可能发生。
- 可能：可能发生。
- 很可能：非常可能发生的。
- 几乎肯定：极有可能发生的。

暴露/释放后果的严重程度可分为忽略不计、轻微、中度、重大、严重五种。

- 忽略不计：需要报告和跟进的忽略不计的事件或险些发生。
- 轻微事件：具有自限性后果的事件。
- 中度事件：需要医疗处理和（或）对环境影响不显著的事件。

- 重大事件：由于感染可能导致时间损失，但不是永久性的后果和（或）有限的环境影响。
- 严重事件：可能死亡或严重疾病，并造成永久性残疾和（或）严重的环境影响。

4.3 风险控制措施的选择和实施

4.3.1 关键风险评估步骤的应用

从事生物因子操作的实验室永远不能完全消除所有的生物风险。确定与工作相关的风险是否可接受或可控，相关工作是否可以安全进行，或者风险是否太高而无法完成工作，是风险评估过程的一部分。可接受风险（认为可接受并允许继续工作的风险）因实验室、机构、地区和国家而异，受多种因素影响。这些因素包括但不限于监管风险的监管要求、资源的可用性和可持续性以及风险缓解措施、生物因子在当地人群中的流行或疾病、工作对社区的价值和利益相关者的风险感知等。风险是否可接受最终由机构及其领导层决定。

基于实验室活动的初始风险，可根据暴露和（或）释放的可能性和后果定义风险的评估矩阵（表4-2），使用风险控制措施将该风险降低至可接受的风险。在某些情况下，可能需要采取多种风险控制措施来充分解决风险。

表4-2　根据暴露和（或）释放的可能性和后果定义风险的评估矩阵

		暴露/释放的风险				
		罕见	不太可能	可能	很可能	几乎肯定
暴露/释放的后果	严重	中等	中等	高	非常高	非常高
	重大	中等	中等	高	高	非常高
	中度	低	低	中等	高	高
	轻微	非常低	低	低	中等	中等
	忽略不计	非常低	非常低	低	中等	中等

值得注意的是，除了这个方法外还有各种方法来确定可接受的风险。机构应使用最能满足其独特需求的风险接受策略，不排除开发与其实验室操作更好一致的定制方法和风险类别的可能性。

高风险实验室活动可能包括操作大量生物因子耐药菌株和使用可通过气溶胶传播的人畜共患病病原体进行动物研究等工作。这种性质的实验室工作需要仔细考虑，并对工作进行成本效益分析，以确定是否应该进行。这些分析应包括对可能实施的强化控制措施的全面评价，以改善实验室设施并降低风险。需要考虑的其他因素是外包工作的成本效益或工作是否应该进行。

重要的是要注意某些特殊情况的风险极高。例如，在全球范围内已被根除的生物因子的实验室工作可能被认为是非常高风险的工作（如天花、脊髓灰质炎）。意外暴露或释放可导致感染在易感人群中迅速传播，可能引起严重疾病和（或）较多死亡。对于这类工作，最大限度的防护措施可能是唯一适合有效控制风险的风险控制措施。这些措施需要专门的设施和训练有素的人员。最大限度的防护措施可提供最高水平的保护，防止暴露于危险病原体并释放出具有灾难性后果的病原体。这些措施的维护成本很高，需要对程序、设备和实验室设施进行频繁和严格的性能验证。因此，重要的是要确认，在考虑使用上述高度危险的病原体进行工作之前，可以有效地实施和维持最大的预防措施。

4.3.2 附加风险控制的措施

生物风险受实验室操作的生物因子致病潜力的影响。然而，在更大程度上，这些风险受这些微生物的物理状态和待进行的特定操作的影响。与同行协商和定期文献综述可提供替代或新方法，用低风险方法补充或替代高风险活动，可在应用任何风险控制措施之前降低实验室活动的初始风险。这些方法可能以几种方式降低风险。

分子检测方法产生高灵敏度和高特异性的结果，是一种比标准的细菌和病毒培养风险更小的方法。选择低风险（例如减毒）阳性对照进行试验验证是降低生物学风险的另一种方法。根据试验方法，可以使用生物因子的减毒菌株作为阳性对照，提供与高致病性菌株相当的结果。这一策略对负责监测检测严重和重新出现的流行病的实验室特别重要。降低生物风险的另一个策略是在疫苗生产中使用灭活的生物因子。疫苗生产需要操作大量有机材料。然而，在某些情况下，可获得生物因子的重组或减毒菌株，其可替代高毒力细菌或病毒，从而大大降低意外暴露或释放时对人员和环境的风险。

用新的分子方法替代传统的微生物方法可降低风险，应尽可能考虑。尽管开始使用这些方法可能成本很高，但利用这些方法的实验室最终经历了运营成本的降低和人员绩效的提高。然而，消除或替代危险的实验室活动并不总是可能的，任何实验室活动都不应该继续进行，直到风险可以接受。

4.4 风险审查和风险控制措施

4.4.1 风险审查

风险审查是由实验室生物安全委员会定期开展，基于实验室风险评估报告，对实验室风险进行全面审查并形成审查报告的过程。生物安全委员会是由实验室主管机构设立，负责咨询、指导、评估、监督实验室生物安全相关事宜的专业组织。生物安全委员会应由机构的主管领导担任委员会主任，实验室负责人（主任）至少应是所在机构委员会有职权的成员，实验室主任、安全负责人必须是委员会中具有决定权力的重要成员，委员是本单位人员或者外聘，委员会应由懂政策、懂管理、懂技术、有经验的管理专家和技术专家共同组成。开展风险审查要以国家法律、法规、标准、规范以及权威机构发布的指南、数据等为依据，按照风险评估全流程，覆盖风险评估所有环节。对生物实验室完成风险审查后，生物安全委员会要将审查结果进行评估汇总，形成书面审查报告，以促进实验室针对性地整改，进一步控制生物安全风险。风险审查内容主要包括以下几个方面。

1. 风险评估的制度是否完整

风险审查应对实验室的风险评估制度是否规范进行审查，包括组织开展风险评估的机构是否明确，开展风险评估的人员是否为具有经验的专业人员（不限于本机构内部的人员），风险评估的工作机制是否包括风险识别、风险评估、风险控制措施三个步骤，风险评估报告是否包括评估时间、编审人员和所依据的法规、标准、研究报告、权威资料、数据等关键内容。实验室的风险评估制度是开展风险评估的重要依据，对风险评估制度进行风险审查可以保障实验室风险评估工作的有效开展，降低实验室生物安全风险。

2. 风险评估的程序是否合理

风险审查应对实验室开展风险评估的程序是否合理进行审查，包括对实验室开展风险评估时的审批手续是否齐全，开展风险评估的主导机构是否具有相关资质，形成的风险评估报告是否得到了实验室所在机构生物安全主管部门的认可等。风险评估程序的合理性直接关乎风险评估报告的准确性，为进一步制定风险控制措施、建立安全管理体系和制定安全操作规程提供依据。因此对风险评估程序进行风险审查，具有重要意义。

3. 风险评估的依据是否充分

风险审查应对风险评估所依据的数据及拟采取的风险控制措施、安全操作规程等进行审查，确保实验室以国家主管部门和世界卫生组织、世界动物卫生组织、国际标准化组织等机构或行业权威机构发布的指南、标准等为依据开展风险评估，并审查当相关政策、法规、标准等发生改变时实验室是否重新进行了风险评估。

4. 风险评估的内容是否全面

风险审查应对实验室风险评估的内容进行审查，防止评估时遗漏某些潜在风险因素，造成生物安全风险。审查内容主要包括以下几个方面。

- 风险评估是否对实验室操作的病原微生物已知或未知的特性，如种类、来源、传染性、传播途径、易感性、潜伏期、剂量 - 效应关系、致病性、变异性、在环境中的稳定性、与其他生物和环境的交互作用、相关实验数据、流行病学资料、预防和治疗方案等进行了评估。
- 是否对实验室常规活动和非常规活动过程中的风险进行了风险评估，包括所有进入工作场所的人员和可能涉及的人员的活动。
- 风险评估时是否考虑到潜在的风险因素，包括设施、设备等相关的风险，实验动物相关的风险，人员相关的风险，意外事件、事故带来的风险，以及被误用和恶意使用的风险。
- 风险评估时所设置的风险范围、性质和时限性是否合理，是否对危险发生的概率进行了评估，并对危险发生时可能产生的危害及后果分析。
- 风险评估还应对消除、减少或控制风险的措施，以及采取措施后残余风险或新带来风险进行评估，对运行经验和所采取的风险控制措施的适应度进行评估，对应急措施及预期效果进行评估，对降低风险和控制危害所需资料、资源（包括外部资源）进行评估，风险审查时要审核实验室是否进行了对风险、需求、资源、可行性、适用性等的综合评估。
- 是否事先对所有拟从事活动的风险进行了评估，包括对化学、物理、辐射、电气、水灾、火灾、自然灾害等风险的评估，是否在开展新的实验室活动或欲改变经评估过的实验室活动（包括相关的设施、设备、人员、活动范围、管理等）时，事先或重新进行了风险评估，是否对操作超常规量或从事特殊活动的风险进行了评估。

5. 风险评估措施是否科学有效

对实验室开展风险评估后应根据评估结果及时形成风险评估报告，并根据风险评估报告内容制定风险控制措施，最终降低实验室的生物安全风险。风险审查要对实验室是否根据风险评估报告制定了有针对性的风险控制措施、并通过实施风险控制措施降低生物安全风险进行分析，最终确定风险评估是否发挥作用。

综上所述，全面细致的风险审查可以在风险评估的基础上进一步分析实验室内部可能存在的生物安全风险，为提出针对性的风险控制措施，保证实验室正常运行提供基础。在风险审查的基础上，生物安全委员会还应定期组织开展风险复审，对已完成风险评估及风险审查的生物安全实验室经过一定时间的运行后再次进行风险审查。风险复审除了要严格按照首次风险审查的流程对实验室内可能存在风险的如环境、设备设施、病原微生物属性等相关内容进行审查外，还应对实验室的风险管理程序，风险管控措施，实验室新产生的实验计划、信息，以及新发生的事件、事故等内容进行风险审查，形成定期更新的审查报告，以敦促实验室及时进行风险管控，避免产生生物安全风险。定期风险复审是生物安全实验室运行过程中必不可少的一环，可以促使实验室将新信息、新情况、新知识以及可以预见的能够使风险变化的程序步骤纳入风险评估报告，如新的条例、新的科学知识、新的设备、新的实验人员、新的实验计划等，使实验室生物安全风险进一步降低。风险复审可以不断为风险管理程序更新、风险控制措施优化，事故内在原因分析，以及评估报告的定期更新或修订提供基础。

4.4.2 主要风险控制措施

风险控制是寻求有效方法防止危害发生或减低危害损害的过程。实验室生物安全风险控制措施是指为降低风险而采取的综合措施，包括沟通、评估、培训、物理和操作控制等。不同等级的生物安全实验室要采取与生物安全等级相适应的风险控制措施，制定或纠正预防措施时，要以国家法律、法规、标准、规范以及权威机构发布的指南、数据等为依据，结合实验室风险评估、风险审查报告，制定切实可行并符合相应生物安全等级的措施。生物安全实验室风险控制措施应通过建立“安全手册”或“操作手册”的方法对已知和潜在的危害进行定义，并针对这些危害设定特殊的操作程序，最终达到避免或减少危害的目的。实验室生物安全风险控制措施建立时应首先考虑消除危险源（如果可行），然后考虑降低风险（降低潜在伤害发生的可能性或严重程度），最后考虑采用个体防护装备。风险控制的过程不仅适用于实验室、设施设备的常规运行，而且适用于对实验室、设施设备进行清洁、维护或关停期间。通常来讲，生物安全风险控制措施主要体现在以下几个方面。

1. 实验室建设应符合国家相关规范

生物安全实验室设施建设应严格遵守国家相关规定，充分考虑后期投入使用后可能面临的生物安全风险，在布局上采取分区物理隔离措施，将实验污染区和其他清洁区隔离，通过气流组织的方式，使实验室形成单向气流（负压梯度），即空气气流由清洁区向污染区方向流动，达到抑制感染性物质外泄的目的。此外，要遵循安全原则，毒性强、感染性高的专业实验室应与办公区隔离，形成独立或相对独立区域，病原微生物实验室要设立在人员流动少的区域；实验室流向应由安全低毒实验室向高毒高感染性实验室过渡，高度感染性实验室应远离人员活动频繁区域，设在建筑物末端为宜;人员进出通道和物品通道要分开，洁净物品与污染物品通道要分开，并在实验室内设置通风系统，防止污染性气体聚集，造成生物安全风险。

2. 实验室设施设备要按要求配备

生物安全实验室设施建设要符合国家相关要求，实验室门、窗、房间高度、环境参数、空调通风系统和电气自控系统等均应符合相关标准，以降低实验室生物安全风险。生物安全实验室必须配备相关的安全防护设备，如生物安全柜、灭菌器等。正确配备生物安全实验室相关安全防护设施和设备，保证人员能够熟练掌握和使用安全设备，是有效降低实验室危险事件发生概率的有效措施。

3. 实验室人员要得到规范管理

生物安全风险控制措施的有效性取决于人员的培训、能力、可靠性和管理体系的完整性，适合的人员管理对实验室的运作至关重要。实验室应建立和实施人员管理制度，应制定上岗前评估适用性的规范，确保日常工作实践和程序由行为可靠、值得信赖的合适人员执行；应制定人员准入制度，确保只有经批准的个人才能使用有风险的生物因子，并规范钥匙、组合、代码的共享，钥匙卡或密码。针对实验室外人员，还必须建立访客和其他人员访问请求和批准流程，以确保正常的访问需求能够遵循适当的审查和陪送程序。在人员获批进入实验室之前，应根据风险评估结果对其进行相应职位的生物安全培训，帮助其了解实验室具体生物安全措施及其基本原理，以及相关的国家法律、标准和规范。实验室运行期间，要为管理、科学、技术和行政人员制订继任计划，以确保设施安全运行的关键知识不会只掌握在一个人身上，在个别实验室人员离开的情况下能够保证实验室正常运行。实验室还应建立终止离职人员或不具备继续工作能力的人员离开工作岗位的制度，并保证其能够实施（例如，移交库存和设备的责任，收回属于实验室的财产，取消访问权限等）。

4. 实验室个体防护装备要有效配备

个体防护装备是防止人员个体受到生物性、化学性或物理性等危险因子伤害的器材和用品，生物安全实验室采用相应的个体防护装备对生物安全风险进行防控。生物安全实验室应根据实验活动的差异，配备相应等级的个体防护装备，其材料和防护水平等要符合国家有关的安全要求。实验室应制定个体防护装备管理的政策和程序，对实验室的个体防护装备进行集中管理，确保个体防护装备的运输、存放、使用以及完好性信息均得到及时管控。实验室人员要经过个体防护装备使用培训，熟悉个体防护装备的存放地点、使用时机、穿脱方式、处置方法等，确保个体防护装备能够得到正确使用。

5. 实验室生物因子操作要规范

生物安全实验室应对操作的微生物及其相关样本进行风险评估，并据此制定安全操作规程，采取必要的风险控制措施，保证操作过程规范和安全。生物因子的操作规程要包含在生物安全实验室安全管理体系文件中。程序文件应明确规定操作人员能力的要求、与其他责任部门的关系、应使用的工作文件、标准操作规程的审批要求等。安全操作规程等应以国家主管部门和世界卫生组织、世界动物卫生组织、国际标准化组织等机构或行业权威机构发布的指南、标准等为依据，任何新技术在使用前应经过充分验证，应得到相关主管部门的批准。操作规程应详细说明使用者的权限及资格要求、潜在危险、设施设备的功能、活动目的和具体操作步骤、防护和安全操作方法、应急措施、文件制定的依据等。操作超常规量或从事特殊活动时，实验室应进行风险评估，以确定其生物安全防护要求，必要时，应经过相关主管部门的批准。

6. 实验室废弃物处置要先无害化

生物安全实验室处理和处置危险废弃物应根据国家或地方性法规和标准的要求，制定符合本实验室的处置程序和规范，以及排放标准和监测的规定。规范文件应明确列出处理危险废弃物需遵循的原则、废弃物分类处置标准、废弃物处理处置过程风险评估办法和废弃物包装运输条件等。废弃物无害化处置相关生物安全风险防范措施中应特别注意以下几点。

- 处置人员应为经过培训的人员，应穿戴适当的个体防护装备进行危险废物处理，防止造成处理人员感染。
- 废弃物容器应为专门设计、带有标识且专用的容器，锐器（包括针头、小刀、金属和玻璃等）应直接弃置于耐扎的容器。
- 废弃物在消毒灭菌或最终处置之前，应先存放在指定的安全地点，并在实验室内将含活性高致病性生物因子的废弃物进行消毒灭菌后，再考虑是否重复使用或者直接丢弃。
- 对于产生的污染废液，在排放到生活污水管道以前必须去污染，根据所处理的微生物因子的危险度评估结果确认是否需要配备污水处理系统，防止造成二次污染。

7. 实验室可采取附加风险控制措施

实验室生物安全风险控制的重点是消除病原微生物的潜在致病性。因此，通过使用低风险方法补充或取代高风险活动的措施都可以有效降低实验室活动的初始风险。实验室降低初始风险的方法主要有以下几个方面。

- 尽量减少操作病原体的体积和浓度。实验室活动中可以使用微体积来完成的工作，应尽可能减少操作的生物样本体积，用小管（如微管、微离心管）和微量移液代替大管 / 瓶和移液器。
- 优先使用非传染性的病原微生物替代品完成工作。生物安全实验室可根据实验目的，酌情使用病原微生物减毒株或工程株替代原始高致病性野生型毒株，从而减少对致病株的培养过程，降低生物安全风险。
- 尽量采用分子生物学方法取代传统的微生物培养方法。对于许多病原体，已经有了高度敏感和特异性的分子检测方法，通过核酸扩增技术可以直接从临床标本中扩增出病原体的一小部分 DNA/RNA 来确认是否感染，从而替代传统的病原体培养技术，可以降低病原微生物的生物安全风险。
- 优先采用灭活样本分析技术。可以采用经过验证的病原体灭活方法，如加热、裂解等，先将样本中病原体灭活后再进行检测分析，可以显著减少病原体操作过程，降低生物安全风险。例如，活组织检查或尸检的标本通常可以直接放入特殊的失活缓冲液中（如基于硫氰酸盐的缓冲液或缓冲甲醛溶液），这些缓冲液使组织不具传染性，但保留了重要的分析目标，如DNA、RNA或蛋白质。失活后，标本更安全，运输更简单，且可以在普通实验室中处理，在意外接触或释放情况下也不会有感染的风险。

综上所述，风险评估、风险审查以及风险控制组成一个反复的过程，即为降低生物安全风险的过程。通过这个过程，生物安全实验室最终实现风险回避或风险减少的目标。生物安全实验室应把不可接受的风险提出，进行评估与审查，通过专家建议并进行主观分析和记录，进一步识别出可通过改变行为而进一步降低的残留风险，对残留风险进行完整的再评估和改进，直到风险达到可接受的水平，并判定为不再可能降低风险为止。风险减低是实验室维持较低生物安全风险的重要手段，对保障生物安全实验室正常运行具有重要意义。

4.5 信息管控

信息管控是为有效地开发和利用信息资源，以现代信息技术为手段，对信息资源进行计划、组织、领导和控制。原则上信息管控的范围应严格遵守国家有关法律法规及行业准则的有关规定，不得过度收集信息、泄露信息。实验室应定期对涉及本实验室生物安全管理的信息进行收集、分类、汇总，并及时更新，从而达到对实验室生物安全信息有效管控的目的，降低实验室生物安全风险。

生物安全实验室在开展风险评估、风险审查，以及制定风险管控措施的过程中，必须纳入实验室生物安全相关的所有信息，以便准确地分析实验室可能存在的风险点，适当地选择能够将风险降低至可接受的水平所应采取的风险控制措施。这些信息不仅仅是操作的生物因子，还应综合考虑导致总体风险的管理方法、程序过程、设施设备、人员状况和技术规程。实验室要收集的关键信息如下。

4.5.1 实验室的文件信息

生物安全实验室需要建立完善的文件体系，相关政策、过程、计划、程序和指导书等应文件化，安全管理体系文件通常包括管理手册、程序文件、说明及操作规程、安全手册、记录、标识文件。安全管理体系文件应包括实验室安全管理的方针和目标等信息；安全管理手册应包括组织结构、人员岗位及职责、安全及安保要求、安全管理体系、体系文件架构，以及管理人员的权限和责任等信息；程序文件包括实施具体安全要求的责任部门、责任范围、工作流程及责任人、任务安排及对操作人员能力的要求、与其他责任部门的关系、应使用的工作文件等信息；说明及操作规程包括使用者的权限及资格要求、潜在危险、设施设备的功能、活动目的和具体操作步骤、防护和安全操作方法、应急措施、文件制定的依据等信息；安全手册包括紧急联系人电话、实验室平面图、紧急出口、撤离路线等信息；记录应包括记录的内容、记录的要求、记录的档案管理、记录使用的权限、记录的安全、记录的保存期限等；标识文件包括实验室用于标示危险区、警示、指示、证明等的图文标识信息。

4.5.2 实验室的设施设备信息

生物安全实验室设施设备是保障生物安全的关键因素，设施设备信息也是实验室生物安全风险评估、风险审查以及风险管控的重点，设施设备相关信息必然成为实验室信息管控的关键内容。实验室应纳入信息管控的设施设备信息包括管理政策和程序、清洁消毒方案、性能与安全要求、设备设施档案信息、使用记录。设备设施管理政策和程序应包括设施设备的完好性监控指标、使用限制、使用前核查、可用状态、验证周期、下次验证或校准的时间、设备淘汰、购置以及更新计划等。清洁消毒方案应根据《实验室生物危险物质溢洒处理指南》制定，包括人员撤离方案、溢洒处理工具包内容、溢洒区域处理方案、生物安全柜内溢洒处理方案、离心机内溢洒处理方案以及评估报告等，设施设备维护、修理、报废或被移出时消毒灭菌方案与评估报告也应进行收集。性能与安全要求包括设备设施投入使用前、每次使用时及显示出缺陷或超出规定限度后性能指标信息，设备设施的危险部位，对设备设施进行维护的人员信息、依据文件和维护方案，确保设备处于安全状态。设备设施档案信息包括：制造商名称、型式标识、系列号或其他唯一性标识；验收标准及验收记录；接收日期和启用日期;接收时的状态（新品、使用过、修复过);当前位置;制造商的使用说明或其存放处;维护记录和年度维护计划;校准（验证）记录和校准（验证）计划;任何损坏、故障、改装或修理记录;服务合同；预计更换日期或使用寿命；安全检查记录。使用记录应包括在设施设备的显著部位标示出其唯一编号、校准或验证日期、下次校准或验证日期、准用或停用状态，而且无论什么原因，如果设备脱离了实验室的直接控制,待该设备返回后,都应在使用前对其性能进行确认并记录相关信息。

4.5.3 实验室的人员信息

生物安全实验室的核心就是要保障实验室内工作人员安全，因此实验室的人员信息也应加以有效管控，这是生物安全实验室信息管控的关键一环。实验室的人员信息包括岗位职责信息、人事政策信息、培训计划信息、员工人事档案信息和员工评价信息。岗位职责信息包括实验室所有岗位的职责说明，如人员的责任和任务，教育、培训和专业资格要求等。人事政策信息为实验室或其所在机构人事政策和安排，员工工作量和工作时间安排。培训计划信息应包括上岗培训，包括对较长期离岗或下岗人员的再上岗培训；实验室管理体系培训；安全知识及技能培训；实验室设施设备（包括个体防护装备）的安全使用;应急措施与现场救治;定期培训与继续教育;人员能力的考核与评估。员工人事档案信息包括员工的岗位职责说明；岗位风险说明及员工的知情同意证明；教育背景和专业资格证明；培训记录，应有员工与培训者的签字及日期；员工的免疫、健康检查、职业禁忌证等资料；内部和外部的继续教育记录及成绩；与工作安全相关的意外事件、事故报告；有关确认员工能力的证据，应有能力评价的日期和承认该员工能力的日期或期限；员工表现评价。员工评价信息应包括按工作的复杂程度定期评价所有员工的表现，员工独立工作和胜任工作任务的能力。

4.5.4 实验室的生物因子信息

实验室操作的生物因子是造成实验室生物安全风险的重要因素，对实验室生物因子相关信息进行管控，有助于降低实验室生物安全风险，保障实验室生命财产安全。要管控的生物因子信息包括生物因子已知或未知的特性信息，如生物因子的种类、来源、传染性、潜在传播途径、易感性、潜伏期、剂量-效应（反应）关系、致病性（包括急性与远期效应）、变异性、在环境中的稳定性、与其他生物和环境的交互作用、相关实验数据、流行病学资料、预防和治疗方案，待处理生物因子和潜在传染性物质的宿主范围（即潜在的人兽共患病）及在实验室所处地理位置当地人群中的特殊属性等信息；生物因子的档案信息，包括来源、接收、使用、处置、存放、转移、使用权限、时间和数量等内容，相关信息要安全保存，保存期限不少于20年。

4.5.5 实验室的实验活动信息

实验室开展的实验活动是造成生物安全风险的潜在因素，实验活动操作不当会直接给实验室人员带来感染风险，因此必须对实验室的实验活动信息进行管控，降低生物安全风险。要管控的实验活动信息包括实验室活动的政策和程序信息、每项实验活动负责人信息、未知风险材料操作的政策和程序信息以及废弃物处理信息。实验室活动的政策和程序信息包括所有与安全相关的实验室材料在投入使用前开展检查或证实其符合有关规定要求相关活动记录信息。每项实验活动负责人信息除了包括其人事档案信息外，还应包括其负责制订并向实验室管理层提交的活动计划、风险评估报告、安全及应急措施、项目组人员培训及健康监督计划、安全保障及资源要求等信息。未知风险材料操作的政策和程序信息应包括未知风险材料档案信息（来源、接收、使用、处置、存放、转移、使用权限、时间和数量），特殊操作要求信息等。废弃物处理信息包括废弃物处理处置、排放及监测信息，废弃物分类信息以及需要特殊处理的废弃物包装运输信息等。

4.5.6 实验室的安全防护信息

实验室设立安全防护措施是确保生物安全的重要手段，对实验室进行信息管控时实验室的安全防护信息也应纳入管控范围，防止因安防疏漏造成生物安全风险。实验室安全防护信息主要包括防护装备管理信息、生物因子防护级别信息、人员安全防护信息。防护装备管理信息包括装备的完好性监控指标、使用前核查、安全操作、使用限制、授权操作、消毒灭菌、禁止事项，定期维护、安全处置、运输、存放等信息。生物因子防护级别信息包括实验室的生物因子基于病原微生物分类名录的分类信息和适用的生物防护级别信息。人员安全防护信息为实验室建立的人员防护制度信息，包括正确使用适当的个体防护装备，佩戴手套、护目镜、呼吸防护、防护服等信息。

4.5.7 实验室的档案信息

生物安全实验室应建立完善的档案管理制度并将档案信息列入信息管控的范畴，以便在复杂的信息中快速得到有效信息并加以整合，有利于生物实验室的统筹管理，降低生物实验室的安全风险。实验室的档案信息除将上述风险因素相关信息（文件信息、关键设备信息、人员信息、生物因子信息、实验活动信息和安全防护信息）加以甄别和分类汇总外，还应特别注意对原始记录的保存与整理。实验室应确保原始数据的真实性、可追溯性，并保证原始记录的修改不影响识别被修改内容。所有信息均应储存于适当的媒介，并存放于适宜的存放条件下，防止损坏、变质、丢失或未经授权的进入。

上述信息的广泛全面收集和管控为实验室生物安全风险防控提供了评估基础，因为病原微生物和活动的各种组合可能比单一状况造成更大的风险。例如，低感染剂量但可气溶胶传播的病原微生物的培养可能比高剂量但仅能经消化道传播的病原微生物的生物安全风险更大；另外，研究当地不流行的病原微生物比在其流行地区研究具有更大的风险。应当注意的是，生物安全实验室开展风险评估时，有时不能获得所需要的完整信息，导致评估人员难以对实验室进行真实有效的风险评估。当信息不足但评估人员又必须作出判断时，实验室应该采取更为系统、全面的风险防控措施，降低风险。例如，当操作未知病原微生物或者样本信息不全面，难以支撑全面的风险评估时，应采取更为保守的方法处理标本，或采取更高一级的防护等措施。对生物实验室进行信息管控时应充分考虑并整合其他权威或已发表的信息资源，结合收集的本实验室特有的相关信息构建完整的信息体系，然后对信息体系中的有效信息加以审核与整理，形成生物实验室信息的有效管控，综合所有风险信息进行评估，以此为基础加强风险管控，有效降低实验室生物安全风险。

4.6 运输管控

运输管控是指生物安全实验室在开展风险评估和风险审查时，对拟运输或拟接收的高致病性病原微生物菌（毒）种及具有生物安全风险的废弃物在运输或接收过程中可能产生的风险进行评估审查并加以严格管控的过程。国家卫生健康委员会制定的《可感染人类的高致病性病原微生物菌（毒）种或样本运输管理规定》是可感染人类的高致病性病原微生物菌（毒）种或样本运输管理的基本遵循。实验室内部传递、实验室所在机构内部转运及机构外部的运输都应列入运输管控范围，应按照国家和国际规定的有关要求进行审批、包装和运输，运输前应根据运输的范围不同进行风险评估，并制定相适应的风险管控措施，从而达到降低运输过程中的生物安全风险的目标。

4.6.1. 运输单位的风险管控

实验室应对高致病性病原微生物菌（毒）种或具有生物安全风险的废弃物进行传递和运输时应

对运输过程进行风险评估，经过审查后形成风险评估与审查报告，并制定运输风险控制措施，防止传递和运输过程中产生生物安全风险。申请运输单位应在实验室管理体系文件和程序文件中确定运输申请、审批、执行的具体要求，并确保其符合《可感染人类的高致病性病原微生物菌（毒）种或样本运输管理规定》的相关要求。

在运输前设立申请审批流程，通过提供申请文件确保接收单位同意接收，具备从事高致病性病原微生物实验活动资格的实验室，且具有有关政府主管部门核发的从事高致病性病原微生物实验活动、菌（毒）种或样本保藏、生物制品生产等的批准文件，防止出现违规操作的生物安全风险。审批过程中申请单位必须提供运输过程中的运输容器、包装材料和其他相关材料，确保申请单位熟悉运输过程中的相关要求，降低运输过程生物安全风险。

在运输准备阶段，申请运输单位应按照风险评估报告及标准操作流程，准备高致病性病原微生物菌（毒）种或具有生物安全风险的废弃物，确保对运输过程中的病原微生物的包装方式及相关标识符合要求，并准备相关文件资料。在交付运输阶段，申请运输单位要选择符合要求的运输方式，确保运输人员具有资质且熟悉运输对象特点和防护要求，并签署相关文件，形成危险材料运输清单，纳入危险材料的性质、数量、交接时包装的状态、交接人、收发时间和地点等信息，确保危险材料出入的可追溯性。

4.6.2. 运输过程的风险管控

实验室在传递运输高致病性病原微生物菌（毒）种时还应严格按照运输流程进行，严格遵守《高致病性动物病原微生物菌（毒）种或者样本运输包装规范》《中国民用航空危险品运输管理规定》（CCAR 276）和国际民航组织文件《危险物品航空安全运输技术细则》（Doc 9284）中关于高致病性病原微生物菌（毒）种包装运输的要求，将危险材料置于被批准的保证安全的防漏容器中进行运输。首先，要明确具体要运输的高致病性病原微生物菌（毒）种类、危害程度分类以及运输包装分类情况，应按国家或国际现行的规定和标准，包装、标示所运输的物品并提供文件资料。其次，在运输的过程中应充分考虑样本的特殊性，以确保菌（毒）种属性、防止承运人员感染及环境污染的方式进行，并有可靠的安保措施，确保运输过程不会产生生物安全风险。运输过程中如果发生高致病性病原微生物菌（毒）种被盗、被抢、丢失、泄漏的，承运单位、护送人应当立即采取必要的处理和控制措施，并按规定向有关部门报告。

4.6.3. 接收单位的风险管控

高致病性病原微生物菌（毒）种接收单位同样需要进行运输风险管控。接收单位应该就运输的高致病性病原微生物菌（毒）种进行风险评估，就拟接收的高致病性病原微生物菌（毒）种及其实验活动纳入实验室生物安全管理体系，制定相应的程序文件和标准操作规程，在审批后采取相应措施保证生物安全风险得到有效控制。

接收单位应就高致病性病原微生物菌（毒）种接收和保存过程进行专门风险评估，制定相应的风险控制措施，保证该过程的安全。接收过程的生物安全风险管控应由接收单位和运输单位共同完成。接收单位和接收人在接收到高致病性病原微生物菌（毒）种后要做好相关信息的交接和登记，保证所有材料的可靠和可溯；接收过程中接收单位要对转运对象进行检查，确保包装完整、没有发生菌（毒）种的泄漏，按照标准操作程序对包装外表面进行消毒，并将菌（毒）种放入相应等级的生物安全实验室进行保存和使用。接收时实验室应建立并维持危险材料接收和使用清单，将危险材料的性质、数量、交接时包装的状态、交接人、收发时间和地点等信息纳入实验室管理体系和档案系统，确保危险材料出入的可追溯性。

参考文献

[1] 中华人民共和国国务院.病原微生物实验室生物安全管理条例[Z]. 2004-11-12.

[2] 中华人民共和国农业部. 高致病性动物病原微生物菌(毒)种或者样本运输包装规范[Z]. 2005-05-24.

[3] 中华人民共和国农业部.动物病原微生物菌(毒)种保藏管理办法[Z]. 2012-04-26.

[4] GB 19489—2008.实验室-生物安全通用要求[S].

[5] GB 50346—2011.生物安全实验室建筑技术规范[S].

[6] WORLD HEALTH ORGANIZATION. Laboratory biosafety manual[M], 4th ed. 2020.

[7] 中华人民共和国卫生部. 微生物和生物医学实验室生物安全通用准则: WS 233—2017[S].

第5章

实验室生物安全文化建设

生物安全文化建设是实验室安全管理的重要内容，实验室生物安全建设的根本途径是加强生物安全文化的培育和创新。只有通过构建生物安全文化理念，营造良好的生物安全氛围，增强实验人员的安全意识，才能最大限度地消除生物安全事故隐患，有效预防和减少各类事故的发生。

世界卫生组织高度重视安全文化在保障实验室生物安全的重要作用，在《实验室生物安全手册》（第四版）前言中提出：实验室生物安全和生物安保是保护实验室工作人员和社区免受生物因子意外暴露或泄露的根本。实验室生物安全和生物安保的实施需要风险评估框架和安全文化建设的支持，通过采取措施降低潜在生物因子暴露的可能性和严重程度，从而保障工作场所的安全。

本章着重从实验室生物安全文化的概念，实验室安全文化体系、实验室安全文化组织管理、实验室安全文化建设、加强控制措施和持续改进等角度展开介绍，探讨如何通过加强实验室安全文化，从而保障实验室安全。

5.1 基本概念和发展历史

5.1.1 基本概念

1. 安全文化

生物安全文化来源于安全文化，“安全文化”从20世纪80代中期开始逐渐兴起。安全文化的概念最先由国际核安全咨询组（INSAG）在1986年针对切尔诺贝利事故的报告提出。1991年出版的INSAG-4报告提出了安全文化的定义：安全文化是存在于单位和个人中的各种素质和态度的总和。英国安全健康委员会等机构提出，安全文化是组织与个人的价值、态度、能力和行为方式的产物，它决定了组织对安全的承诺，以及该组织的风格和熟练程度。罗云提出：安全文化是指人们生产、生活中与安全紧密相关的一些行为、物态、精神以及观念的集合。黄吉欣提出了包含“精神层－制度层－器物层”的安全文化模型，指出安全文化不仅包含精神和思想层面的内容，还包括物质和环境等因素。

文化、安全文化、生物安全文化存在包含关系，生物安全文化是安全文化在生物技术领域的一个分支，实验室生物安全文化是生物安全文化在实验室领域的细分，见图 5-1。安全文化是安全理念、安全意识以及在其指导下的各项行为的总称，主要包括安全观念、行为安全、系统安全等。安全文化主要适用于高技术含量、高风险操作型机构，在生物技术、能源、电力、化工等行业内重要性尤为突出。

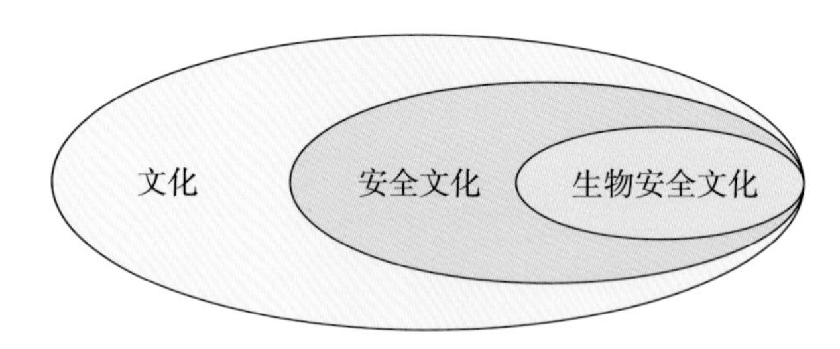

图 5-1 文化、安全文化、生物安全文化关系示意图

2. 生物安全文化

世界卫生组织颁布的《实验室生物安全手册》(第四版)提出生物安全文化的定义：生物安全文化是一个组织中的所有个体在开放信任的环境中灌输和促进的一套价值观、信念和行为模式，是所有个体共同支持或加强实验室生物安全的最佳实践。该手册提出这种文化对于生物安全项目的成功至关重要，它建立在组织内所有人员的相互信任和积极参与之上，并且需要组织管理层的明确承诺。建立和维持生物安全文化是生物安全项目成功开展的基础。倡议推广开放、诚实、惩戒、负责的安全文化是防止意外事件的最佳保护，是科学进步和发展的最佳保障。

生物安全观念文化是指决策者和参与者共同接受的生物安全意识、生物安全理念和生物安全价值标准。生物安全观念是生物安全文化的核心，也是形成和提高生物安全行为文化、制度文化和物质文化的基础和原因。安全意识的培养，安全氛围的营造，是为了保障实验室人员自身的健康安全，同时引导实验人员将安全文化理念带到工作中去，安全意识树立了，安全体系才能健全，安全制度才能落实，才能保障实验室生物安全。

美国疾病预防控制中心在其制订的《实验室生物安全能力建设指南》中明确提出实验室生物安全文化的有关要求：个人和组织对安全的态度将影响安全实践的各个方面，包括报告问题的意愿、对事件的响应以及对风险的沟通。各级组织都应努力营造一种开放、非惩罚性的安全文化氛围，鼓励提问，并能进行自我批评。个人和组织必须具有风险意识，致力于安全，以提高安全性和具有适应性的方式行事。实验室生物安全应该随着经验的积累和实验室活动的变化而不断发展，从而将风险降低到合理可控制的最低水平。危害识别、风险评估和风险控制的持续过程确保了管理层和实验室人员都能意识到安全问题，并共同努力维持最高的安全标准。

实验室安全文化是实验室长期稳定发展形成的一种环境氛围，一般包含物质文化、制度文化、行为文化等多个方面。生物安全文化就是要让实验人员在科学文明的安全文化主导下，通过安全文化理念的渗透，逐步改变实验人员的行为，使之成为自觉的规范行为和意识，从而创造一个安全的环境。实验室生物安全文化建设旨在建立完善的、覆盖全面的生物安全管理体系，确保整个体系中的每一部分能够协调运转，各自承担实验室生物安全的责任和义务，上下左右紧密联系，从而编织一张隐潜的安全保护网。综上所述，可以认为实验室生物安全文化是实验室设立单位和实验相关人员共同支持和发展的价值观、态度、能力和行为的总和。

安全文化是一项综合性系统性非常强的工作，需要通过相关知识的培训让实验人员懂安全，通过安全技能的训练让实验人员会安全，通过环境条件的改善让实验室能安全，安全文化建设目的还是让人的态度转变并形成习惯，从要我安全转变为我要安全（图 5-2）。

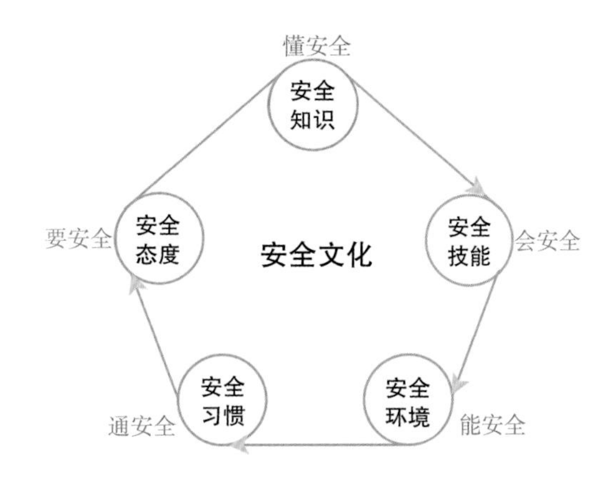

图 5-2　安全文化建设目的流程图

5.1.2 实验室生物安全文化建设存在问题和困难

实验室在病原微生物采集、运输、保藏和实验活动过程中存在一定的安全隐患。近年来，生物安全实验室事故时有发生，其中不少事故是由于工作人员未能严格执行生物安全管理与操作细则，麻痹大意导致的。如前文提到的 SARS 实验室感染事件、美国疾控中心发生炭疽杆菌意外事件、俄罗斯保存天花和埃博拉病毒的实验室发生爆炸事件、美国德特里克堡生物实验室因被披露历史上曾发生炭疽等致命菌（毒）株丢失事件等。实践证明，实验室生物安全工作涉及人、财、物和环境等众多因素，仅靠装备条件、技术手段和管理手段并不能够完全预防实验室生物安全事故的发生，与安全事故和单位的安全理念、价值观、文化氛围、个体行为模式等人文环境密切相关。

有学者从因果性、潜在性、偶然性和必然性的角度分析认为：安全意识淡薄造成的不安全行为和失误，是导致实验室安全事故发生的重要原因。安全管理机制不健全，安全制度与责任制度流于形式，安全检查工作没有严格执行并落到实处，且缺乏可操作性与规范性；安全教育与安全文化不够浓厚，安全文化体系缺乏前瞻性、人文性与合理性。

随着社会经济发展，我国生物安全实验室数量与日俱增，生物安全实验室分布广泛，涉及的病原微生物种类繁多，从事的活动类型复杂，实验室安全隐患较多，管理难度非常大。我国实验室生物安全管理工作经过近20年的快速发展，硬件建设、制度建设和规范管理有了明显进展，但对生物安全文化建设还没有引起足够重视，我国现有生物安全相关法律法规、标准规范中鲜有针对安全文化建设方面的内容。生物安全文化的缺失是导致安全管理体系不健全与安全意识淡薄的关键所在，当前，我国实验室生物安全文化建设还处于起步阶段，目前存在主要问题包括以下几方面。

1. 存在“重硬件，轻文化”的现象

大部分实验室设立单位比较重视硬件装备的投入，认为购置了生物安全柜等设备就可以保障实验室安全了，往往容易忽视实验室内部安全管理和体系建设，由于不同时期、不同地区、不同人群的文化背景差异大，安全文化建设不易量化评价，因此开展有针对性的实验室生物安全文化建设显得尤为困难。

2. 安全观念文化缺乏

实验室安全观念是安全文化的核心和灵魂。很多实验室制订了各种规章制度，制作了安全手册，但生物安全普遍性理念尚未形成，为了逃避惩罚或保护单位自身形象，普遍存在掩盖实验室事故发生真相的现象，对安全事故采取不报告、不分析的态度。实验室安全文化建设的滞后，一定程度上影响了实验室安全事故报告系统的建设，给实验室安全事故的检测和分析带来了困难。

3. 安全制度文化适宜性不足

现代实验室生物安全管理要求贯彻“以人为本”的理念和科学管理的精神，全面落实以实验室人员为主体的制度体系和安全文化体系。生物安全实验室量大面广，存在各种风险因素，实验室生物安全管理相关的法律法规和标准规范比较多，但各单位的具体情况存在差异性，实验室所在单位需要根据实际情况制订体系完备、操作性强的内部管理体系，而不能简单复制拷贝其他单位的制度。“以人为本”是实验室安全文化的核心价值，一些单位的安全制度成为贴在墙壁上的“装饰品”，一些制度只是教条式的条条框框，缺乏实操性，内容描述空洞。有的制度使用“严禁”“禁止”“不准”等词语，却没有告诉实验室人员“做什么”“怎么做”，这导致实验人员感到紧张而不知所措。

4. 安全物质文化配备不到位

物质条件是安全文化形成的基本保障。一些单位没有遵照实验室安全技术规范标准进行建设，甚至单纯由病房或办公室改建，因此在通风系统、逃生通道、废气处置等方面均不符合安全和环保的管理要求，留下诸多安全隐患。一些实验室的基础安全设施不完备，设备缺乏维护，未定期进行维护保养和安全检验，设备带病工作，极易出现安全事故。一些单位实验室用房严重不足，实验室因空间有限，未能充分考虑实验室人员的身心健康，如实验室没有准备区、实验区、工作区分隔，很容易产生安全事故。

5. 文化管理组织建设落后

设置安全管理组织是保障实验室安全的一项重要举措，实验室所在单位应设置专门的安全管理机构、配置安全管理专业人员，提高其专业素质，并完善监督检查机制，及时发现问题并进行处理和通报。但一些医院和高校的实验室安全管理工作分散在多个职能部门，缺少一支专业背景合理，专职开展实验室安全教育、管理、督促和指导的管理队伍。

6. 安全文化长期持续发展困难

由于安全文化没有深入人心，一些实验人员对危险源的危害认识不足，对安全事故的发生抱有侥幸心理，"有章不依，有规不循"违规进行实验操作的现象较常见。安全事故原因隐藏于事故的背后，只有对每个事故发生的成因进行深度挖掘，才能不断改进。但是由于宽容的氛围缺失，在事故发生后很少会针对原因进行详细地调研和报告，缺少对事故后期整改的跟进和监督，不能从事故中真正吸取到经验并把经验传播出去，导致安全文化的可持续发展受到限制。

5.1.3 实验室生物安全文化建设重要意义

生物安全文化建设是一项长期的，循序渐进的过程，需要通过综合性的举措，以人为本的理念，营造一个不断灌输人人参与、人性化管理和科学规范的文化氛围。因此实验室开展生物安全文化建设对于保障实验室安全具有重要意义，实验室生物安全文化建设的主要功能包括：

1. 纪律约束作用

无规矩，不成方圆。通过正式的、强制、可执行的规章制度对实验室行为加以约束，使实验室活动开展有章可循、有据可依。同时在长期规范化发展的过程中对实验室成员行为形成潜移默化的影响，促进其自律、规范开展实验活动，从而推动实验室整体可持续安全发展。

2. 思想引导作用

通过切实有效的安全文化体系建设，可以使实验人员重新认识实验室安全问题，促进实验人员把安全价值观与安全行为规范贯彻和拓展到检验检测和科研活动中，培育良好的安全文化理念。凭借实验室安全文化的引导作用，使实验人员从关注个人安全到关注整个实验室体系的安全，进而使个体与组织之间形成了一个"命运共同体"。实验室成员会主动发挥其主观能动性，主动为组织安全贡献自己的努力。

3. 安全风险防范作用

安全文化既通过文化自觉对当下实践进行引导规范，同时安全文化来自于具体实践，是对安全有关制度、行为、知识、经验、智慧的总结和升华。通过切实有效的安全文化建设，一方面可以指导实验室人员了解安全原理、掌握操作流程规范、形成安全意识习惯、养成良好的操作行为，进而实现实验室风险的规避和防范。另一方面通过对实验室安全文化的总结、提炼、升华，不断"温故知新"，防患于未然，对意外事故总结、反刍、提炼，促进新的规范制度的形成，进而规避风险。

5.2 实验室安全文化体系建设原则与要求

世界卫生组织颁布的《实验室生物安全手册》（第四版）强调"安全文化"的重要性，其中包括风险评估、良好的微生物实践和程序（GMPP）、标准操作规程、对人员进行适当的指导培训以及及时报告事件和事故，然后采取适当的调查和纠正措施。该手册提出了实验室生物安全文化建设的基本内容、对象和方法，强调了以风险评估为前提，以制度和操作规程为工具，以培训和事故监测报告为手段，对实验室文化建设具有重要的指导意义。

在实验室生物安全管理工作过程中，如何通过安全文化建设，把安全目标、安全宗旨、安全理念和安全价值等要素贯彻落实，指导、约束、规范实验人员的安全行为，被实验人员认识、认知、认同，并内化为实验人员按章作业的自觉行动，确实是一项非常困难的工作，本节将尝试探讨实验室安全文化体系的建设基本原则、路径和理念。

5.2.1 实验室生物安全文化体系建设原则

1. 整体规划，系统设计

实验室文化建设是一项复杂的系统工程，是多要素相互作用的有机整体，文化建设要统筹兼顾、整体规划，考虑体系化、系统性，避免各自为战，前后矛盾。既要符合病原微生物实验室的规律，以及所在单位的实际情况，还要根据实验室相关人员的实际情况进行设计，以便发挥人的主观能动作用。

2. 科学规范，效果导向

生物安全文化相关的内容要突出实验室专业技术特色，同时还要考虑可执行性。实验室所在单位要定期开展实验室安全文化宣传活动，通过集中宣传、安全准入、教育培训、建设信息化平台、应急演练、表彰奖励等多种途径提高安全意识，规范实验室行为，训练应急防范能力，营造安全文化氛围感染实验室成员，改变意识活动和行为方式，保障实验室各项活动顺利进行。

3. 以人为本，广泛参与

实验室管理人员和实验人员是实验室安全文化建设的主体，实验室文化建设应充分调动主体积极性，激发参与人员的积极性和主动性。良好实验室文化氛围，可让实验室人员自由、民主、充分地进行交流，自由提出实验室安全存在的问题，提升实验室人员对实验室安全文化的认同感、归属感和忠诚度，形成开放包容的实验室文化。

4. 定期评价，持续改进

实验室文化不是短时间内形成的，更不可一蹴而就，需要经过长期积累沉淀。安全文化内容需要根据时代变化，不断创新改进。实验室安全管理评价要求全程、公平、透明，评价在于正向激励实验人员在积极投入工作同时注重安全，激发实验人员工作热情和安全意识，同时加大对违规行为的惩罚力度，通过正反结合、奖惩分明的方式形成良好的实验室安全文化氛围。

5.2.2 实验室生物安全文化体系建设内容

安全管理体系建设通常可以分为四个递进层级“经验型→制度型→系统型→文化型”（见图 5-3）。经验型安全管理是指主要依靠管理人员和实验人员的经验来进行安全管理的方式；制度型安全管理指依靠法律法规、规则、程序、办法、细则等制度来监管、控制或约束实验室的不安全行为，达到安全管理目的管理方式；系统型安全管理指在制度建设基础上，通过系统性的规划，科学地运用各种技防、人防手段，达到安全目的的管理方式；文化型安全管理是通过嵌入文化元素，使大家养成约束自己、关爱他人、保护生命的习惯，注重团队协作，崇尚集体荣誉，达到本质安全的管理方式。文化型安全管理方式是安全管理模式的高级目标。因此，安全文化建设是循序渐进的过程，需要逐步建立完善。

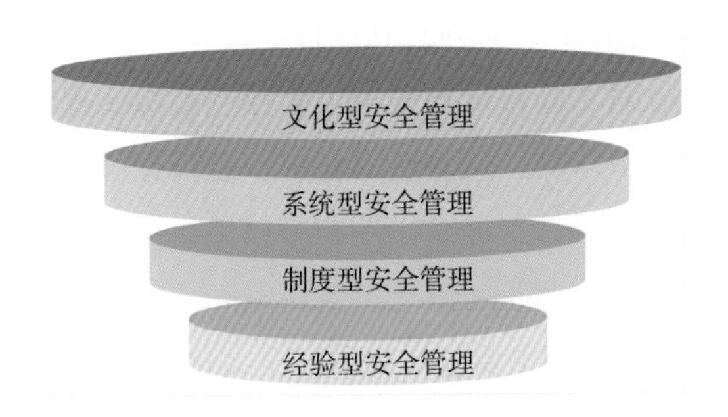

图 5-3　安全管理模式递进图

（引自陆文宣，沙锋. 高校实验室安全文化建设探索与实践 [J]. 实验室研究与探索，2021，40（11）: 305-309.）

实验室安全文化价值体系要建立一整套科学而严密的规章制度和组织体系。一般认为实验室安全文化体系包含安全物质、安全制度、安全行为 3 个层次。应从实验室准入制度、实验室行为准则、布局设计、安防消防设备、警示牌与警示标识、相关仪器与用品的保管与调用等一系列物质或行为文化方面来开展安全文化体系建设。

实验室安全文化应以保障实验室安全运行和发展为目标，是实验室管理人员和实验人员安全价值观与安全行为规范的集合，通过实验室安全管理体系对实验室系统人、机、料、法、环五要素施加影响，其概念框架见图 5-4。

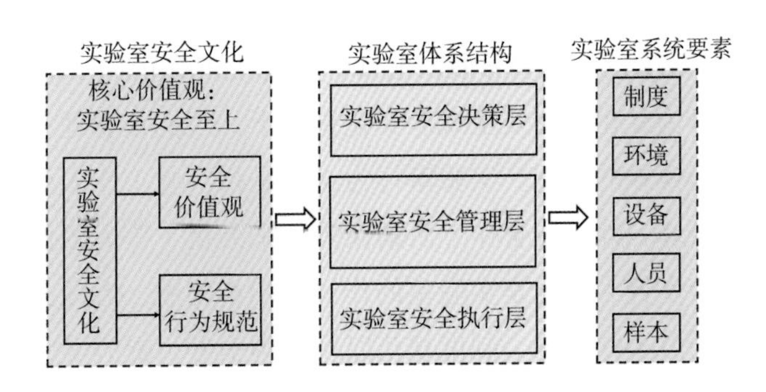

图 5-4　实验室安全文化体系框架

综合化国内外安全文化体系建设的工作经验，其建设任务主要包括：

1. 建立生物安全文化管理组织架构

建立实验室生物安全文化管理组织架构，并明确相关人员在文化建设中的职责和任务是开展实验室生物安全文化工作的前提和基础。

在欧美一些大学中一般由专门负责校园环境健康与安全的部门来进行管理，该管理机构通常称为“环境健康与安全办公室（environmental health and safety，EHS）”，EHS 中设有专职的生物安全管理官，负责学校校园内生物安全管理具体事务，是学校生物安全管理的行政机构，对实验室布置、事故处理、危险品报备、有毒废物销毁都有详细指导。国内实验室设立单位一般采用生物安全委员会和职能管理部门结合的方式开展实验室生物安全管理。

2. 明确生物安全文化体系建设内容

明确目标。明确目标应遵循“SMART 原则”，也即目标必须是具体的（specific）、可衡量的（measurable）、可以达到的（attainable）、必须与其他目标具有一定的相关性（relevant）、必须具有明确的截止期限（time-bound）。针对实验室生物安全风险控制目标，提出安全文化建设的目标，并在各个管理层面提出承诺，层层分解落实，从而形成在统一总目标下单位、实验室、个人安全分层分级的安全文化目标，安全文化目标要具有可操作性和考核性。安全文化建设目标可以让实验室生物安全相关人员紧紧围绕一个目标开展行动。

建设内容。安全文化体系建设方案主要包括物质安全文化、制度文化、行为文化。

物质文化。物质文化是实验室文化的基础，通过对实验室外部环境包括楼宇、大厅、通道等场所进行整体设计，展示实验室发展历史、专业特色、学术成就、安全标语、注意事项、重要的安全标识，从而营造良好的安全文化氛围。需要向实验相关人员提供实验室设施设备操作手册，并进行培训，也可以通过设备的操作演示，让实验人员进一步了解设施设备内部结构及功能原理。

制度文化。文化不仅仅表现为一般社会观念，在其最深刻的意义上还表现为制度性，即制度文化。制度文化是指为保证实验室能够规范、井然有序运行专门制定或者长期形成的具有普遍意义的工作制度、管理制度等责任制度，对实验室人员具有约束和指导的作用，制度文化蕴含特定人文精神的规制体系“化”人的活动过程。制度文化首先要将制度意识形态转化为政策、条例、规则、规章等一套成文规制体系，然后将蕴含特定人文精神的成文规制体系“内化于心、外化为形”。制度文化既体现在具有本实验室文化特色的各种实际执行规章制度，也包括实验室运行过程中约定俗成的道德规范和行为准则，或者是不成文的规范和习惯，也具有强制性和规范性的特征。

行为文化。生物安全行为文化指在安全观念文化指导下，人们在管理和实验活动过程中的安全行为准则、思维方式、行为模式的表现。实验室行为文化是指实验工作人员及相关人员（包括参观访问、进修、实习、设备维修、外单位合作、后勤保障外来人员）等人的仪表形象、语言表达、行为礼仪、工作方式等。实验室行为文化是实验室的作风、精神面貌、人际关系等动态体现，也是实验室价值观的一种折射。通过不断激励、制度规范以及精神引导，提升实验室人员的知识素质、精神素质、心理素质和职业素养，促进实验室价值观的人格化显现。生物安全行为文化既是观念文化的反映，同时又作用于和改变观念文化。

3. 安全文化评价与持续改进

实验室文化建设是一项长期发展、动态变化的任务，安全文化体系需要不断跟踪评价，严抓安全检查工作，确保实验室内外不留死角、不藏隐患，使实验室管理者与参与者全员参与，共同营造浓厚的安全氛围。在参照 PDCA 质量管理的基础上提出实验室安全文化 PDCA 质量管理控制模型，通过不断循环往复地识别不符合项 – 检查控制 – 实施效果评估，实现实验室文化的控制和持续改进。只有持续改进的实验室文化，才能潜移默化地影响实验人员，逐步形成良好的实验室安全文化，推动实验室规范管理、安全运行。

5.2.3 实验室安全文化相关建设理念

安全科学相关的理念和方法对实验室安全管理具有一定的指导意义，如事故法则、未遂事故和安全隐患、事故致因理论、危险源分类和控制、6S 管理、事故树分析、安全人性的“X-Y 理论”等，通过对实验室安全事故进行剖析研究，提高安全文化体系建设的科学性。

1. 事故法则的应用

由 1941 年美国的海因里希从统计许多灾害后得出，这个法则意为：在机械生产过程中，每发生 330 起意外事件，有 300 件未产生人员伤害，29 件造成人员轻伤，1 件导致重伤或死亡（图 5-5）。海因里希事故法则对于安全事故风险分析具有借鉴意义，是十分重要的安全价值观：要预防死亡及重伤害事故，必须逐级清除轻微伤事故、未遂事故和安全隐患；在事故发生之前，抓住时机及时消除无数次人的不安全行为和物的不安全状态。由于物的不安全状态的产生也是由于人的缺点或错误造成，所以人的不安全行为是导致事故发生的主要原因。培养人高度的安全防范意识和敏锐的隐患预见能力，并在安全价值观指导下养成良好的安全行为规范，是实验室安全文化建设的重点。

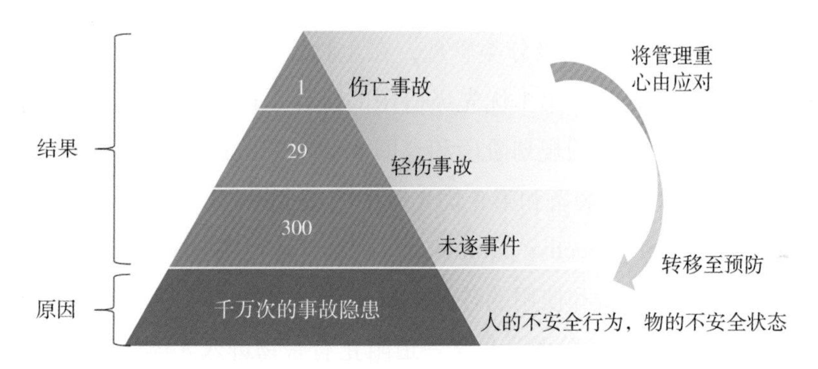

图 5-5 海因希里法则（1：29：300）

2. 6S 管理制度

6S 安全管理制度即开展整理（seiri）、整顿（seiton）、清扫（seiso）、清洁（seiketsu）、素养（shitsuke）和安全（security）等 6 项活动，6S 管理通过规范实验环境、设备耗材，营造安全卫生、协调有序的实验条件，消除发生安全事故的根源，培养实验人员养成良好的安全行为习惯，从而提升安全文化水平。开展 6S 管理制度要通过一个较长时间的联系才能保持，对违反相关制度并造成不良后果者，应视情节处以警告、批评、书面检查，乃至停止实验等处理，通过安全监督检查，督促实验人员自觉养成良好的安全行为习惯，从“被动要求”变为“主动执行”，提高实验人员对实验室安全责任的担当意识和使命感。管理制度关系见图 5-6。

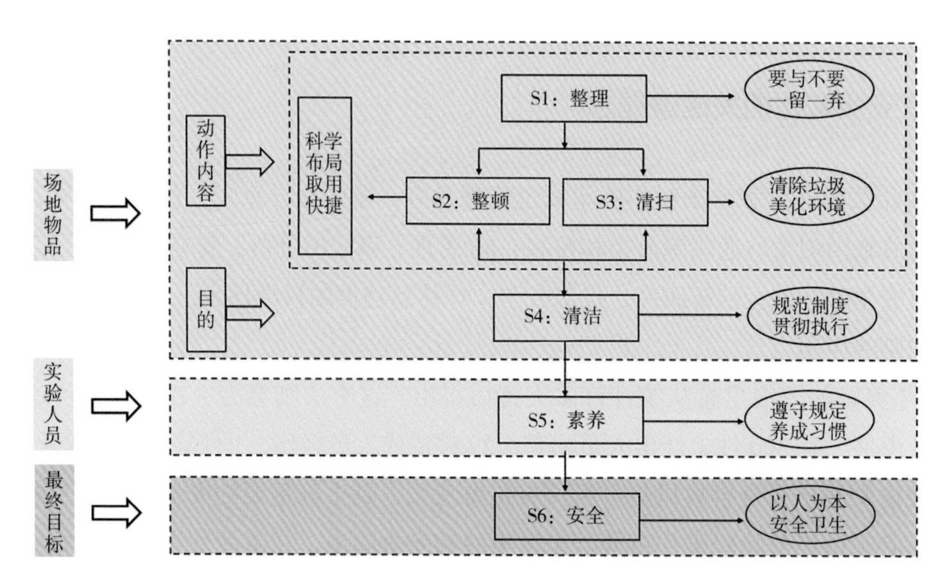

图 5-6 6S 管理制度关系图

（引自廖冬梅，翟显，杨旭升.安全科学在高校实验室安全文化中的应用与研究 [J]. 实验室研究与探索，2020，39（8）：308-312.）

3. 危险源控制层级理论

在危险源控制过程中应该按照层级分类管理，在生物安全实验室危险源辨识和分析的基础上，分级控制危险源以消除和减少风险。第 1 优先级适用的设计手段在技术、经济等方面取决于实验室的固有条件，常用于新建实验大楼的规划阶段和老旧实验室的改造环节；因此在安全教育中，我们重点强调第 2 优先级中的个体防护装备和第 3 优先级中的安全标志。

如个体防护装备（personal protective equipment，PPE）是在实验中工作人员为防御物理、化学、生物等外界危害因素所穿戴、配备和使用的各种防护用品，是保护人身安全的重要防线。但 PPE 不能消除第 1 类、第 2 类（图 5-7）危险源，只是一道阻止有害物进入人体的屏障，只能作为一种辅助

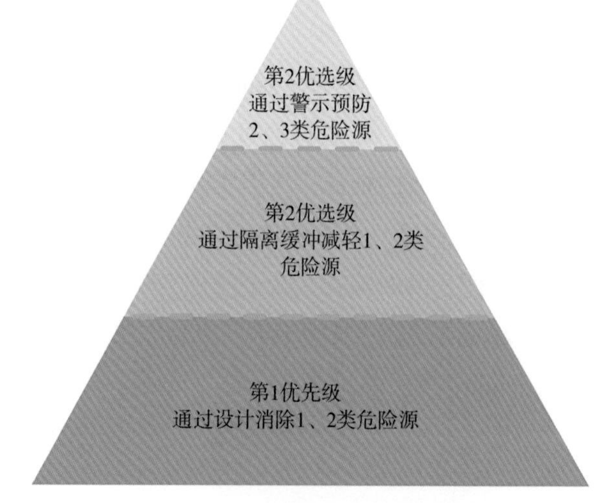

图 5-7 危险源控制层级的优先顺序

（引自廖冬梅，翟显，杨旭升.安全科学在高校实验室安全文化中的应用与研究 [J]. 实验室研究与探索，2020，39（8）：308-312.）

性措施。安全标识通过形状、颜色、简单文字及其组合引起人们对危险源的注意，进一步使人员产生遵从安全动作，最终实现事故预防的目的，但不能取代安全操作规程和 PPE 等防护措施。

4. 安全人性的“X-Y 理论”

安全人性“X-Y 理论”，假设组织中存在两种极端成员，分别为：①事故倾向型。消极安全人性，强调人的安全人性弱点，为“X 理论”。②安全倾向型。积极安全人性，强调人的安全人性优点，为“Y 理论”。“X-Y 理论”认为，在通常情况下该绝对化的假设是不存在的，组织内的绝大多数成员应该处于两种假设之间；并提出安全人性正态分布模型，如图 5-8 的曲线 I 所示。该模型提出了组织安全管理的两种重要途径，即“X 理论”假设下的处罚淘汰手段（安全监督检查）和“Y 理论”假设下的宣传典型手段（安全宣传教育）。在模型中，通过对“Y 理论”安全倾向型成员为组织安全的努力行为进行激励，会促使其他成员认可并主动接受安全价值观、理念和行为准则等，进而使成员自发采取有利于安全的行为，这时模型会向右发生移动（见图 5-8 中的曲线Ⅱ），实现了积极安全人性“正态分布”。

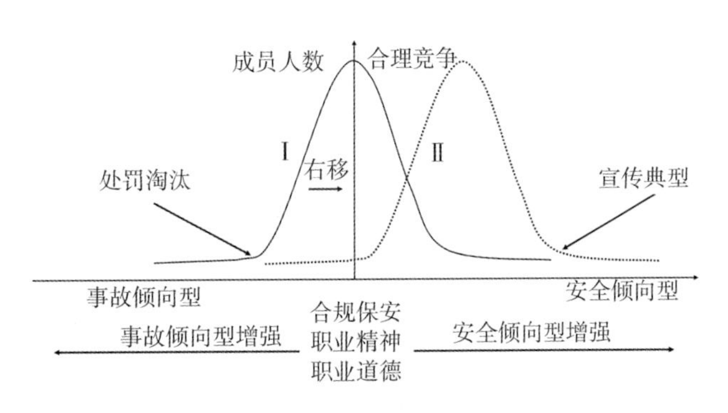

图 5-8　安全正态分布模型

（引自廖冬梅，翟昱，杨旭升．安全科学在高校实验室安全文化中的应用与研究 [J]. 实验室研究与探索，2020，39（8）：308-312.）

实验室安全管理体系贯穿于安全管理全过程，在规范人员行为、提高安全意识方面起着重要的作用。实验室安全文化建设工作做得越好、活动越丰富，其监督作用就越容易实现，安全工作越容易开展，可大大提高实验室安全管理水平。实验室安全文化建设的理念是将实验室安全管理工作和全员安全素质、安全意识培养结合起来，使他们在工作和学习中始终坚持“生命无价”“安全至上”的方针，并调动全体工作人员广泛参与。在进行实验室安全文化建设的同时，必须明确文化建设的目标是加强实验室的安全规范管理、提高全员良好的安全素质和创造和谐稳定的安全环境。

5. 瑟利模型

瑟利 J（j.Sun’y）在 1969 年基于人的行为分析事故的成因，将事故模型划分为危险出现阶段和危险释放阶段。各阶段都包括人对信息的感觉、认知和行为响应的处理过程。在危险出现阶段，如果能正确判断和解决事件的发展，显现出的危险就能被有效控制和消除，反之会进一步恶化。在危险释放阶段，如果信息认识无误并正确应对，就能避免危险释放出的影响和后果。简单地来看，行为模式见图 5-9。

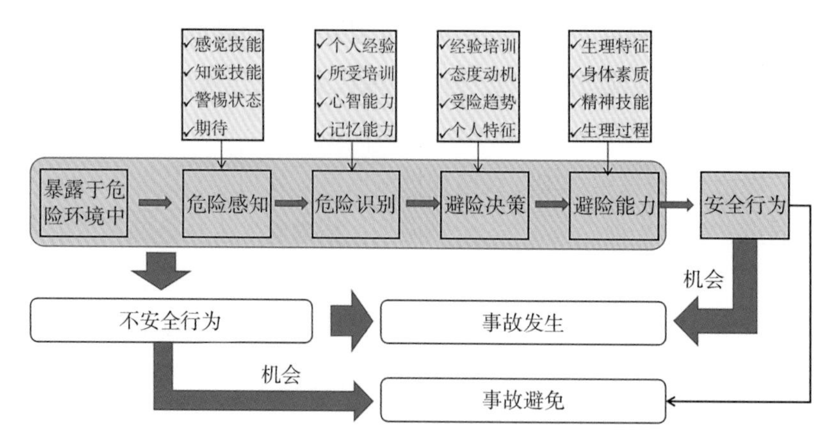

图 5-9 不安全行为产生机理

5.3 实验室安全文化组织管理

实验室生物安全组织管理是生物安全工作的重要保障，实验室设立单位要设计科学合理、领导有力的管理组织架构，加强实验室安全的顶层设计。生物安全管理组织管理机构和人员包括法人代表，生物安全委员会、实验室安全管理部门、相关职能管理部门，实验室负责人和实验人员，相关职责都应该在管理体系文件中明确。WHO《生物安全手册》（第四版）第 7 章生物安全程序管理提出要设置“生物安全官”（biosafety officer）。在生物安全文化组织管理架构建设过程中，生物安全相关部门和人员都要按照规定的职责承担相应的安全责任。

5.3.1 实验室安全文化组织管理架构

1. 欧美高校 EHS 组织管理架构建设情况

欧美高校的“环境、健康与安全办公室”（the office of environmental health safety，EHS）管理系统大多数是作为独立的部门而设立的，有固定的专业工作团队。它的管理模式大致分为两种：一是多部门平行管理，二是自上而下管理。如美国锡拉丘兹大学生物安全管理体系由生物安全管理委员会、生物安全管理官、系主任、实验室首席调查员（PI）以及每个实验人员 5 个不同部分组成。生物安全管理官是校级层面的管理专员，是全校生物安全事务的具体负责人和执行者，直接向校长和生物安全委员会负责，可以随时对实验室进行安全评估，授予或取消实验室从事病原微生物实验操作的权利，更是启动生物安全委员会会议和生物安全突发事件处理的召集人。PI 是实验室层面生物安全事务的具体负责人和执行者，是各项生物安全管理制度的监督者和执行者。

麻省理工学院的 EHS 管理系统主要由 EHS 总部、EHS 办公室和 EHS 委员会 3 个部分组成。EHS 总部是整个 EHS 体系的领导层，负责出台可持续性方案、参与环保政策的制定、协调 EHS 管理、监管 EHS 办公室的工作等。EHS 办公室负责 EHS 管理的实施和操作层面的工作，直接受 EHS 总部领导，并定期向其报告工作。EHS委员会主要起监督作用，从而形成一个纵横交错、上通下达的完善体系。

哥伦比亚大学EHS作为安全管理的实施机构，主要成员包括主管EHS事务的副校长、执行主任、生物安全主管、消防安全主管、职业安全主管、危险品主管、工程主管等，组织框架见图5-10。

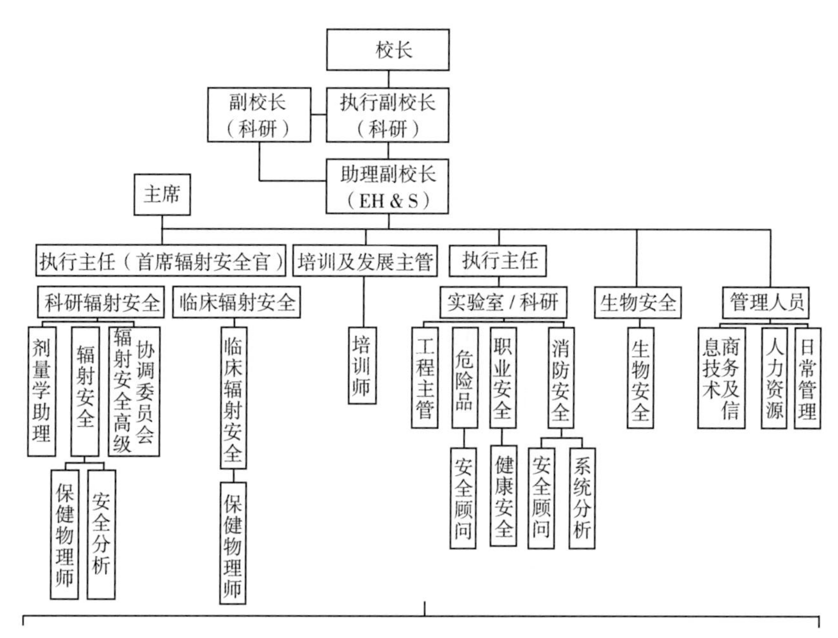

图5-10 哥伦比亚环境健康与安全体系（EHS）组织框架图

（引自余涛，杨忠芳.美国哥伦比亚大学实验室安全管理模式与启示[J].实验技术与管理，2019，36（7）：248-252.）

2. 生物安全实验室组织管理架构设计

建立完善实验室生物安全组织管理架构，并使之有效运行，是做好实验室生物安全管理的基础，只有明确相关部门及病原微生物实验室人员职责，才能落实实验室生物安全管理责任和措施，做到权责统一。

实验室设立单位法人代表是单位管理层负责人，生物安全委员会负责实验室发展规划及重大事项决策，生物安全委员会办公室负责实验室日常事务管理。实验室生物安全职能管理部门负责实验室生物安全管理体系的设计、实施、维持和改进。实验室具体负责所在部门生物安全管理工作，下面也可以根据项目设立管理单元。目前我国大部分单位还没有跨部门的安全文化管理机构，职能相对分散在保卫、后勤、院感、科教、设备等多个部门，有待进一步整合职能管理部门功能，形成一个跨部门的安全文化协调机制。图5-11展示了某医疗单位生物安全管理体系架构。

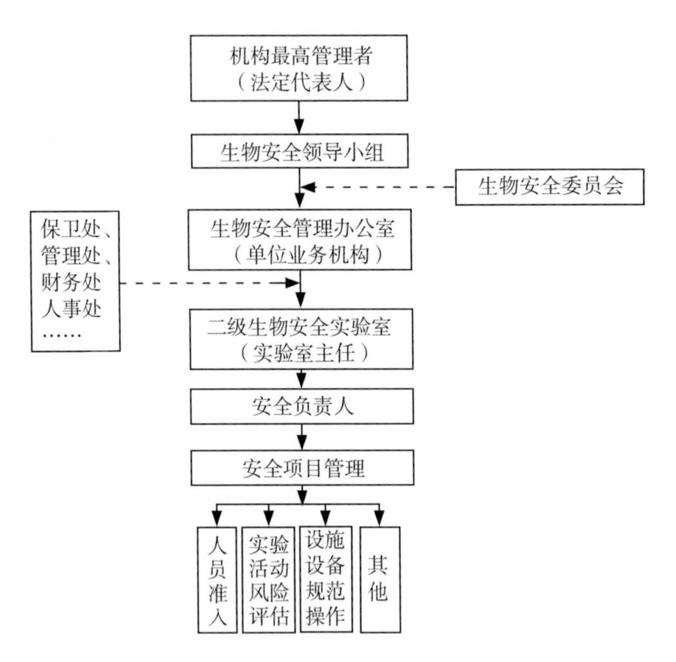

图 5-11　某医疗单位生物安全管理体系架构图

5.3.2 实验室生物安全管理机构和人员职责

在生物安全文化管理过程中主要有领导者、管理者、监督者、执行者几种角色。各个角色要围绕生物安全文化建设中心目标，充分发挥好各自岗位的主观能动性和应有作用，并自觉地相互支持和配合。领导者主要做好生物安全文化建设的顶层设计和总体规划，搭建组织架构和生物安全管理体系，指定关键职位代理人，负责生物安全管理所需的人、财、物等资源保障。管理者要围绕实验室设立单位生物安全的总要求，把各项任务分配落实到不同的部门和角色，使决策不折不扣地有效落实，确保各项安全目标、方针落实到具体行动中。监督者要监督评价各项制度执行的情况，并及时进行反馈，必要时通过奖惩措施促进文化措施的落实。执行者则是在自己岗位上对涉及的管理制度和程序、规范等严格执行到位。

1. 领导者

《中华人民共和国生物安全法》第四十八条明确提出病原微生物实验室设立单位的法定代表人和实验室负责人对实验室的生物安全负责。单位法定代表人要主导实验室愿景、目标及价值观建设。依据实验室愿景、目标、价值观，主导实验室组织架构、管理制度、人员分工、体系文件建设。实验室安全文化组织管理架构承载法定代表人对实验室的价值导向及建设目标，是法定代表人对实验室安全文化的总认知的体现。

2. 管理者

管理层主要执行法定代表人及生物安全委员会对实验室安全的愿景、价值观、目标定位。对实验室安全的愿景、价值观、目标定位进行宣传、贯彻，并落实到位，对安全文化管理体系运行情况进行监督、实施、维持、改进、反馈，组织生物安全技能、知识培训与考核。我国实验室生物安全管理职能部门情况比较复杂，通常由科教、院感、质量、医务等管理部门负责，管理部门职责主要有：

（1）负责生物安全管理体系的设计、实施、维持和改进，并对其运行情况进行监督。

（2）制定或修订生物安全管理体系文件，将政策、过程、计划、程序和指导书等编制成文件化的管理体系，组织体系文件的评审。

（3）对实验项目进行审查或风险评估。

（4）对实验人员的健康监测和管理。

（5）组织单位层面的生物安全培训与考核。

（6）负责组织单位内部实验室的备案与审核。

（7）组织开展内部审核、管理评审和系统性监督检查。

（8）开展体系文件宣贯。

3. 监督者

美国CDC发布的《微生物和生物医学实验室生物安全》（第6版）指南要求设立专门的生物安全管理委员会，监督审查实验室实验活动的开展情况，同时要求设立专职人员对实验活动全流程进行监督。图5-12展示了参考国外高校设计的实验室EHS专家委员会架构。加拿大专门设立机构性生物安全委员会和生物安全官，负责分析评估实验室生物安全问题，审查和批准生物安全协议书等政策性文件，监督安全文件执行情况。

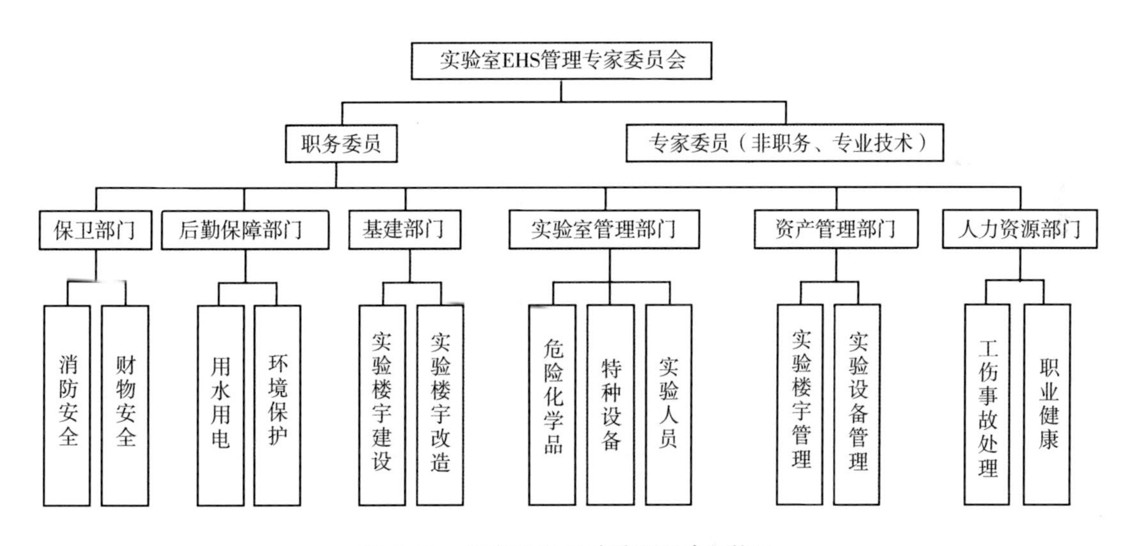

图5-12　实验室EHS专家委员会架构图

（引自彭华松，沈冰洁，丁珍菊，等.多部门联动构建高校实验室EHS管理体系[J].实验室研究与索，2020，39（9）：299-303.）

实验室生物安全的监督在外部由上级主管部门、监督执法部门来执行，内部由管理部门或生物安全委员会来执行，生物安全委员会要贯彻执行法定代表人对实验室的愿景、价值观及目标定位，组织管理和技术专家，对实验室安全文化组织管理进行咨询、指导、监督、评估（如风险评估和应急处置），负责监督、引导、督促实验室安全文化贯彻落实。负责实验室安全文化组织管理制度及体系运行进行审核、评估及改进。

4. 执行者

执行者主要包括实验室负责人、安全管理员，以及实验人员等。

实验室负责人是实验室生物安全的第一责任人，主要扮演执行者角色，全面负责实验室生物安全文化建设工作，要落实上级安全文化建设要求，引导、督促、监督实验室人员践行实验室安全文化价值观。负责人要负责实验项目计划、方案和操作规程的审查并监督落实，负责实验室活动的管理、风险评估及意外事件的处置。决定并授权人员进入实验室，并做好相关人员培训，组织从事高致病性病原微生物实验活动人员健康监测和免疫接种，以及监督验室相关的菌（毒）种和生物样本全过程，组织开展实验室内部安全检查。

实验室人员要自觉遵守实验室安全文化建设的管理规定和要求，充分理解和认可实验室的愿景及价值观，并在工作和生活中践行实验室安全文化精神。主动配合实验室的免疫计划和其他的健康管理规定，正确使用实验设施、设备和个体防护装备，避免因个人原因造成生物安全事件或事故，主动识别危险，避免不符合工作的情况出现。

5.4 实验室安全文化体系建设

实验室生物安全文化按照具体的内容可以划分为物质文化、制度文化和行为文化三类（图 5-13），本节重点介绍三种文化建设的重点内容。

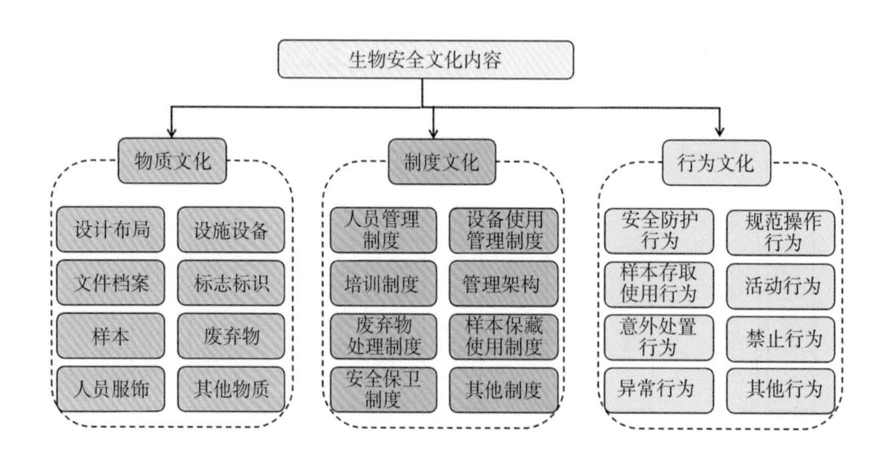

图 5-13 实验室生物安全文化内容构成图

5.4.1 物质文化建设

生物安全物质文化是支撑实验室安全运行的所有物质形态存在的设计、设施、样本和材料等的总称，是生物安全文化的物质载体，是安全文化体系的最外层和最低层，也是保障整个实验室生物安全的根本和基础。物质文化的内容有：实验室的设计布局、张贴的标志标识、运行的设施设备、使用文件资料档案、样本、人员服饰等。

1. 实验室安全设施设备

实验室在设计与改造之时就应考虑防火、防盗、防水、防雷击、防尘等设施设备，确保用水用电的安全与便捷，明确水电管网的位置与走向，做到科学规划、合理设计。必备的消防设施与安全用品必须摆放在指定位置，并定期检查更换，如报警装置、消防器材、急救器材、喷淋装置、监控装置等。同时，紧急疏散的标识、通道、出口等一定要清晰，不能存在滑落、阻塞、上锁的问题；各种仪器设备的使用说明须配套，尤其注明易导致安全事故的警示；化学用品及危险品须专人保管、重点防范，操作步骤、危害、处理措施都应逐一注明。

其次，实验室生物安全要求实验室配备齐全的通风空调系统、供水与供气系统、门禁管理系统、电力供应与照明、洗手、洗眼及喷淋装置、自控及通信系统、生物安全柜、消毒和灭菌等设备，并按要求进行设备维护、检定校准。

2. 安全警示标识

生物安全标识用以表达特定安全信息的标识，由图形符号、安全色、几何形状（边框）或文字构成。实验室用于标示危险区、警示、指示、证明的图文标识是管理体系文件的一部分，实验区域内使用的标识分成禁止、警告、指令、提示、专用五类，所有标识应清楚标示出具体危险材料、危险区域（图 5-14）。

标识应张贴在与安全有关的醒目位置，不应设在可移动的门、窗、架物体上。实验室入口处标识应采用生物危险专用标识。标识应明确说明生物防护级别、操作的致病性生物因子、实验室负责人姓名、紧急联络方式和国际通用的生物危险符号。实验室出口标识实验室应设计紧急撤离路线，紧急（疏散）出口处应有明显的标识，紧急（疏散）出口和紧急撤离路线标识应在无照明的情况下也可清楚识别。

实验状态提示标识：必要时，房间的入口处应有警示和进入限制（如正在操作危险材料时），适用时，实验室工作过程中提示工作状态时应使用“工作中”等状态提示标识。

设备标识:应在设备显著部位标示其唯一编号、校准或验证日期、下次校准或验证日期、正常使用、暂停使用、停止使用状态。实验废物标识：

废物暂存处、盛装废物的包装物、容器外表面应有废物警示标识，在每个包装物、容器上应有中文标签，中文标签的内容应包括：废物产生单位和部门、产生日期、类别及需要的特别说明，并可追溯。危险化学品废物标识：危险废物的容器和包装物以及收集、贮存、运输、处置危险废物的设施、场所，应设置危险废物警告标识。危险废物标签应包括：主要成分、化学名称、危险情况、安全措施、危险废物类别图标和废物产生单位。

实验室的所有管道和线路应有明确、醒目和易区分的标识，关键设施设备的操作开关如有被误操作可能的，有明确的功能指示标识。通过在实验室内外张贴有效标识，可有效促进实验室安全文化氛围建设，起到安全防范警示作用，可以有效提高实验室安全管理工作的效率。

图 5-14　实验室生物安全标示（示例）

（引自病原微生物实验室生物安全标识：WS 589-2018[S]. 2018.）

3. 常用实验室生物安全文化标语

- 生命至上，安全第一
- 安全责任重于泰山
- 安全发展 预防为主
- 筑牢安全底线人人有责
- 所有事故都是可以预防的
- 不同层级的责任人对各自职责范围内的安全直接负责
- 所有安全隐患和风险都是可以控制的
- 遵守安全规则是岗位准入的必要条件
- 所有相关人员均应接受必要和充分的生物安全培训
- 各职能部门和负责人应落实监督管理责任
- 发现事故隐患应立即采取措施予以消除
- 工作外的安全和工作内的安全同等重要
- 良好的安全管理是创造良好工作业绩的前提

- 人人参与安全管理是实现安全目标的关键
- 生物安全无小事
- 安全也是生产力
- 安全就是效益
- 加强自我安全保护、注意安全风险防范
- 防患于未然

5.4.2 制度文化建设

生物安全制度文化是实验室设立单位行为文化中的重要部分，生物安全制度文化的建设包括从树立法治观念、强化法治意识、端正依法办事态度，到科学地制订法规、标准和规章，严格的执法程序和自觉地依法开展活动等行为，以及管理方式的改善和合理化、建立和强化经济手段的效用等。

生物安全制度文化建设强调的是依法管理，建章立制，规范化操作，不同岗位和部门分工明确，责任到位人。实现以制度管人和以规范规定行为。制度精神（制度意识）→制度编制（制度体系）→制度运行（体制机制）→制度“化人”（制度文化）是前后相承、不可分割的有机系统。制度文化建设就是要把生物安全相关法律法规，部门规章，标准和规范逐项分解到管理体系文件中，使实验室管理者和参与者办事有据。

1. 实验室生物安全管理体系文件架构

实验室安全管理体系文件应由实验室设立单位编制，包括生物安全管理手册、程序文件、标准操作规程、安全手册、记录表格。体系文件应经批准后发布实施，其中管理手册、程序文件应经法定代表人批准，其他技术文件应由指定人员批准（图 5-15）。

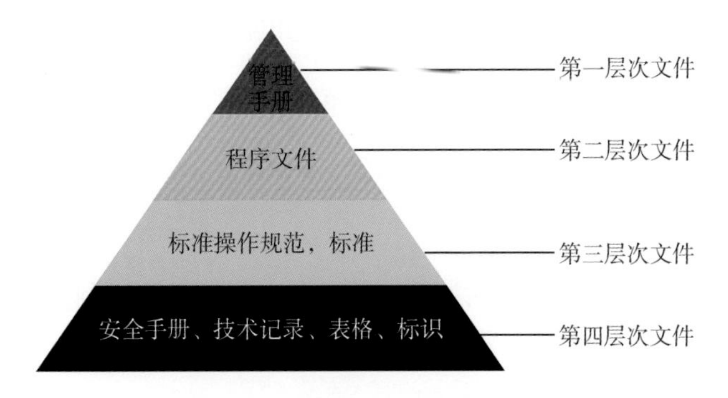

图 5-15　实验室安全管理体系文件

2. 生物安全手册

实验室安全手册是实验室安全文化的集中体现，其内容包含了实验室内所有的安全相关的内容和具体规范操作，使实验室人员能快速普及实验室相关安全知识，掌握安全逃生技能等，它给实验室人员以全方位的安全指导，是进入实验室前必读的安全资料，且内容丰富、图文并茂、通俗易懂、简单易学。实验室安全手册包括：实验室安全应急电话、水电安全、消防安全、设备安全、化学品安全、生物安全、辐射安全、特种设备安全、实验室废弃物的处置和意外事故处理等，见表 5-1。

表5-1 生物安全手册内容

内 容		内 容		内 容		内 容	
1	组织和管理	7	安全检查	13	管理评审	19	废物管理
2	管理责任	8	不符合项的识别与控制	14	实验室人员管理	20	危险材料运输
3	个人责任	9	纠正措施	15	实验室材料管理	21	应急措施
4	安全管理体系文件	10	预防措施	16	实验室活动管理	22	消防安全
5	文件控制	11	改进措施	17	实验室内务管理	23	事故报告
6	安全计划	12	内部审核	18	实验室设施设备管理		

美国高校的 EHS 管理体系通常有几十种表格，对实验室布置、事故处理、危险品报备、有毒废物销毁等都有详细的指引，其中应用最多的是化学品安全说明书（MSDS）和有害废弃物处理指引，一般都放置在网站最显眼的地方或用特殊的图标标记。除了化学实验、生物实验、放射实验等基本的实验操作安全外，必要时还应该增加听力损伤、电脑显示器辐射损伤、长时间办公对腰肌损伤等职业健康安全方面的内容，见表 5-2。

表5-2 哥伦比亚大学 EHS生物安全管理手册内容

条 目	内 容
实验室防护等级及风险评估	评估实验活动中产生危害、伤害或疾病可能发生的概率采取相应的防护等级
工程控制	避免或控制风险需要的装置和设备，包括：生物安全柜、真空管道高效过滤器、利用容器和安全针头装置、离心机
应急处置措施	基本预防措施、预防火灾和生物安全、移液器和重复性性压力伤害
个人防护装备	个人防护应具备的装备包括：手套、护目镜、防护服、面罩、呼吸器
消毒灭菌设备	高压灭菌器、含氯消毒剂及其他消毒设备使用说明
生物泄漏 – 响应和清理措施	应制定应急处置预案，明确规定目的、范围、职责、定义、措施等内容
其他	组织培养物和细胞株、特定物剂和毒素；生物安全、危险材料：登记和批准、废物处置等

3. 生物安全管理目标

建立完善的组织架构及管理体系文件之后，须建立完善的考核机制及引导目标，起到明确目标任务的作用，也是评价生物安全管理有效性必不可少的量化判定指标和判定标准，它的内容至少应包括：

- 生物安全管理人员、实验室人员配备、培训和考核上岗等目标要求
- 生物安全检测设备、防护设施配置和合格使用等目标要求
- 生物安全检查、事故处理等目标要求
- 生物实验室档案管理目标要求
- 生物实验活动目标要求等
- 以上目标应可量化

4. 培训制度

健全完善的实验室安全教育体系是安全工作和文化建设的基础，生物安全知识和技能培训是实验室准入的必要条件。麻省理工学院要求进入实验室前所有实验人员（包括教师员工、研究人员、学生和访问科学家）都要接受严格、强制性的培训及考试。斯坦福大学每年提供实验室生物安全、化学安全、有害废物收集、激光安全、辐射安全、个人应急准备等 30 余门培训课程，对于新加入实验室的管理人员和实验操作人员都要进行严格的培训与考核；剑桥大学 EHS 管理部门则非常重视实验室安全风险分析，针对所有危险活动进行客观的风险分析，在此基础上提出防控措施并开展系统规范的培训。

实验室所在单位每年至少组织 1 次实验室安全培训，培训内容包括:实验室设施设备、个体防护、消毒技术、专业技术基础知识和规范操作等内容。实验室设立单位应对新进人员进行岗前专业技术和生物安全培训，经考核合格后才允许上岗。对从事高致病性病原微生物实验活动的人员应每半年进行 1 次培训，并记录培训及考核情况，每年进行 1 次能力评价。

培训可以形式多样，除了传统的展板海报宣传、实验安全手册宣传、培训讲座外，也可以借助信息化手段建设专题网站、微信、网上问卷等形式实现网络宣传，并营造一个自由、开放、务实的学习氛围，见表 5-3。

表5-3　国外机构生物安全培训内容列表

耶鲁大学	麻省理工学院	普林斯顿大学
生物安全培训	生物安全	动物工作者健康和安全培训
化学安全培训	化学品安全	生物安全
辐射安全培训	人体工程学和噪声	食品安全
实验室安全培训	电离辐射	实验室安全
受管制废物处置培训	非电离辐射	激光安全
身体安全培训	专门的安全	辐射安全 - 放射性材料
环境事务培训		工作场所安全
研究材料运输培训		职业保健
激光安全培训		校园社区的健康与安全
建筑 / 施工 / 翻新培训		计算机工作站安全
设施 / 托管服务		应急准备

5. 严格执行实验室准入制度

加强人员管控是从源头减少实验参与者的安全隐患的举措。严格执行准入制度，确保实验过程中的各项操作符合规范，在突发事故的状态下有效处置，是安全制度落实、安全规则执行、安全意识树立的重要途径。准入制度一定要和安全培训、安全教育结合起来，除了专业相关、安全方面的技术指导与培训之外，要认真完成实验开始前的准备工作、严格核准使用实验室的人员条件、遵守实验过程中的流程规范、妥善处置实验后的整理工作、熟练掌握意外情况发生的应急技能，确保实验室使用中的每一环节都在安全掌控中。

在高校和科研院所的实验室中主要由学生开展实验活动，据统计，80% 以上的高校实验室安全事故发生在研究生身上，研究生通常需要通过实验室开展研究活动，会接触到更多的高危活动（如频繁使用高温高压高转速设备和危化品），由于实验内容复杂、时间紧工作量大、人员流动性大、新技术新方法应用多，再加上操作不熟练等原因，导致事故风险大幅度增加。临床医院的实验室成员流动性也较大，专职管理人员数量少，而且检验工作量往往比较大，有的实验人员安全防护和事故应对技能不足，有的还不认真遵守实验原理和安全操作规程，如果缺乏现场指导和监督，往往会导致发生实验室安全事故。

5.4.3 安全行为文化建设

实验室安全行为文化是实验室人员在长期工作中形成的安全行为规范和安全行为习惯，通过引导实验人员建立良好的行为规范避免出现意外事件。实验室安全行为文化建设的最终目的是通过物质、制度文化建设，让实验室人员养成或引导养成良好安全行为规范，规避不规范的行为和习惯。安全文化建设方式主要有：

1. 开展和举办实验室安全活动

举行多种实验室安全相关的演练、演习，定期举行实验室安全应急疏散演练、演习，扩大演练、演习的范围和广度，使实验室人员掌握基本的安全技能，以及在事故发生后进行安全自卫、安全逃生和自救的方式、方法。定期组织发放实验室安全调查问卷，及时掌握实验人员对生物安全知识掌握程度。

- 应配备适用的应急器材，如消防器材、意外事故处理器材、急救器材。需要时，实验室应使用防爆设施和设备。
- 应依据实验室可能失火的类型配置适当的灭火器材并每月维护。
- 单位应制定年度消防计划，内容至少包括（不限于）：对实验室人员的消防指导和培训、火险的识别和判断、减少火险的良好操作规程、失火时应采取的全部行动。
- 单位每年至少对实验室消防设施设备和报警系统状态的检查进行 1 次检查。
- 单位应按照要求进行消防知识培训，每年至少组织 1 次演练。
- 如果发生火警，应立即寻求消防部门的援助，并告知实验室内存在的危险。

2. 演练意外事件处置流程

实验室所在单位要根据应急处置管理程序及应急预案组织开展演练，演练内容主要包括：生物性、化学性、物理性、放射性意外事故，以及火灾、水灾、冰冻、地震或破坏突发紧急情况。让实验室人员了解应急处置的机构、人员职责、应急通信、个体防护、应对程序、应急设备、撤离计划和路线、污染源隔离和消毒灭菌、人员隔离和救治、现场隔离和控制、风险沟通等要求。

3. 实验室区域安全行为规范

- 不得在实验室饮食、储存食品、饮料等个人生活物品；不得做与实验、研究无关的事情。
- 整个实验室区域禁止吸烟（包括室内、走廊、电梯间等）。
- 未经实验室管理部门允许不得将外人带进实验室。

- 熟悉紧急情况下的逃离路线和紧急应对措施，清楚急救箱、灭火器材、紧急洗眼装置和冲淋器的位置。铭记急救电话119/120/110。
- 保持实验室门和走道畅通，未经允许严禁储存剧毒药品。
- 离开实验室前须洗手，不可穿实验服、戴手套进入餐厅、图书馆、会议室、办公室等公共场所。
- 保持实验室干净整洁，实验结束后实验用具、器皿等及时洗净、烘干、入柜，室内和台面均无大量物品堆积，每天至少清理一次实验台。
- 实验工作中碰到疑问及时请教该实验室或仪器设备责任人，不得盲目操作。
- 实验期间严禁长时间离开实验现场。
- 晚上、节假日、高致病性病原微生物实验活动时必须有二人以上共同参与，以保实验安全。
- 所有化学药品的容器都要贴上清晰的永久标签，以标明内容及其潜在危险。所有化学药品都应具备物品安全数据清单。熟悉所使用的化学药品的特性和潜在危害。
- 对于在储存过程中不稳定或易形成过氧化物的化学药品需加注特别标记。化学药品应储存在合适的高度，通风橱内不得储存化学药品。
- 将不稳定的化学品分开储存，标签上标明购买日期。将有可能发生化学反应的药品试剂分开储存，以防相互作用产生有毒烟雾、火灾，甚至爆炸。
- 挥发性和毒性物品需要特殊储存条件，未经允许不得在实验室储存剧毒药品。
- 在实验室内不得储存大量易燃溶剂，用多少领多少。未使用的整瓶试剂须放置在远离光照、热源的地方。
- 接触危险化学品时必须穿工作服，戴防护镜，穿不露脚趾的满口鞋，长发必须束起。
- 不得将腐蚀性化学品、毒性化学品、有机过氧化物、易自燃品和放射性物质保存在一起，特别是漂白剂、硝酸、高氯酸和过氧化氢。
- 装有腐蚀性液体容器的储存位置应当尽可能低，并加垫收集盘，以防倾洒引起安全事故。
- 取用高致病性病原微生物菌（毒）种或生物样本时需要做好个人防护。

5.5 加强控制措施和持续改进

实验室安全文化已经成为现代实验室建设与管理的核心，要确保文化制度落到实处，就必须持续改进实验室安全文化。实验室安全管理是持续改进的过程，不能指望通过一个阶段检查或一种管理模式就可完全杜绝事故风险，而是要不断总结和完善管理体系，才能形成良好稳定的实验室安全文化，把实验室生物安全风险控制在合理的水平。科学合理的控制措施对于提高文化建设的效能，激发每一个参与者的主观安全意识和主动性，具有积极的意义。

5.5.1 基于管理质量持续改进的实验室安全文化控制与持续改进

1. 管理质量持续改进模式

PDCA 循环是美国质量管理专家沃特 · 阿曼德 · 休哈特（Walter A. Shewhart）1930 年首先提出，并 1950 年由美国著名管理学家戴明（W·Edwards Deming）博士采纳宣传普及应用。PDCA 是 plan（计划）、design（实施）、check（检查）、act（处理）首字母的缩写，分别对应管理活动的四个阶段构成不断循环的链条。其精髓在于将设计目标与实际情况相比较，对于成功之处纳入下一循环过程，对于不成功的经验及时查找原因并寻求改正的措施，整个循环是一个持续的、长期的上升过程，通过不断的循环改进，实现管理质量的提升（图 5-16）。

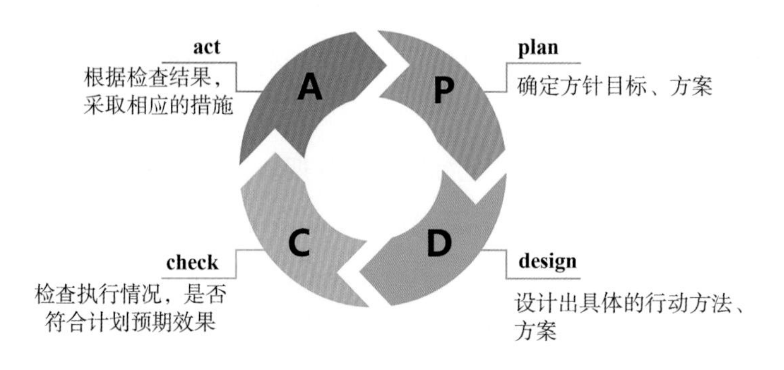

图 5-16 PDCA 质量管理构成图

在借鉴 PDCA 质量管理理念的基础上结合实验室生物安全文化管理实际，提出适合实验室安全文化 PAIR 管理循环图，分别由计划（planning）、assessment（评估）、实施（implementation）、反馈评价及提升（review and improvement）4 个阶段构成，通过不断循环往复的计划 – 评估 – 实施 – 效果评估，实现实验室文化的控制和持续改进（图 5-17）。

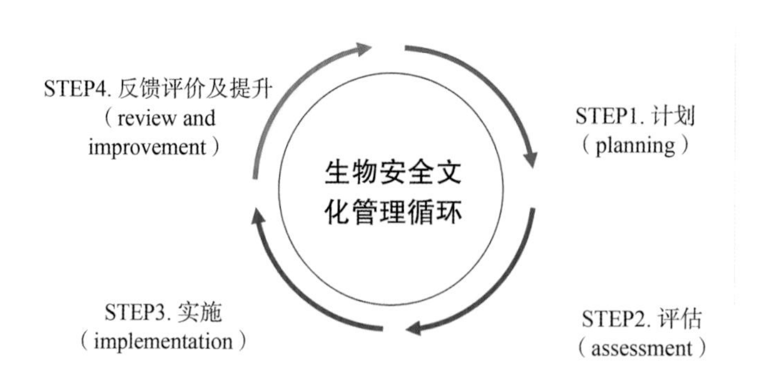

图 5-17 实验室生物安全文化管理循环图

2. 计划（planning）

建立实验室生物安全文化建设计划。计划是实验室生物安全文化建设的起点，高效的文化建设计划能够统一人员思想，为实验室文化塑造、改善和提升提供明确的目标和方向，因此实验室设立单位应及时制定实验室生物安全文化建设计划。一般而言实验室生物安全文化建设计划可以分为三个步骤：一是确定文化建设目标；二是根据目标确定具体实施路线；三是决定如何合理配置资源以达成建设目标。

确定文化建设目标。目标制定时应遵循"SMART"原则，即安全文化建设目标应是"具体的（S）""可度量的（M）""可实现的（A）""现实的（R）""有截止期限的（T）"。一般由领导层确定大致方向并召集实验室人员集体商定建设目标，由实验室人员进行分解和修正，反复反馈最终形成建设目标。

根据目标制定实施方案。运用"5W1H"原则结合整改目标将实施方案具体化，逐一制定对策，也即反复推敲制定实施该措施的原因是什么？（why）、制定该措施想要达到的最终目的是什么？（what）、在何处执行（where）、具体的负责人员是谁？（who）、完成目标的截止时间（when）、如何完成（how）。

3. 评估（assessment）

确定组织目标及实施方案后，应及时评估实验室目前所面临的内外部环境和自身的状态，明确目前实验室生物安全文化建设所处的阶段、水平，以修正生物安全文化建设计划实施方案。借鉴"SWOT 分析法"对实验室目前面临的内外部环境和自身状态进行评估。

当单位出现以下情况时应及时调整实验室生物安全文化建设计划及实施方案：

- 当实验室架构出现重大调整或者实验室主要人员发生重大变化时
- 当实验室安全管理体系文件发生重大变动，生物安全管理手册、程序文件、作业指导书和记录四类文件出现重大修订时
- 当实验室设施设备及环境条件出现重大变化时
- 当出现重大法律、法规、标准实施要求实验室做出改变时
- 出现其他对实验室物质、行为、制度影响导致实验室安全物质、行为、制度发生变化时

风险评估结果应用。对于实验室风险评估结果应及时反馈动态调整实验室生物安全文化建设计划及实施方案，应定期检查以保证风险识别的及时性和可靠性，应及时通报便于上下级共同参与、相互协调达成文化建设目标。

4. 实施（implementation）

完成计划制定和风险评估之后进入实施阶段，计划具体实施需要全体实验室人员的参与。管理者首先要与全体员工关于文化建设方案及实施具体步骤进行有效沟通，让全体员工明确文化建设方案的必要性，统一思想高效施行。其次实施过程中应定期检查方案实施的执行情况，高效反馈及时改进。

有效沟通是高效执行整改计划，达成整改目标的前提，可以分为充分准备 - 创造良好的氛围 - 信息交换 - 达成一致 4 个阶段。实验室设立单位应定期组织开展安全文化监督检查及自查，每年应至少系统性地检查 1 次。根据生物安全文化计划建设实施方案，对计划偏离事项进行改进。事前及时识别计划偏离事项的根本原因，明确调查要求。事中应对计划偏离事项出现的原因认真分析，制定详细纠正措施，将所有人融入改进的过程中，不断改进反馈，及时获得任务状态并纠正员工的工作偏差，改进措施应包括实验室管理层应将因纠正措施所致的安全文化管理体系的任何改变文件化并实施。事后还应及时总结复盘。

5. 反馈评价及提升（review and improvement）

在计划执行的最后期限，应及时对生物安全文化实施方案的整体情况进行反馈评价和进一步提升，包括对计划的执行完成度评价、目标达成率评价、整体效果评估等。

执行完成度评价。对整改方案措施执行完成度进行评价，评价整改措施执行的效率高低、完成进度如何、使用时间以及参与人员进行评价，总结复盘执行效率高低的主要影响因素，完成进度快慢的主要问题等。

目标达成率评价。对整改方案措施实施后实际完成目标与设定目标差异进行评价，分析是预期目标设定过高或者其他导致目标无法完成的原因，对影响目标达成率的要素纳入下一次循环持续改进。

整体效果评估。综合评估整改方案的实施效果，将目标未达成要素纳入下一次循环持续改进。对成功改进经验进行总结评价，对已被证明的有成效的对策措施，要进行标准化，形成工作标准，在下一循环中加以应用推广。

5.5.2 实验室安全文化建设展望

1. 先进技术有望提高实验室生物安全数智化监管水平

物联网、信息化、人工智能技术在实验室安全控制中将有重要的作用。通过传感器在实验室设备、样本、环境中应用，有望实现对实验室环境、人员、设备、样本的动态感知和实时监控，通过对实时数据的分析、监测，配合人工智能算法，可以提高实验室安全风险的预警和处置水平，从而降低人为因素对实验室安全影响，提升实验室安全管理水平和工作效率。

以大数据、云计算、人工智能、物联网等新一代数字技术为支撑，加强对实验室人员、设备、样本、环境等主要安全要素的监管，构建生物安全风险的感知、研判、预警、处置全链条闭环管理，有望搭建“人、机、料、法、环”全程闭环监管系统，通过数字赋能提升实验室生物安全一体化、协同化、智慧化监管水平，对实验室生物安全治理的体制机制、方式流程、手段工具进行全方位、系统性重塑。

2. 安全文化在实验室生物安全管理中的地位将不断提升

安全文化在我国生物安全实验室的建设管理中地位和作用越发凸显，建立健全实验室安全文化体系安全将成为实验室建设的核心。通过加强安全文化建设将使安全工作成为常态，使安全意识成为文化，成为实验室管理者与参与者的固化意识与自发行为，形成实验室安全建设的文化内涵。安全文化体系的建立健全离不开文化内涵，更要和安全教育、实验培训与准入、安全检查工作、物质安全条件保障相辅相成、共同构建。

3. 安全文化建设将成为实验室安全管理的常态化工作

文化主导行为，行为决定态度，态度决定结果，结果反映文明。安全文化作为实验室管理的常规性工作，通过文化建设使安全管理制度内化于心，外化于行，养成习惯，发挥文化的“软管理”作用，将“要我安全”转变为“我要安全”，主动遵守安全管理制度，自觉消除安全隐患，全面提高实验室生物安全保障水平，才能实现把生物安全风险控制在一个合理的区域或水平，杜绝发生严重的生物安全事故，这才是生物安全实验室长治久安的根本举措。

参考文献

[1] 安红昌. 从安全文化、公共安全文化到应急文化的发展研究[J].中国公共安全(学术版), 2019, 2019(04): 6-8.

[2] 程天君, 李永康. 校园安全:形势、症结与政策支持[J]. 教育研究与实验, 2016, 2016(1): 15-20.

[3] 翟天任.高校实验室文化体系的探索与评价[J]. 实验技术与管理, 2013, 30(12): 206-209.

[4] 郭娇. 研究生实验安全事故的影响因素分析[J]. 实验技术与管理, 2019, 36(3): 192-195.

[5] 贾贤龙. 高等学校实验室安全现状分析与对策[J]. 实验室研究与探索, 2011, 30(12): 193-195.

[6] 姜忠良.实验室安全基础[M]. 北京: 清华大大学出版社, 2014: 152.

[7] 康恩胜, 王文才, 庞文娟. 基于行为安全"2-4"模型的受限空间事故分析及预防[J]. 安全, 2020, 41(2): 83-87, 93.

[8] 柯红岩, 张捷, 金仁东."双一流"建设背景下高校实验室文化建设[J].实验室研究与探索, 2019, 38(3): 227-229, 244.

[9] 黎莹, 胡谷平, 蔡涛, 等.借鉴美国主流高校EHS体系建设我国的实验室安全文化[J]. 大学化学, 2015, 30(2): 15-21.

[10] 廖冬梅, 翟显, 杨旭升.安全科学在高校实验室安全文化中的应用与研究[J]. 实验室研究与探索, 2020, 39(8): 308-312.

[11] 林欣娅, 胡雪峰. 美国生物实验室管理及借鉴[J]. 实验室科学, 2021, 24(3): 159-161, 165.

[12] 陆文宣, 沙锋.高校实验室安全文化建设探索与实践[J].实验室研究与探索, 2021, 40(11): 305-309.

[13] 罗云."安全文化"系列讲座之二建设安全文化的目的、意义及范畴[J]. 建筑安全, 2002(10): 10-11.

[14] 美国疾病预防控制中心.实验室生物安全能力建设指南[M]. 亚特兰大, 2011.

[15] 亓文涛, 孙淑强, 樊冰. 基于信息化的高校实验室安全文化体系构建[J]. 实验室研究与探索, 2016, 35(2): 295-299.

[16] 石瑛, 吴其光. 实验室文化的内涵及其构建[J].教育探索, 2010(11): 233-234.

[17] 世界卫生组织.实验室生物安全手册[M].4版.日内瓦, 2021.

[18] 孙其俊, 刘艳东. 实验室风险管理的PDCA循环[J]. 汽车工程师, 2013, 2013(9): 16-18.

[19] 王秉.安全人性假设下的管理路径选择分析[J].企业管理, 2015, 2015(6): 119-122.

[20] 王帅, 高维川, 赵春利, 等. 浅谈航天企业安全文化建设思路[J]. 航天工业管理, 2021(6): 68-72.

[21] 王硕.浅谈以人性化管理加强安全文化建设[J].吉林劳动保护, 2011, (1): 138-140.

[22] 王旭昭, 卢丽丽. 基于安全心理因素的事故模型探究[J].中国公共安全(学术版), 2015, 2015(01): 36-39.

[23] 吴林根. 高校实验室安全全过程管理的探索——以南京林业大学为例[J]. 中国林业教育, 2014(2): 33-36.

[24] 余涛, 杨忠芳. 美国哥伦比亚大学实验室安全管理模式与启示[J]. 实验技术与管理, 2019, 36(7): 248-252.

[25] 袁璧翡, 卢中南, 蒋收获.美国高校实验室生物安全监督管理启示[J]. 上海预防医学, 2016, 2016(04): 226-230.

[26] 张严, 楚晓丽, 梁山, 等.高校实验室安全及文化建设研究[J]. 实验室研究与探索, 2018, 37(9): 327-330.

[27] 张彦国.WHO《实验室生物安全手册》(第4版草案)简介[J]. 暖通空调, 2020, 50(6): 81-85.

[28] 祝文燕, 孙富强.研究生群体安全稳定存在的问题、原因及对策分析[J]. 学位与研究生教育, 2005(7): 40-43.

[29] BAYBUTT P. Insights into process safety incidents from an analysis of CSB investigations[J]. Journal of Loss Prevention in the Process Industries, 2016(43): 537-548.

[30] DEPARTMENT OF HEALTH AND HUMAN SERVICES, PUBLIC HEALTH SERVICE, CENTERS FOR DISEASE CONTROL AND PREVENTION AND NATIONAL INSTITUTES OF HEALTH. Centers for disease control and prevention. Biosafety in microbiological and biomedical laboratories[M].6th ed. Washington, 2020: 31-32.

[31] MAX L, NüRNBERG D, CHIESSI C M, et al. Subsurface ocean warming preceded Heinrich Events[J]. Nature Communications, 2022, 13(1): 1-8.

[32] WYLLIE R.What to expect when you're inspecting: A summary of academic laboratory inspection programs[J]. Journal of Chemical Health&Safety, 2016, 2016(3-4) : 18-24.

第6章 生物安全实验室人员能力建设

病原微生物实验室人员是生物安全管理的第一要素。因此，实验室人员能力建设是实验室整体能力建设的核心。本章依据《中华人民共和国生物安全法》对病原微生物实验室生物安全管理的要求，对生物安全实验室人员应具备的能力进行总结和描述。为了提升实验室生物安全管理的水平，需要对实验室人员，包括实验室负责人、管理人员、操作人员、后勤辅助人员等进行具有针对性的岗前和岗中培训，加强人员的能力建设。

生物安全实验室人员能力培养是一项持续性、系统性的工作。实验室人员能力是综合素质的体现，其能力的培养与所在环境、工作氛围、实验室文化等息息相关。各实验室应根据自身条件和需求、管理模式以及实验室全面长远的发展计划，制定实验室人员能力建设规划并落实。

6.1 生物安全实验室人员身心健康的要求

6.1.1 实验室人员身体健康要求

实验室工作人员必须在身体状况良好的情况下，才能进入 BSL-2/ABSL-2 及以上级别的实验室开展工作。实验室所有工作人员应进行上岗前体检，包括针对开展的病原微生物核酸、抗体检测等体检项目，记录个人病史，并进行有目的的职业健康评估，建立并保存个人健康档案和本底血清（供流行病学跟踪监测）。

有下列情况者不应进入实验室工作：患发热性疾病、感冒等呼吸道感染；开放性外伤；患严重基础性疾病如心脏病、肿瘤等；使用免疫抑制剂等导致抵抗力下降及不明原因的免疫指标低下；女性处于妊娠期、哺乳期；处于极度疲劳状态（如已在高等级生物安全实验室防护区内连续工作 4 h 以上）。

6.1.2 实验人员的免疫接种

实验室人员在上岗前应充分了解操作的病原微生物等生物因子的危害等级及实验活动生物安全风险评估结果，应了解是否有预防性疫苗和治疗性药物，以及了解这些疫苗和药物的可获得性，并了解一旦发生职业暴露时的治疗方案。针对所操作的病原微生物，实验室人员应根据岗位需要接种相应疫苗。

6.1.3 实验室人员的健康监测

实验室内部人员健康监测：操作病原体的实验人员所接触的生物危害因子及其健康状况会增加感染的风险，因此，为保证实验人员在实验室连续工作期间处于良好的身体状态，实验室设立单位应对实验人员进行定期健康监测和医疗评估。应指定专人负责健康监测工作，及时调查、了解实验室工作人员的健康状况，确保全体工作人员接受定期的健康监测和医疗评估。

健康监测的内容：每年需组织生物安全实验室工作人员进行健康体检（除常规体检项目外，还应包括涉及从事病原微生物的感染性指标检测，如艾滋病毒抗体检测等）；进入 BSL-3/ABSL-3 及以上级别实验室人员，应进行体温检测并观察相应症状，实验活动结束退出实验室后，应继续进行相应时段（相关疾病的平均潜伏期）的健康监测。一旦出现异常情况，应立即报告实验室负责人，以便及时采取相应控制措施。健康监测应在有资质的医疗机构进行。根据实验室所操作的病原，应提供预防接种或治疗性药物；如无有效的疫苗进行特异性预防，应长期连续对人员进行医学监测（如结核实验期间应做 Tspot 试验监测）。

外来人员健康监测：有些实验室作为平台可能接收外单位的实验人员，或维保公司人员对实验室进行维护等。外来人员的健康监测须等同于实验室内部人员管理。

6.1.4 实验室人员心理健康要求

生物安全实验室工作人员可能会直接或间接接触具有感染性的样本或材料，特别是在高等级生物安全实验室的实验人员，其接触的是高致病性病原微生物。因此，所有工作人员除需要保持良好的身体健康状况外，还应具备良好的心理健康状态，并通过专业心理测试。

心理健康是个人的生理、心理与社会处于相互协调的和谐状态。世界心理卫生联合会则将心理健康定义为：“身体、智力、情绪十分调和，适应环境，人际关系中彼此能谦让，有幸福感，在工作和职业中，能充分发挥自己的能力，过着有效率的生活。”生物安全实验室的管理者应关注实验室人员的心理状态，营造良好的工作氛围以调动工作人员的积极性。

病原微生物实验室的人员必须具备良好的心理健康状态。在生物安全实验室工作（特别是高等级生物安全实验室），实验室人员必须具备良好的心理素质（抗压能力、情绪调整能力），积极应对工作和实验的失败或生活中的挫折;在工作中沉着冷静,能够根据轻重缓急有条不紊地处理繁杂事务;始终保持旺盛的工作热情,并能处理好人际关系等。生物安全实验室工作人员上岗前应进行心理测试,记录个人心理健康并保存档案。同时,生物安全实验室的工作压力和环境会对实验人员心理产生影响,因此实验室应定期对工作人员进行心理健康测试,保证工作人员具有健康的心理状态,应特别关注高等级生物安全实验室的工作人员心理健康状况。

6.2 生物安全实验室人员必须具备的基本能力

实验室生物安全管理中最为重要的因素是“人”。实验室应重视对人员的管理和培养,根据实验室的发展要求,识别和建立对人力资源的需求和管理机制。实验室人员能力建设是保障实验活动安全开展的关键。《中华人民共和国生物安全法》在能力建设方面强调人员能力建设的重要性,第六十九条提出:“国务院有关部门根据职责分工,加强生物基础科学研究人才和生物领域专业技术人才培养,推动生物基础科学学科建设和科学研究。国家生物安全基础设施重要岗位的从业人员应当具备符合要求的资格,相关信息应当向国务院有关部门备案,并接受岗位培训。”

生物安全实验室应根据实验活动类型、规模、复杂程度设置不同工作岗位,避免管理归口盲区和重叠管理。实验室人员的资质和能力水平要求需根据实验室具体开展工作情况而定,其能力建设也需要结合实际工作需求提出合理的规划,以保证生物安全管理体系有效运行,确保实验室生物安全,同时进一步提升实验室的技术服务能力及管理能力。

通常情况下,生物安全实验室人员主要包括管理人员、实验人员、辅助人员、设施设备负责人员、后勤维保人员等。因生物安全实验室操作的对象是病原微生物,直接关系到人或动物健康甚至生命安危,所以必须具备比其他行业更高的职业道德标准,如热爱专业、不牟私利、严肃认真、耐心细致、实事求是、团结互助以及奉献精神。生物安全实验室设置不同工作岗位,且不同岗位对人员能力有相应的要求,为保障实验室生物安全管理体系的有效运行,所有工作人员都必须具备基本素质和能力:①具备良好的职业素养(包括职业道德、职业技能、职业行为、职业作风、职业意识);②应熟悉和了解国家生物安全法律法规、政策和标准等,并遵守单位相应的规章制度;③具有基本职业知识和技能(即相关专业知识、实验技能);④具有较高的执行力,执行力是每个生物安全实验室人员必须修炼的能力;⑤具有应对突发事件的应急能力;⑥高等级生物安全实验室所有人员应具备正确的价值观,涉密人员应经过相应的保密要求培训,并签订保密协议。

6.2.1 生物安全实验室管理人员的职责和能力要求

生物安全实验室管理人员包括实验室设立单位法定代表人、主管生物安全相关的部门主管及实验室主任等(根据各单位实验室岗位的设置而定)。实验室管理人员的主要职责是保障实验室的正常安全运行,以及在保证生物安全的前提下完成实验活动或项目。除具备上述所有实验室工作人员应当具备的基本素质和能力外，生物安全实验室管理人员还应具备管理者所需要的能力，包括决断力、管控力、执行力、组织力、预见力、带动力和掌控力。因此，作为生物安全实验室的管理者必须具备较高的专业能力和职业素养，能够全身心付出，对实验室相关工作的指挥、计划、安排、督导、协调等具有一定把控度，使生物安全管理秩序与员工工作状态达到最佳平衡。

生物安全实验室的管理者应该具备的能力：①了解国家生物安全管理机制，并熟悉不同业务类型归口管辖的政府部门及业务办理流程；②全面了解本单位的实验室生物安全管理组织机制，了解关键岗位的设置及关键岗位职责代理情况；③熟悉本单位的实验室生物安全管理体系，并参与管理体系文件的制定和修订；④熟悉实验室生物安全管理要素、风险点、防控措施，深刻认知各自岗位的职责和权力；⑤具有与上下级良好的沟通能力。

《中华人民共和国生物安全法》要求“病原微生物实验室设立单位的法定代表人和实验室负责人对实验室的生物安全负责”（第四十八条）。作为生物安全实验室设立单位的法定代表人应负责实验室生物安全管理，在人力、设施设备等方面予以保障和协调，负责实验室能力建设，制定科学、严格的管理制度和管理体系文件，定期对有关生物安全规定的落实情况进行检查，并对实验室设施、设备、材料等进行检查、维护和更新，提出年度工作目标和计划，及时解决实验室重大生物安全问题并作出决策，确保其符合国家标准。

实验室负责人主要职责：制定实验室人员的专业技术和安全培训计划并组织实施；负责实验环境与设施的正常运行；参与实验室能力建设；根据实验室的组织机构设置和岗位关系，组织制订各类人员的培训计划并实施；组织开展实验室内审和管理评审，负责识别实验室生物安全风险，并制定相应的风险防控措施；参与制定和掌握生物安全实验室应急预案和应急演练，并掌握意外事件 / 事故的应急处置流程、标准操作规程和程序（standard operating practices and procedures，SOP）及逃生路线等。

6.2.2 生物安全实验室实验操作人员的能力要求

1. 病原微生物的基本知识和实验技能

生物安全实验室操作人员的管理重点应落在专业背景、岗前培训及实验活动操作的规范性等关键环节。实验人员应熟悉病原微生物学相关的专业基础知识并掌握相关实验技能（具有微生物实验工作或医学、生物学实验工作经历）；熟悉实验室基本仪器操作并掌握开展研究或操作所需仪器的操作规程；具有对实验流程的管理能力，能够如实、详细记录所有实验过程及实验数据。

生物安全实验室操作人员的要求：①熟悉国家生物安全相关法律、法规、文件和标准；②身心健康并接受必要的免疫防范措施；③掌握实验操作相关技术，接受过病原微生物专业技能培训并经考核合格；④经过实验室生物安全或特定专业（如实验动物、压力容器等）的培训，能熟练掌握生物安全操作和防护技能，考核合格取得培训合格证；⑤了解从事病原体实验活动的风险，自愿填写《知情同意书》，自愿进入生物安全实验室开展相关工作；⑥掌握实验室常用消毒措施和技术，如化学消毒剂的性能和配制方法、紫外灯的使用和检测、高压蒸汽灭菌器的使用规程和验证要求、生物安全柜的验证等；⑦具有良好的依从性，熟悉并掌握实验室规章制度和操作规程，服从实验室安全负责人的管理，如从事高致病性病原微生物实验研究，经实验室主任审批同意后方可进入实验室开展相关研究项目。

2. 病原实验操作中生物安全的基本要求

实验操作人员应根据操作病原的危害程度分类和实验活动确定所用实验室的生物安全防护等级（设施设备或仪器），针对病原体实验操作进行生物安全风险评估。根据风险评估结果确认在相应等级的生物安全实验室开展实验活动，以及合理选用个人防护装备；制定相应的SOP和生物风险防控措施；确定消毒方案、污染废物处置方式，以及意外事故发生的应急处置预案。

3. 良好的病原微生物操作规范

实验室必须掌握良好的病原微生物操作规范（good microbiological practice and procedure，GMPP）。GMPP是风险控制措施最为核心的内容，可以避免操作失误（如不适当的实验技术、实验仪器使用不当等）而造成人员伤害和实验室获得性感染。GMPP是一整套适用于实验室生物实验活动操作的工作守则（包括日常行为规范、标准化或最佳工作程序和技术程序），从而防止实验人员和实验室周围环境的获得性感染，并保护实验对象。

实验室操作人员必须接受GMPP培训并熟练掌握，以确保实验室生物安全。GMPP在实验室控制生物风险中至关重要，包括平时实验操作的良好习惯、实验室的内务管理等，主要内容为：①不在实验区内储存食物、饮料或个人物品；②不可在实验区内进食、饮水、吸烟或化妆等；③实验室内避免嘴接触铅笔等实验材料；④保证实验区域整洁、干净，无非必要物品和材料。⑤手被污染或实验结束后，用肥皂彻底洗手；⑥避免皮肤破损处的暴露；⑦实验前做好准备工作，确保有足够试验试剂和耗材、个人防护用品和消毒剂，以及实验所用仪器设备等；⑧确保实验用品按照要求安全储存；⑨确保易燃易爆物品的安全放置及使用；⑩减少泄漏、绊倒和跌倒等事故或事件；⑪标记所有试验用试剂和材料（生物因子、化学和放射性材料）；⑫防止书面文件污染；⑬确保工作有条不紊地进行；避免在疲劳时工作；⑭实验时禁止使用耳机，以免分散注意力或听不到设备或设施的警报；⑮避免使用便携式电子设备（如移动电话、平板电脑、笔记本电脑、闪存驱动器、记忆棒、相机或其他便携式设备等），当实验室程序没有特别要求时，将便携式电子设备放在不易损坏的地方，防止被污染，如果此类设备不可避免地接近生物因子，应确保设备在离开实验室之前受到物理屏障的保护或消毒处理。

4. 实验活动中重要环节的生物安全风险识别和风险控制

实验人员应具备识别实验操作过程中生物安全风险环节，并具备防控相应风险的能力。表6-1列出了病原体实验操作常见的风险环节及防控措施。

表6-1　病原体实验操作常见的风险环节及防控措施

关键风险环节	风险控制	具体控制措施
气溶胶的产生	减少气溶胶的产生	不可用移液器反复吹吸液体混合 不可将液体从移液管中用力吹出 使用旋涡混匀仪时，试管要先盖紧，短暂离心后，再打开管盖 避免接种环在开放性火焰加热，以避免接种环上的感染性物质飞溅 操作时佩戴口罩
摄入、接触皮肤和眼睛	适当的个人防护及操作	在处理已知或未知样本时，始终佩戴一次性手套 一次性手套不得重复使用 避免戴手套的手接触面部 使用后，按无菌要求摘除手套，并按照要求洗手 在可能发生液体飞溅的操作过程中（如在混合消毒液的过程中），应保护口腔、眼睛和面部 扎紧和固定头发，防止污染 用合适的敷料覆盖破损的皮肤 禁止用嘴吸移液管
意外（经血）接种	尽量减少锐器的使用，使用过的锐器放入锐器盒	尽可能用塑料制品替换玻璃器皿。如果需要使用玻璃器材时，应定期检查其完好性 如需用剪刀时，使用钝头或圆头剪刀，而不是尖头剪刀 使用安瓿开瓶器打开安瓿 尽可能地不使用针头，如需使用时，不可从注射器取下针头、重新戴护套 使用后的刀片、针头或碎玻璃等锐器物品应放在配有密封盖的锐器盒中 锐器盒为一次性，装至3/4，高压灭菌后作为医疗废物处置
感染生物因子扩散	实验废弃物的处置和消毒	实验废弃的样本或培养液应放在塑料容器中，并做好标记；及时消毒灭菌 打开废液容器时，注意消毒 实验结束时，消毒工作台面 确保消毒剂的有效性及消毒时间 实验污染废弃物应高压灭菌处置

6.3 生物安全实验室运行保障人员的能力要求

6.3.1 实验室设施设备管理人员的能力要求

生物安全实验室设施设备管理员除满足生物安全实验室工作人员的基本要求和熟悉国家关于生物安全相关法律、法规、文件和标准外，还应具备以下能力：①熟悉实验室设施设备、各类运行系统的基本结构、功能与工作原理；②掌握系统、设施设备的标准操作规程；③熟悉重要元件性能指标，具有分析和判断常见故障及进行日常维护的能力；④熟悉实验室设施设备、系统的消毒灭菌方案；⑤了解实验室开展的病原实验活动，掌握实验活动与设施设备的生物风险关联；⑥掌握设施设备和系统维护和维修时需穿戴的个人防护；⑦熟悉并掌握实验室规章制度和标准操作规程，服从实验室安全负责人的管理；⑧具有设施设备及系统发生故障应急处置的能力；⑨具有与其他设施设备维护、维修人员良好的沟通能力。

6.3.2 实验室维护人员的能力要求

实验室的运行维护工程技术人员应了解实验室从事相关病原致病危害程度、生物安全规定及相应的防护要求；熟悉实验室的设施、设备常见故障及解决方案；熟悉实验室工况及实验室运行保障和维护的要素；具有相应的生物安全意识并具有与实验室人员互动交流的能力。

工程技术人员经生物安全培训后，在实验室工作人员的带领和监督下，进行实验室的维护和维修等。

6.3.3 生物安保人员的能力要求

生物安保是防止感染性生物因子被盗窃、滥用、遗失而采取的措施。实验室生物安全人员承担防止感染性生物因子扩散的风险和责任。因此，要求高等级生物安全实验室生物安保人员应通过政治审查，具备正确的社会主义核心价值观、一定的政治觉悟和良好的职业操守。生物安保人员应了解生物安全是国家安全重要组成部分的内涵和要求。涉及保密工作者，要经过相应的保密要求培训，并签订保密协议。

生物安保人员必须具有责任心；了解实验室的工作性质、开展研究的病原特性及安保要求；坚持原则并具有沟通能力。

6.4 生物安全实验室人员培训及能力提升

6.4.1 实验室人员的培训

实验室人员的能力直接关系到生物安全实验室的技术水平和发展潜力，为提高实验室人员的生物安全意识和生物安全防范能力，防止实验室获得性感染的发生，实验室人员除了在入职时具有一定资质和履历外，入职后为了其能力与从事工作岗位相匹配，均需要进行培训。上岗后，为了保证实验室人员（包括管理人员、实验技术人员、维保人员、安保人员及后勤人员）能力水平的不断提升，培训是有效途径之一（可称为继续教育）。因此生物安全实验室人员的培训可分为入职前（或上岗前）培训和入职后（继续教育）培训。生物安全实验室的继续教育是提升实验室人员素质和能力，从而提升生物安全实验室的管理水平和服务能力的重要环节。《病原微生物实验室生物安全管理条例》（2018 修订）第三十四条规定："实验室或者实验室的设立单位应当每年定期对工作人员进行培训，保证其掌握实验室技术规范、操作规程、生物安全防护知识和实际操作技能，并进行考核。工作人员经考核合格的，方可上岗。从事高致病性病原微生物相关实验活动的实验室，应当每半年将培训、考核其工作人员的情况和实验室运行情况向省、自治区、直辖市人民政府卫生主管部门或者兽医主管部门报告。"因此实验室人员在取得相应上岗资格上后，仍需定期或不定期地接受生物安全培训和专业培训，从而自觉遵守生物安全规章制度和操作规程，并能结合实际工作提出改进意见。

1. 培训对象

（1）培训对象：生物安全培训（入职前培训或入职后继续教育）的对象应涵盖生物安全实验室的全体工作人员，包括实验室管理人员、需进入实验室进行实验活动的研究人员、设施设备的维护和维修人员、菌（毒）种及感染性样本转运人员、清洁后勤人员和安保人员等。可根据不同岗位要求，制定不同培训内容和培训方案。

（2）培训目的：生物安全培训的目的是保证所有实验室相关人员具有相应的工作能力，其能力与实验室的生物风险相匹配，保证实验室的安全运行，并在其基础之上提升生物安全实验室的管理水平和服务能力。

2. 培训规划

生物安全培训计划的制订：培训要求应与实验室生物风险匹配，在制订培训计划时，实验室负责人应理解并非所有岗位的生物安全要求都相同。因此，实验室管理人员应根据实验室风险评估结果及岗位设置要求，制订具有针对性、符合实际需求和不同岗位的培训计划（包括年度计划和针对性培训方案），包括培训目标、培训内容和人数［理论和（或）实际操作］、实验室人员每年进行 2 次以上的继续培训（参加本单位 / 实验室或外出培训）、培训效果的评价、提出培训效果考核的要求。

生物安全培训方法：可采用线上和线下的教学模式，理论教学及实际操作带教的方式。理论培训方式包括专题讲座、计算机辅助教学、交互式影像；实际操作带教方式包括示范式演示、模拟演练（如模拟实验室）、实习等带教方式。

在制订培训方案时，应考虑培训对象的差异，可通过调整培训方式提高受培训者的接受能力，如直观的"手把手"的教学演练方式、文字材料学习，或交互式影像学习等。对于新员工除岗前理论培训外，上岗后应由有经验的技术负责人或员工带教一段时间，以熟悉工作程序和规则。总之，在制订生物安全培训规划时，要了解成人教育的基本原则。

3. 培训师资要求

培训师资是保证培训效果的关键，因此生物安全培训师不仅应具有丰富的实践经验，还需要具有相应的理论知识。作为生物安全培训的师资应具有一定的教学经验并经过相应的培训，了解教育学的基本原则，以保证培训质量。

实验室可根据培训计划和内容，选用相应的培训师资，但培训教师除上述提出作为培训教师应具备的基本素质外，还需具备下列条件之一（结合培训内容选择）：①从事病原微生物研究的专家或教授，从事动物实验的需经过实验动物学或兽医学的培训；②具有实验室工作经验的实验技术人员；

③从事多年病原微生物研究和检验专业的高级实验人员；④熟悉机械、电器、暖通、自动化控制系统的高级工程师；⑤通过国家级生物安全培训及相关培训或生物安全师资班的培训。

4. 培训内容

生物安全培训的基本要求是：通过培训使实验室人员掌握所从事的病原微生物的危害程度，采取生物安全防护的必要性，以及实施的具体生物安全防范措施的基本原理。培训内容可分为理论培训和实际操作技能培训。

（1）理论培训内容：应涵盖生物安全实验室管理体系的全部要素，包括国家生物安全管理相关的法律法规、国家标准及主管部门特定审查程序、本单位/实验室的生物安全管理体系、所研究/操作的病原特性及生物危害程度及所致传染病的防治、病原微生物实验活动的操作程序、感染实验动物的要求（动物福利和动物管理）、实验室设施设备的性能和操作程序、个人防护要点、有害废弃物的处置（消毒灭菌）和清除污染的方法、实验室的消防、化学和放射等安全、生物安保要求，并在了解生物安全知识之后在意外事故发生时能够及时采用相关处理程序积极应对（应急事件处置能力的培训及演练）。通过培训相关岗位的人员，使其了解自身在实验室生物安全管理中的角色和责任。

（2）实验操作培训内容：应包括实验人员和物料进出实验室程序和操作要点、病原微生物操作技术、动物实验的操作、实验室生物安全设备设施使用及维护、实验室清场和终末消毒、实验活动结束后的清场和消毒、实验室意外事故应急处置等。通常应由熟悉相关工作和要求的人员进行带教（理论课+实践课）或模拟实验（有条件情况下，高等级致病性病原微生物可先在模拟实验室进行，然后进入高等级实验室进行模拟操作），从而为学员提供与实际工作条件相类似的实践机会，后续可将所学技能应用到实际工作中。

（3）实验操作人员的培训：人为失误和不规范操作会极大地影响所采取的安全措施对实验室人员的防护效果。因此，除上述理论培训内容外，对实验操作人员培训的重点在于培养实验操作人员的安全意识，使其具有识别与控制生物危害关键环节（即风险评估）、采取防范措施预防实验室获得性感染和事故的发生的能力。如在实验操作中如何防范气溶胶的产生，如何防锐器的扎伤或刺伤，在动物实验中如何防被咬伤、抓伤或防动物的逃逸，感染性材料的消毒和处置，消毒剂的选用、配制和使用注意事项，特殊仪器设备使用（高压蒸汽灭菌器、生物安全柜、隔离器、离心机等），生物样本的运输（实验室内、外），应急处置，以及实验室运行记录和实验记录的规范化等。

（4）动物实验操作人员的培训：实验动物操作人员的专业素质、操作理念、动物实验过程中的操作技术等将直接影响到实验结果的准确性和可靠性，且动物的不可控性也会增加生物安全风险。因此，动物实验人员除上述理论培训和实验操作人员的内容外，应加强有关实验的动物操作规范理论培训和实际操作培训，包括实验动物的基本要求（动物伦理、动物福利和科学地选用/使用动物模型）、实验动物的病原微生物的识别和防治、动物实验感染的微生物防护水平、动物实验操作技术规范（饲养、抓取、标记、给药等技能）以及动物饲养的要求和操作规程、感染动物的实验操作、动物实验所需的设施设备要求（如动物笼具、隔离器、解剖隔离器）及相应的操作规程、动物实验操作所需的医学监护和免疫要求、防止被动物咬伤、抓伤或动物逃逸等应急措施。在动物生物安全实验室内，动物感染实验开始前，进行模拟演练，掌握生物安全实验室内正确的动物实验操作方法和意外事故处理方法。

（5）实验室管理人员的培训：管理人员是实验室生物安全管理体系运行中的关键因素，管理人员应确保将生物安全防控措施与实验室操作及程序有机融合，并保证实验室生物安全管理体系的有效性。实验室管理人员培训内容，除上述理论培训和实验操作人员的内容外，其培训重点应在于熟悉和了解生物安全管理体系的有效运行在实验室生物安全中的重要性，包括生物安全委员会的职能、生物安全实验室实验动物管理与使用委员会的职能、项目负责人职能、保障设施和基本安全后勤设施、安全审核与检查，需检查事项、对意外事故的评价及应急预案的制定和执行。

（6）实验室后勤保障人员的培训：不同单位对于实验室保障人员的岗位设置有所不同。一般情况下，保障人员包括实验用品提供人员、实验室辅助工作区工作人员、设备维修人员以及其他人员。保障人员除参加理论培训外，还需要培训实验室开展实验活动微生物的特性、在实验室需要进行的工作内容、如何避免在实验室工作过程的污染、采用何种消毒剂进行消毒、在什么样的情况下方可进行设施设备的维护和维修。

持续进行岗位安全教育对于维持实验室工作人员和后勤保障人员的安全意识是非常重要的。

6.4.2 培训考核和培训效果评估

1. 考核形式

采用书面和技能操作的方式进行考试、考核，对培训效果进行评估，并确保每个员工能对培训内容有充分的理解，合格后发合格证，持证上岗。

2. 培训效果的评估

培训效果评估有助于判断培训是否达到预期效果。培训效果评估的方式可包括针对培训对象的考核或评议，以及观察其在培训后工作中的行为改变等。

由于目前尚无明确生物安全培训效果的衡量标准，通常仅以比较受培训者与未经培训者在知识（或能力）等方面的差异，测试受培训者对所授课内容的理解度、掌握度和实际应用程度等未进行培训效果的评价。根据培训效果的评估，可确定和了解后续相关培训的内容、所需时间、培训方法或更换教师等。

3. 培训档案的保存

所有实验室人员经过生物安全培训后，应有文字性材料的证明，并入档长期保存。实验室管理部门在制订有效的安全计划时，应该保证将安全操作规程贯穿于实验人员的基本训练。

实验室应建立培训档案，记录被培训者的培训经历，其中包括培训内容、培训时间、培训教师、考核和培训效果等。

6.5 实验室人员的统筹管理

实验室人员管理的目的是避免操作感染性材料时造成人员感染、环境污染及造成其他次生社会危害等。生物安全管理体系的有效运行需要人去执行，因此，实验室人员的综合素质和能力体现了实验室的综合能力，是实验室生物安全的重要保障。实验室的安全运转取决于是否具有一支安全意识强、专业能力强的人才队伍。按岗位分工不同，实验室人员一般可分为管理人员、实验操作人员、设施设备管理人员、文档管理人员以及后勤保障人员（具体岗位设置及分工可在保证生物安全管理体系有效运行的情况下有所调整，也可一职多岗）。作为生物安全实验室的管理者应考虑的人员管理要素包括但不限于：①岗位设置的科学性、实效性、长远性，需综合实验室现状和未来发展进行人员岗位设置；②需明确岗位要求和职责，做好人员能力评估和上岗培训；③人员组织管理，做好规划，明确人员分工和实施计划，在实施中进行人员的协调，让员工充分发挥自己的潜能；④监督管理，按照所制定计划和原则，对工作进行监督；⑤实验室管理层应针对不同的管理对象，采用相应的管理手段，以保障实验室生物安全管理体系的有效运行。对实验室不同岗位人员能力有相应的要求，以保证其能力可持续地与工作岗位的需求相匹配；应建立覆盖所有岗位人员的培训制度，进行实验室人员能力的建设，从而提升实验室生物安全管理的水平。

参考文献

[1] 吕京, 陆兵, 王君玮, 等. 生物安全实验室认可与管理基础知识 生物安全三级实验室标准化管理指南[M]北京: 中国标准出版社, 2012.
[2] 武桂珍, 王建伟.实验室生物安全手册[M].北京: 人民卫生出版社, 2020: 184-187.
[3] 中华人民共和国国务院. 病原微生物实验室生物安全管理条例[Z]. 北京, 2004.
[4] 中华人民共和国生物安全法 中华人民共和国主席令(第五十六号)[Z]. 北京, 2020.
[5] 中华人民共和国卫生部. 微生物和生物医学实验室生物安全通用准则: WS 233—2017[S].2017.
[6] WORLD HEALTH ORGANIZATION. Laboratory biosafety manual[M], 4th ed. 2020.

第7章

实验室生物安全硬件设施能力建设

7.1 设施设计

实验室生物安全硬件设施是指专门从事有生物安全风险的微生物或动物的实验或生产活动所需的建筑物及其配套公用工程。生物安全设施包含防护区及非防护区（配套辅助用房）。其中防护区是指生物风险相对较大的物理分隔区域，需要对其平面布局、围护结构严密性、房间气流组织、三废（排气、排水和固体废弃物）处理，以及人员进出、个体防护等进行控制的区域。辅助工作区是指生物风险相对较小的区域，基本为生物安全实验室中防护区以外的区域。生物安全硬件设施必须与实验室或生产车间所涉及活动的生物安全等级相适应，是开展生物安全活动的基础硬件条件。生物安全硬件设施应主要包括（不限于）项目选址及总体规划、建筑单体、道路、绿化、围护结构、实验室或生产车间的附属公用设施（如空气净化系统、动力配电系统、照明系统、弱电自控系统、给排水系统、动力气体系统等）、消防设施、洗涤与卫生设施、生物安全关键防护设施等系统。

生物安全硬件设施的设计应贯彻国家有关方针政策，确保设计质量，达到安全可靠、节能环保、技术先进、经济适用等要求，满足不同级别和类别设施的使用功能，符合相应生物安全防护等级要求，为施工安装、调试检测、系统设施验证、运行维护创造条件。除应符合《中华人民共和国生物安全法》《生物安全实验室建筑技术规范》（GB 50346—2011，以下简称《实验室规范》）、《实验室生物安全通用要求》（GB 19489—2008，以下简称《实验室要求》）外，还应符合国家现行其他有关标准的规定。

7.1.1 硬件设施的分级和分类

1. 设施的分级

根据我国相关规范和标准的规定，实验室所处理对象的生物危害程度和采取的防护措施，我国生物安全实验室分为四级，微生物实验室可分别采用 BSL-1 ~ 4 表示，动物生物安全实验室可采用 ABSL-1 ~ 4 表示。其中一级防护水平最低，四级防护水平最高。我国生物安全实验室的分级如下。（表 7-1）

表7-1 我国生物安全实验室的分级

分级	生物危害程度	操作对象（实验室规范）	操作对象（实验室要求）
一级	低个体危害，低群体危害	对人体、动植物或环境危害较低，不具有对健康成人、动植物致病的致病因子	操作在通常情况下不会引起人类或动物疾病的微生物
二级	中等个体危害，有限群体危害	对人体、动植物或环境具有中等危害或具有潜在危险的致病因子，对健康成人、动物和环境不会造成严重危害；有有效的预防和治疗措施	操作能够引起人类或者动物疾病，但一般情况下对人、动物和环境不构成严重危害，传播风险有限，实验室感染后很少引起严重疾病，并且具备有效治疗和预防措施的微生物
三级	高个体危害，低群体危害	对人体、动植物或环境具有高度危害性，通过直接接触或气溶胶使人传染上严重的甚至是致命疾病，或对动植物和环境具有高度危害的致病因子；通常有预防和治疗措施	操作能够引起人类或者动物严重疾病，比较容易直接或者间接在人与人、动物与人、动物与动物间传播的微生物
四级	高个体危害，高群体危害	对人体、动植物或环境具有高度危害性，通过气溶胶途径传播或传播途径不明，或未知的、高度危险的致病因子；没有预防和治疗措施	操作能够引起人类或者动物非常严重疾病的微生物，以及我国尚未发现或者已经宣布消灭的微生物

目前我国适用于大规模高级别生物安全生产车间建设的标准分别为 2017 年发布的以口蹄疫全病毒灭活疫苗生产为代表的《兽用疫苗生产企业生物安全三级防护标准》（农业农村部第 2573 公告，以下简称“三级防护标准”）和 2020 年发布的以新冠病毒灭活疫苗生产为代表的《疫苗生产车间生物安全通用要求》（卫办科教函〔2020〕483 号，以下简称“车间通用要求”）。三级防护标准在生物安全等级上参照了实验室划分方式，但标准仅明确了设施“三级防护”的要求，暂未对其他生物安全级别做出规定；而车间通用要求将人用疫苗生产车间划分为高生物安全风险和低生物安全风险两个等级,且主要以高生物安全风险车间规定为主。实践中“三级防护车间”和“高生物安全风险车间”均可理解为高级别生物安全生产车间（以下简称“高风险车间”），相应两个标准也均特别针对大规模工业化生产车间的生物安全风险特点，结合人（兽）用《药品生产质量管理规范》（GMP）相关法规要求，对高风险车间的设施要求进行了相关规定。

2. 设施的分类

目前我国两个现行国家标准《生物安全实验室建筑技术规范》和《实验室生物安全通用要求》均分别对实验室分类进行了相应的描述和规定，互有对应。

根据实验室规范规定，生物安全实验室根据所操作的致病性生物因子的传播途径，可分为操作非经空气传播生物因子的 a 类实验室和操作经空气传播生物因子的 b 类实验室。其中 a 类型实验室（相当于实验室要求中 4.4.1 规定的类型），b 类实验室分为可有效利用安全隔离装置操作的 b1

类实验室（相当于实验室要求中 4.4.2 规定的类型）和不能有效利用安全隔离装置操作的 b2 类实验室（相当于实验室要求中 4.4.3 规定的类型）。实验室要求中 4.4.4 类型为使用生命支持系统的正压服操作常规量经空气传播致病性生物因子的四级生物安全实验室，在 b1 类或 b2 类型实验室中均有可能使用到，可分为使用ⅲ级生物安全柜操作的安全柜型四级实验室和使用具有生命支持系统的正压服型四级实验室。我国高等级生物安全实验室分类及要求见表 7-2。

表7-2　我国高等级生物安全实验室分类及要求

实验室级别	实验室分类		分类要求	备注
	GB 50346	GB 19489		
BSL-3	a	4.4.1	操作通常认为非经空气传播致病性生物因子的实验室	如操作 HIV 的生物安全实验室
（A）BSL-3	b1	4.4.2	可有效利用安全隔离装置（如生物安全柜）操作常规量经空气传播致病性生物因子的实验室	细胞级微生物实验室主要活动在生物安全柜内完成；以啮齿类动物为代表的小动物被饲养在 IVC 或气密性动物隔离器内；生物安全柜、IVC 及动物隔离器等均为一级屏障，能有效隔离经空气传播致病性生物因子在实验室活动中的传播，因此对实验室人员 PPE 及围护结构严密性的要求可适当降低
（A）BSL-3	b2	4.4.3	不能有效利用安全隔离装置操作常规量经空气传播致病性生物因子的实验室	为便于实验人员操作，中型动物（如非人灵长类等）及大型经济动物（如猪、牛、羊等）生物安全实验室内多采用非气密型（即半开放式）笼架或落地散养；由于实验动物处于非密闭空间，动物饲养与实验活动存在生物因子气溶胶的扩散与暴露，房间应基于对实验活动的风险评估合理确定操作人员的 PPE，实验室围护结构气密性应符合实验室通用要求中恒压法测试标准
（A）BSL-4	b1	4.4.4	生物安全柜型	使用Ⅲ级生物安全柜操作的生物安全实验室
	b1/b2		正压服型	使用具有生命支持系统的正压服操作的生物安全实验室，实验室围护结构气密性应符合实验室通用要求中衰减法测试标准

近年来，尤其是新冠病毒感染疫情暴发以来，用于疫苗研发及工艺放大研究的操作超常规量的大规模经空气传播致病性生物因子实验室甚至是生产车间开始大量涌现，其防护要求应充分考虑大规模培养、操作、存储、转运等各项实验活动过程中，应对生物反应器大规模泄漏、罐类设备尾气排放、活毒废水除处理等环节的风险评估做充足考虑。

所谓“大规模”，顾名思义，指操作或生产（如培养、灭活等）活生物因子的体量大于实验室操作的常规量，目前世界范围内尚无统一的界定标准。BMBL-6 中规定单个容器处理量超过 10 L 即为“大规模”；加拿大《生物安全手册》规定单个容器处理量，或多个容器的总处理量大于等于 10 L 的，都算“大规模”，同时提出实验室量级和“大规模”量级的“临界值”可通过与加拿大公共卫生署及加拿大食品检验局协商确定；英国标准则认为如何评价规模大小不应根据操作数量，而是工作意图；我国实验室标准未对“大规模”进行规定，在实验室要求第 4.4.5 中指出，操作超常规量或从事特殊活动的专门实验室，其生物安全防护要求应根据风险评估确定，适用时，应经过相关主管部门的批准。

由于我国商业化灭活疫苗生产车间内多采用大容量生物反应器开展大规模全病毒培养活动，如通过 Vero 细胞利用球形微载体培养新冠病毒的单个生物反应器容量可达 1200 L，又如通过 BHK-21 细胞全悬浮培养口蹄疫病毒的单个生物反应器容量甚至可达 6000 L。因此，我国相关车间生产活动属于典型的“大规模”范畴。

与实验室比较而言，大规模工业化生产车间具有布局复杂、空间高大、生物因子体量大、浓度高、生产操作流程复杂和工艺设备繁多等特点，其设计、建造及运行均应结合车间生产特点进行科学有效的风险评估。这些用于大规模生产的高风险车间，对致病性生物因子的操作活动均在隔离器、生物安全柜、生物反应器及其密闭管道等一级屏障中，因此其围护结构严密性可参照 4.4.2 类实验室标准要求进行规定。

7.1.2 硬件设施的设计依据和建设指标要求

1. 国内外建设标准情况

欧美发达国家生物安全实验室体系，对我国生物安全设施标准的建设和发展起到引领和推动的作用。国际上较具有代表性的标准、规范和指南有美国 BMBL-6、美国农科院《ARS. Facilities Design Standards》(以下简称“ARS”)、加拿大第 2 版《加拿大生物安全标准》(以下简称“CBS-2”)、《加拿大生物安全手册》(以下简称“CBH”)、《加拿大生物安全标准与指南》(以下简称“CBSG”)，澳大利亚和新西兰的 AS-NZS2243.3《Safety in laboratories–Part3：Microbiological safety and containment》(以下简称“AS/NZS2243.3”)及 WHO 的第 4 版《实验室生物安全手册》(以下简称“LBM-4”)等。其中美国 BMBL 和 WHO 的 LBM 是实验室生物安全领域公认的通用性指南和原则，在国际生物安全领域起到了引领作用。尤其自 2019 年新冠病毒感染疫情暴发以来，BMBL 和 WHO 手册陆续进行了更新，新标准更加注重生物安全文化，对硬件设施也有了更加详尽的规定。值得一提的是，新版 LBM-4 取消了生物安全等级，以第 3 版中的风险评估框架为基础，强调风险评估的重要性。尽管如此，新版本还是给出了核心要求（core requirements）、加强型控制要求（heightened control measures）及最高防护措施（maximum containment measures）三个层级的要求，其中最高防护措施基本应对了安全柜型和正压服型两种四级生物安全实验相关要求，并提出最高防护措施生物安全实验室防护区可回风，但回风必须经两道高效空气过滤器过滤，且仅能循环至本房间。

国外大规模高级别生物安全生产车间发展较早，美国在 1955 年便由 Salk 开展了采用自然野毒株的脊髓灰质炎灭活疫苗生产，欧洲于 1997 年发布了《大规模生物因子生产车间危害等级》(BSEN1620)标准，其中对通风处置措施做了适当要求，在 2009 年前已形成了以口蹄疫灭活疫苗等为代表的大规模动物高级别生物安全生产车间体系。2014—2018 年比利时、荷兰和法国等国家陆续建成具有一定生物安全级别的、符合 Global Action Plan for Poliovirus Containment（GAPIII）标准的脊灰疫苗生产车间。

标准方面，加拿大标准 CBS-2 和美国 BMBL-6 中虽有对大规模培养的相关描述，但并未给出相对具体、明确的指标要求。欧洲 BSEN1620 中仅对车间设施提出绝对负压空调系统、排风设高效、高效可检漏和安全更换等定性要求。另具代表性的欧洲口蹄疫（FMD）设施最低标准（以下简称“EuFMD”）中，对大规模口蹄疫疫苗生产车间规定了绝对负压机械通风系统、系统可回风（仅能回到原区域，且回风设高效）、排风须经过两级高效过滤等要求。

经过多年的摸索与发展，我国高级别生物安全实验室体系建设已初具规模，逐步形成了一套相对独立、完整的实验室生物安全建设标准体系，目前我国主要用于高级别生物安全实验室建设相关指标的国家标准分别为实验室规范、实验室要求及《移动式实验室生物安全要求》（GB 27421—2015，以下简称“移动实验室要求”）等，几个标准相辅相成，在建设指标上理念一致，均对设施设备相关内容做出相关规定。与此同时，行业标准《实验室设备生物安全性能评价技术规范》（RB/T 199—2015，以下简称“设备评价规范”）、《排风高效过滤装置》（JG/T 497—2016）及《Ⅱ级生物安全柜》（YY 0569—2011）等，分别对生物安全关键防护设备如生物安全柜、隔离器、独立通风笼具（IVC）、排风高效过滤装置、生命支持系统、化学淋浴装置、活毒废水处理系统、动物残体处理装置、高压蒸汽灭菌设备、传递窗等生物安全关键防护设备的技术要求、评价方式及标准进行了规定。另外，认证认可行业标准《生物安全实验室运行维护评价指南》也对高级别生物安全实验室相关设施设备的运维要求及其评价做出规定。2021 年 4 月 15 日，我国《中华人民共和国生物安全法》（以下简称《生物安全法》）的实施，更加进一步提升了我国生物安全建设标准化、规范化、法治化的进程。

我国大规模高级别生物安全生产车间发展较晚，但发展速度较快，2017 年建成的中农威特生物科技股份有限公司口蹄疫灭活疫苗生产车间是我国第一个真正意义上的大规模动物高级别生物安全生产车间，截至 2022 年我国已完成 19 个动物疫苗生产车间建设，积累了大量的设计经验。2020 年开始的新冠病毒灭活疫苗生产车间设计和建设，使我国大规模高级别生物安全生产车间设计和实施积累了大量工程实践经验，部分设计理念和方式处于领先状态，为国家新冠病毒感染疫情的防控提供了坚实的基础。

除上述相关生物安全类标准外，作为实验室甚至是工业厂房设施建设项目，高生物安全风险设施在实施过程中还应符合或参照相关工程建设类、防火类标准及相关行业法规要求，如《医药工业洁净厂房设计标准》（GB 50457—2019，以下简称“厂房标准”）、《兽药工业洁净厂房设计标准》（T/CECS 805—2020，以下简称“兽药厂房标准”）、《建筑设计防火规范》（GB 50016—2014，以下简称“防火规范”）及《建筑防烟排烟系统技术标准》（GB 51251—2017，以下简称“防排烟标准”）等建设、防火类规范标准中的相关要求。

2. 硬件设施关键技术指标

通常，生物安全实验室由一级屏障和二级屏障构成。一级屏障为操作者和被操作对象之间的隔离，也称一级隔离，生物安全柜、独立通风笼具（individually ventilated cage，IVC）、隔离器等均为典型的一级屏障。二级屏障为生物安全实验室和外部环境的隔离，也称二级隔离。主要指由实验室防护区围护结构组成的物理屏障，通过屏障防护，达到生物安全要求。

二级生物安全实验室宜实施一级屏障和二级屏障，三级、四级生物安全实验室应实施一级屏障和二级屏障。实验室规范规定的各级别生物安全实验室核心工作间及三级、四级生物安全实验室工作间以外其他房间二级屏障的主要技术指标见表 7-3 和表 7-4。

表7-3 生物安全实验室核心工作间二级屏障的主要技术指标

级别	相对于大气的最小负压 Pa	与室外方向上相邻相通房间的最小负压差(Pa)	洁净度级别	最小换气次数(次/h)	温度(℃)	相对湿度(%)	噪声 dB(A)	平均照度(lx)	围护结构严密性(包括主实验室及相邻缓冲间)
BSL-1/ABSL-1				可开窗	18 ~ 28	<70	<60	200	
BSL-2/ABSL-2 中的 A 类和 B1 类				可开窗	18 ~ 27	30 ~ 70	<60	300	
ABSL-2 中的 B2 类	-30	-10	8	12	18 ~ 27	30 ~ 70	<60	300	
BSL-3 中的 A 类	-30	-10							
BSL-3 中的 B1 类	-40	-15							所有缝隙应无可见泄漏
ABSL-3 的 A 类和 B1 类	-60	-15							
ABSL-3 中的 B2 类	-80	-25	7 或 8	15 或 12	18 ~ 25	30 ~ 70	<60	300	房间相对负压值维持在 -250 Pa 时，房间内每小时泄漏的空气量不应超过受测房间净容积 10%
BSL-4	-60	-25							房间相对负压值达到 -500 Pa, 经 20 min 自然衰减后，其相对负压值不应高于 -250 Pa
ABSL-4	-100	-25							

表 7-4 三级、四级生物安全实验室其他房间二级屏障的主要技术指标

房间名称	洁净度级别	最小换气次数(次/h)	与室外方向上相邻相通房间的最小负压差(Pa)	温度(℃)	相对湿度(%)	噪声 dB(A)	平均照度(lx)
主实验室的缓冲间	7 或 8	15 或 12	-10	18 ~ 27	30 ~ 70	<60	200
隔离走廊	7 或 8	15 或 12	-10	18 ~ 27	30 ~ 70		200
准备间	7 或 8	15 或 12	-10	18 ~ 27	30 ~ 70	<60	200
防护服更换间	8	10	-10	18 ~ 26		<60	200
防护区内的淋浴间		10	-10	18 ~ 26		<60	150
非防护区内的淋浴间				18 ~ 26		<60	75
化学淋浴间		4	-10	18 ~ 28		<60	150
ABSL-4 的动物尸体处理设备间和防护区污水处理设备间		4	-10	18 ~ 28			200
清洁衣物更换间				18 ~ 26		<60	150

另外，对于加强型二级生物安全实验室，其建设指标可参照《病原微生物实验室生物安全通用准则》（WS 233—2017）及《医学生物安全二级实验室建筑技术标准》（T/CECS66-2020）执行。普通型医学 BSL-2 和加强型 BSL-2 实验室主要技术指标对比见表 7-5。

表7-5 普通医学BSL-2和加强型BSL-2实验室主要技术指标对比

类型	通风方式	缓冲间	核心工作间相对于相邻区域最小负压（Pa）	高效过滤排风	高效过滤送风	温度（℃）	相对湿度（%）	噪声 dB(A)	核心工作间平均照度（lx）
普通型医学 BSL-2 实验室	应保证良好通风。可自然通风，宜设机械通风可使用循环风	根据需要设置				18 ~ 26		≤ 60	≥ 30
加强型医学 BSL-2 实验室	机械通风，不应自然通风；且不宜使用循环风	应设置	不宜小于 −10Pa	有	宜设置	18 ~ 26	宜 70 ~ 30	≤ 60	≥ 300

7.1.3 硬件设施的设计

1. 建筑与布局

（1）实验室建筑及位置要求：生物安全实验室为科研类建筑，属于民用建筑体系，应符合民用建筑相关规范、标准要求。一级、二级生物安全实验室往往可与其他功能房间共用建筑物，但实验室区域应相对闭合，有可控制进出的门。三级和四级高级别生物安全实验室布局应明确区分辅助工作区和防护区，在建筑物中自成隔离区域或为独立建筑物，应有出入控制。三级生物安全实验室与其他实验室可共用建筑物，共用时应独立成区，设在一端或一侧；四级生物安全实验室应为独立建筑物，或与其他级别的生物安全实验室共用。现行国标没有对三级生物安全实验室独立建筑物最小间距给出数值，但要求本建筑物室外排风与相邻建筑间距不小于 20 m。四级生物安全实验室宜远离市区，主实验室所在建筑离相邻建筑或构筑物的距离不小于相邻建筑或构筑物高度的 1.5 倍。生物安全实验室建筑位置要求见表 7-6。

表7-6 生物安全实验室建筑位置要求

级别	平面位置	选址和建筑间距
一级	可共用建筑物，实验室有可控制进出的门	无要求
二级	可共用建筑物，与建筑物其他部分可相通，但应设可自动关闭的带锁的门	无要求
三级	与其他实验室可共用建筑物，但应自成一区，宜设在其一端或一侧	满足排风间距要求
四级	独立建筑物，或与其他级别的生物安全实验室共用建筑物，但应在建筑物中独立的隔离区域内	宜远离市区。主实验室所在建筑物离相邻建筑物或构筑物的距离不应小于相邻建筑物或构筑物高度的 1.5 倍

独立建筑物的实验室区域内多采用“盒中盒”布局方式，防护区总是由次级围墙或保护方式与外部分开，以确保最高风险区域被包围在“盒子”中间，将生物安全风险降至最低。

（2）实验室功能区域划分：在设计初期应根据实验规划方案和使用需求确定防护区内核心工作间的个数、面积和等级，由于投资及防护操作的复杂程度有较大差别，不同生物安全等级的主实验室不宜设在同一单元内，可相互毗邻，通过负压走廊或传递窗进行衔接。根据不同功能定位，可将生物安全实验室整体区域划分为实验室区域、配套用房区域和交通核区域，其中实验室区域主要为防护区，承担实验室操作功能，其余区域均为实验室的支持区域，其各功能区域组成见表 7-7。

表7-7 生物安全实验室功能区域组成

区域	功能	组成	备注
实验室区	实验操作	主实验室及相邻缓冲、人 / 物流通道、淋浴间、实验室走廊、高压前室、解剖间、尸体处理间（上游）、活毒废水间等	防护区
配套用房区	辅助配套	清洗准备区、动物饲料、垫料库房、笼具清洗间、垃圾处理间、监控值班室、动物尸体处理间（下游）、空调 / 动力 / 电气等设备用房及管道层等	普通区
交通核区	交通、参观、运输	楼梯、电梯、门厅、参观走廊、大型设备进出通道等	普通区

注：现行国标 GB 50346 和 GB 19489 均暂未将活毒废水区规定为防护区，但对于产生较大活毒废水的大动物三级及以上生物安全实验室，事实上存在大量活毒废液在处理间内泄漏外溢的风险，可视为防护区。

高级别生物安全实验室是一个复杂的系统工程，涉及环节众多。根据国内 2014—2020 年多个项目统计，高级别生物安全实验室的建设，除实验室区域外，配套用房及交通核区域必不可少，甚至占用更大的面积。实践中常用毛净比这一概念在规划初期估算整个实验室面积规模。净面积被定义为实验室有效面积，毛面积为所有面积。国外资料显示（动物）三级生物安全实验室毛净比在 4：1 左右，而对于四级生物安全实验室，这一比值达 5：1。与国外文献相近，我国高级别生物安全实验室毛净比也在 4：1 ~ 5：1。实验室配套用房约占总建筑面积的 60% ~ 70%，交通核区域占建筑总面积的 10% ~ 20%。对国内 11 个大动物三级生物安全实验室（独立建筑）新建项目功能区域面积占比平均水平统计见图 7-1。

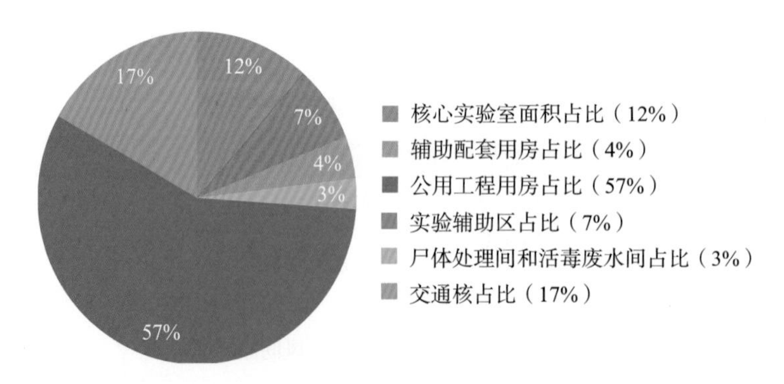

图 7-1 国内 11 个大动物三级生物安全实验室（独立建筑）新建项目功能区域面积占比平均水平统计

由图 7-1 可见，在项目方案设计过程中，需要充分预留出配套用房的面积，进行合理的布局，从而避免造成后期深化过程中对方案的颠覆性调整。在项目方案阶段必须有效地确定实验室的建设规模，减少后期设计过程中的方案调整风险。

（3）实验室工艺平面布局

1）二级生物安全实验室：对于普通型二级生物安全实验室而言，由围护结构（墙壁、门、窗、地板和天花板等）组成的防护区物理封闭边界可以适当地灵活确定。实验室主入口的门、放置生物安全柜实验间的门应可自动关闭；实验室主入口的门应有进入控制措施，工作区域外应有存放备用物品的条件，核心工作间宜设缓冲间。图 7-2 为 CBH 中给出的典型二级生物安全实验室平面布局示意图，其中办公室设置于实验室防护区内，因此也应按防护区进行管理。

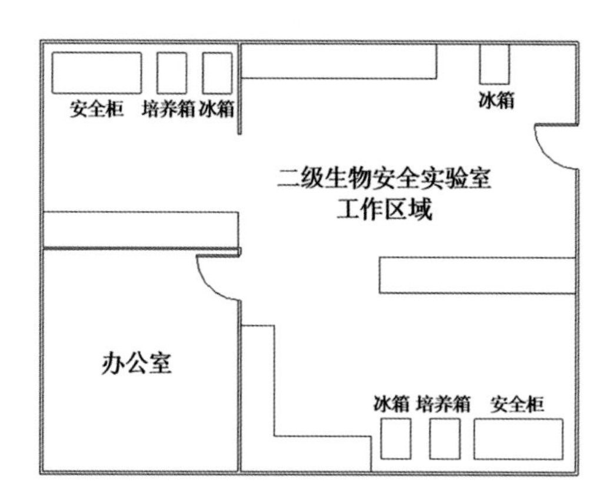

图 7-2　CBH 中给出的二级生物安全实验室平面示意图

对于加强型二级生物安全实验室而言，根据 WS 233—2017 相关要求，实验室核心工作间应设缓冲间，且不应设置可开启外窗。典型的加强型二级生物安全实验室工艺平面布局示意图见图 7-3。

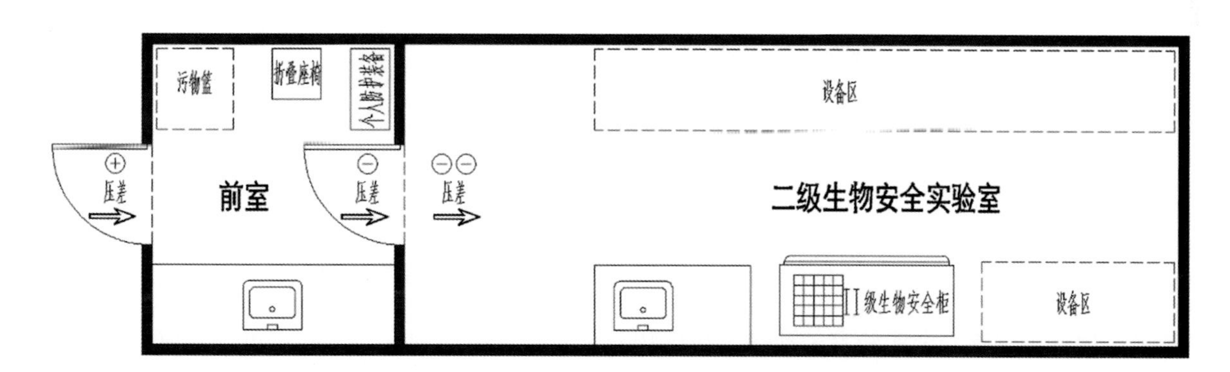

图 7-3　典型的加强型二级生物安全实验室工艺平面布局示意

2）三级生物安全实验室：

①微生物三级生物安全实验室：微生物三级生物安全实验室区域由主实验室（核心工作间）及其相邻缓冲组成，图 7-4 为 WHO 生物安全手册（第三版）给出的一个典型的三级生物安全实验室单元布局示意图，该实验室设置了专用人员进出的更衣、淋浴及缓冲通道。

多个核心工作间可共用人、物流通道，通过共用走廊连接，节省空间和造价，但各核心工作间须设置专用相邻缓冲，否则在不同房间不能同时开展不同病原微生物的操作。多个核心工作间共用辅助用房的 ABSL-3 实验室布局方案图见图 7-5。

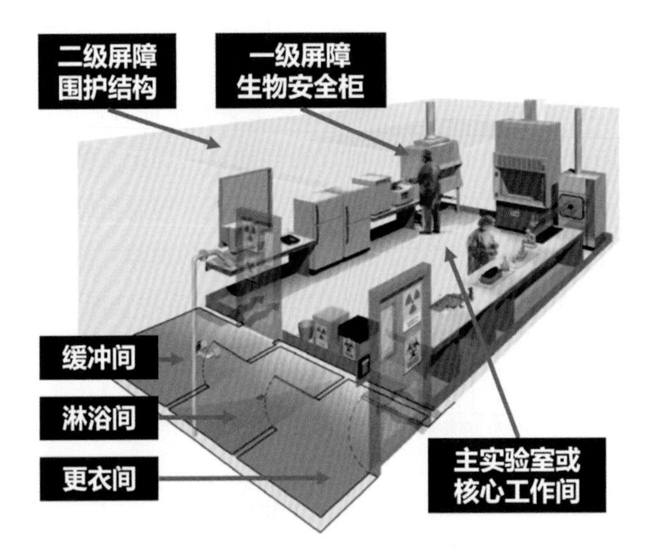

图 7-4 WHO 生物安全手册（第三版）典型的三级生物安全实验室单元布局示意

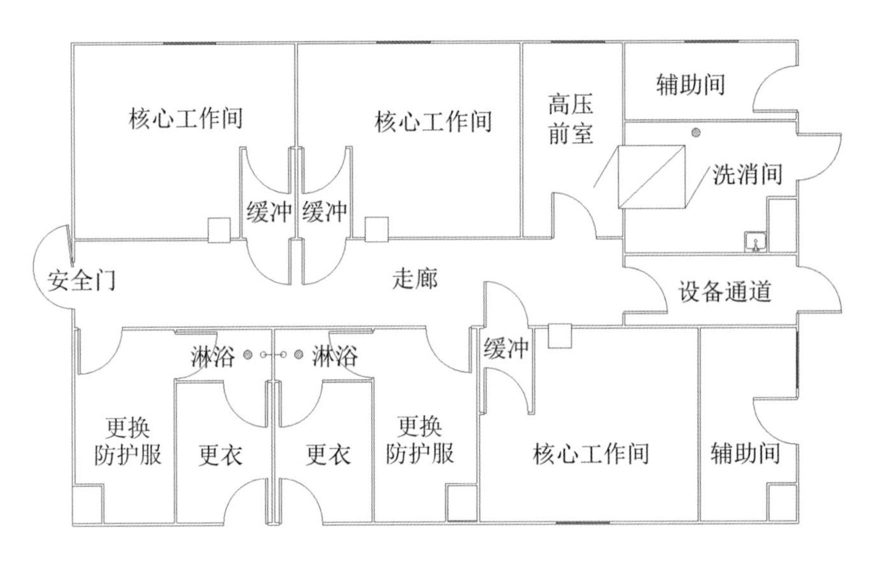

图 7-5 多个核心工作间共用辅助用房的 ABSL-3 实验室布局方案图

②动物三级生物安全实验室：动物三级生物安全实验室中动物房与实验室可设置成套间形式，也可互相独立设置。独立设置时，动物房可与细胞级微生物实验室相邻，通过传递窗进行物品传递，图 7-6 为 CBH 中给出的动物房与实验室按套间形式设置的小动物三级生物安全实验室布局方案示意图。

为便于实验操作，根据场地充裕条件，可在小动物三级生物安全实验室区域旁配套一个小型的 SPF 实验动物屏障环境正压区，对准备进入防护区的实验动物进行观察检疫，也可从事免疫等一些预实验活动。由于动物笼盒及粪便、垫料等污物气味较大，因此建议在条件允许的情况下，防护区物进与物出的压力蒸汽灭菌器分别设置，且在防护区内分别设有高压前室为佳。

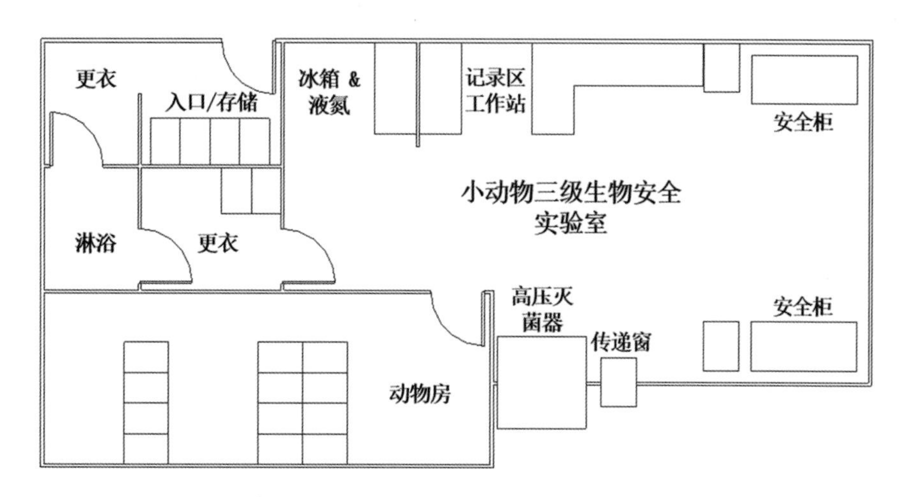

图 7-6　CBH 中按套间形式设置的小动物三级生物安全实验室布局方案示意图

③非人灵长类动物三级生物安全实验室：自 2020 年以来，为应对新冠病毒感染疫情防控，针对开展空气传播疾病的治疗药物以及疫苗评价所需的非人灵长类 ABSL-3 实验室在国内的建设逐渐增多。非人灵长类动物在生理、认知能力、神经解剖学、社会复杂性、繁殖和生育等方面与人类具有高度相似性。与人类的遗传物质有 75%~98.5% 的同源性。非人灵长类动物生物安全实验室是用来饲养非人灵长类动物或利用非人灵长类动物开展实验的生物安全实验室。

由于近年来我国非人灵长类实验室内的饲养设备多为半开放式甚至开放式笼具，应被视为“规范”中 b2 类，即不能有效利用安全隔离装置进行操作的生物安全实验室。该类 ABSL-3 实验室室内环境参数、平面布局、设备布局均需尽可能考虑实验操作便利性和动物福利；核心工作间及其缓冲间的气密性应能够满足恒定压力下空气泄漏率检测法的要求。非人灵长类动物三级生物安全实验室布局示意图见图 7-7。

④大型散养经济动物三级生物安全实验室：大型经济动物（如猪、牛、羊等）生物安全实验室内多采用非气密型（即半开放式）笼架（具）或落地散养。由于实验动物处于非密闭空间，动物饲养与实验活动存在生物因子气溶胶的扩散与暴露，房间应基于对实验活动的风险评估合理确定操作人员的 PPE，实验室围护结构气密性应符合实验室通用要求中恒压法测试标准。

根据相关标准规定，动物饲养间属于核心工作间，须在出入口设置缓冲间。动物饲养间可能需要设置独立的出入口，对其需要设置缓冲间的要求是一致的。在三级动物实验室防护区内应设置淋浴间。为保证实验人员的安全，同时也保护实验室外环境的安全，适用于实验室要求中第 4.4.3 条即不能采取有效隔离措施的实验室的淋浴，应尽量采用强制淋浴模式。如图 7-8 为一个典型的口蹄疫攻毒 ABSL-3 牛饲养间的布局示意。其中强制淋浴装置设置在靠近核心工作间的外防护服更换间和内防护更换间之间的淋浴间内，可由自控软件实现强制要求。

实践中适用于 4.4.3 的散养大型动物（如猪、牛、马等）饲养间，考虑到牵赶动物进出饲养间或解剖间等的便利性和可操作性，可将核心工作间与解剖间之间的污物走廊兼做动物缓冲间，此时污物走廊与其相连通的各核心工作间的门应互锁，形成缓冲气闸，如图 7-9 所示。

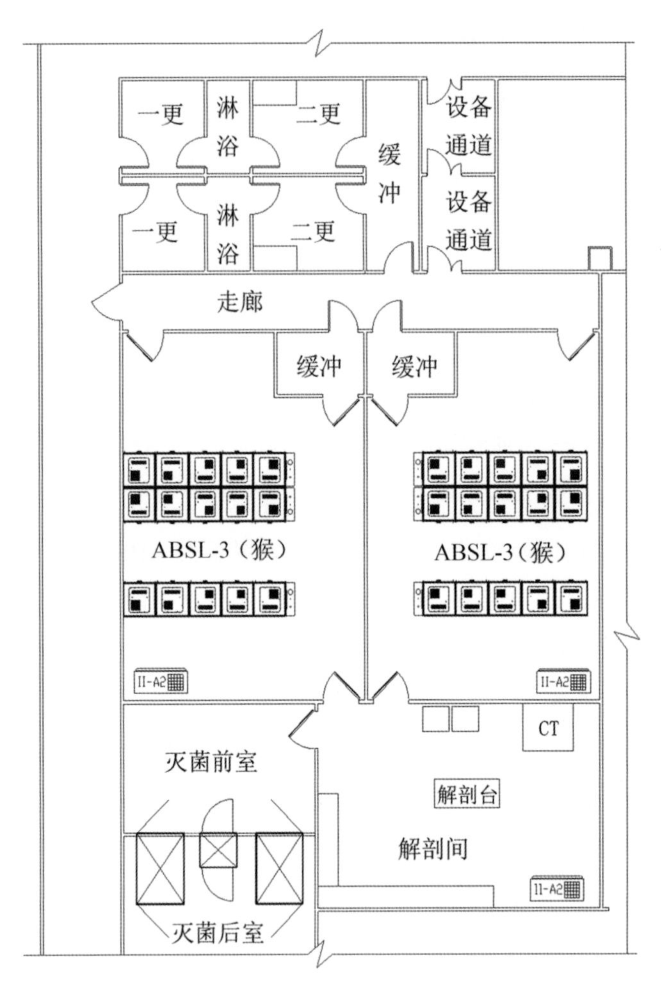

图 7-7 非人灵长类动物三级生物安全实验室布局示意

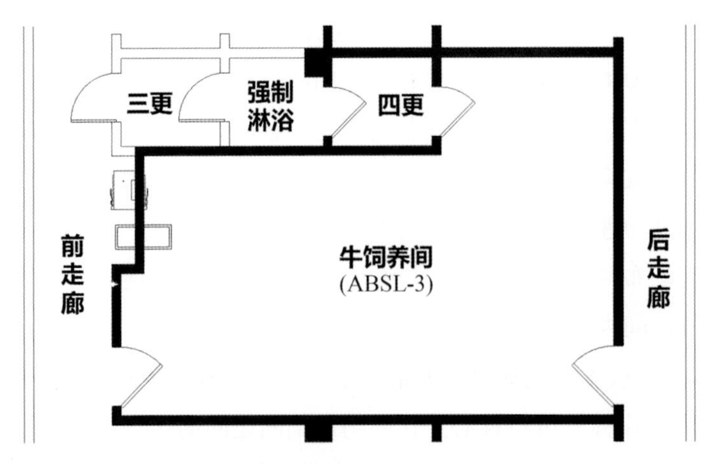

图 7-8 典型的口蹄疫攻毒 ABSL-3 牛饲养间的布局示意图

图 7-9　国内某适用于 4.4.3 的 ABSL-3 实验室污物走廊（兼缓冲间）

3）四级生物安全实验室：四级生物安全实验室应为独立建筑物，或与其他级别的生物安全实验室共用。实验室的核心工作间应尽可能设置在防护区的中部。防护区由次级围墙或保护方式与外部分开，以确保最高风险区域被包围在“盒子”中间，将生物安全风险降至最低。

实验室的辅助工作区应至少包括监控室和清洁衣物更换间。生物安全柜型实验室防护区应至少包括防护走廊、内防护服更换间、淋浴间、外防护服更换间和核心工作间，外防护服更换间应为气锁。适用于正压服型实验室的防护区应包括防护走廊、内防护服更换间、淋浴间、外防护服更换间、化学淋浴间和核心工作间。在人流环节应将与核心工作间相邻缓冲间设置为化学淋浴间，设计时应考虑化学淋浴装置的尺寸与房间的结合，以满足功能使用要求。四级和国内某模式四级生物安全实验室平面布局示意图分别见图 7-10 和图 7-11。

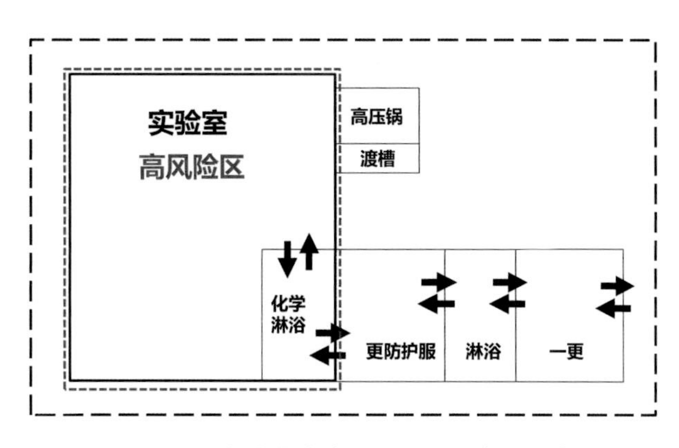

图 7-10　四级生物安全实验室平面布局示意图

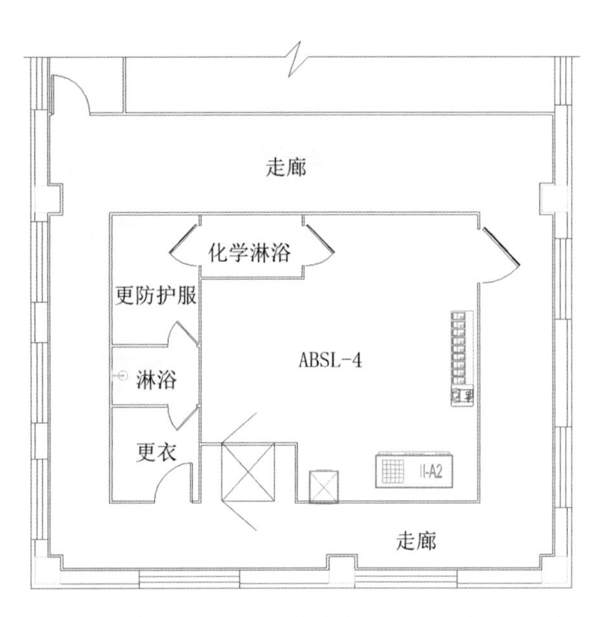

图 7-11 国内某模式四级生物安全实验室平面布局示意图

2. 通风空调系统

一级、二级生物安全实验室可采用自然通风或机械通风方式。二级生物安全实验室如采用机械通风系统，通风系统应独立设置，防护区内送风口和排风口的布置应符合定向气流的原则，核心工作间及其相邻缓冲间相对大气为负压，并保证气流从辅助区流向防护区，核心工作间相对大气压力最低。加强型 BSL-2 实验室应采用机械通风系统，且不宜使用循环风，排风应经高效空气过滤器过滤后排出，排风高效空气过滤装置应具备可进行原位消毒和检漏的功能，所采用设备应能满足 RB/T 199 中关于生物安全关键防护设备排风过滤装置中的评价要求。

三级、四级生物安全实验室应安装独立的实验室全新风送排风系统，应确保在实验室运行时气流由低风险区向高风险区流动，送风应经过高效空气过滤器过滤，宜同时安装初效和中效过滤器。室内排风只能通过高效空气过滤器过滤后经专用的排风管道排出，三级生物安全实验室根据风险评估确定设置一道或两道排风高效空气过滤器过滤，四级生物安全实验室设置两道排风高效空气过滤器过滤。我国相关高级别生物安全设施标准对 HVAC 系统要求的对比见表 7-8。

我国实验室标准对室内温湿度、洁净度、换气次数及压差（核心工作间相对大气压力及与相邻房间相对负压值、与室外相邻相通房间负压梯度值）均有明确规定和要求，对设计、检测及认可具有较高的指导意义。

除移动实验室要求外，我国标准对高级别生物安全设施排风机均做了备用要求。并对四级、动物三级实验室及高生物安全风险车间设施提出了送风机备用要求。国外标准中美国 BMBL-6 对增强型大动物三级排风提出备用要求，BMBL-6、AS/NZS2243.3 和 LBM-4 对四级实验室排风提出备用要求。另 BMBL-6 强烈推荐大动物三级增强型和四级实验室送风备用。AS/NZS2243.3 对三级实验室虽未规定风机备用，但提出应考虑系统运行的故障模式，以保障故障时压力无逆转。综上，我国标准关于风机安全冗余的考虑相对保守，可靠性更高。当然，安全冗余带来的经济投资增加和可靠运行提供的安全保障，应根据科学的风险评估取得平衡。

表7-8 我国相关高级别生物安全设施标准对HVAC系统要求的对比

指标要求		实验室要求 GB 19489	建筑技术规范 GB 50346	移动实验室[a] GB 27421	三级防护标准[b] 农业部 2573 号	车间要求[c] 卫健委 483 号
室内参数	温湿度	有要求范围	有要求范围	无规定	满足兽药 GMP	满足 GMP
	洁净度	不低于 8 级	7 或 8	无规定	满足兽药 GMP	满足 GMP
	换气次数	≥ 12 次 /h	≥ 15 次 /h（7） ≥ 12 次 /h（8）	≥ 12 次 /h	满足兽药 GMP	满足 GMP
	核心间对大气及与相邻缓冲压差	有要求	有要求，且与室外方向相邻相通房间最小负压差有要求	有要求	有要求，且与室外方向相邻相通房间最小负压差有要求	有要求，且与室外方向相邻相通房间最小负压差有要求
通风形式		独立全新风直流系统	独立全新风直流系统	负压通风系统，缓冲间可不设机械送排风系统	独立全新风直流系统；可回风至本区域（非人畜共患）	独立全新风直流系统
高效设置		送、排风均设；4.4.3 实验室根据风险评估确定其排风是否设两级；四级排风设两级	送、排风均设；三级有特殊要求时排风可设两级；四级排风设两级	送、排风均设	送风一级，回风（如有）一级；排风两级	送风一级，排风两级
完整性测试		4.4.3 实验室及四级送风和所有排风高效应能原位消毒灭菌和检漏；扫描法检漏	三级、四级排风和四级送风高效应能原位消毒灭菌和检漏；扫描法检漏，如不具备条件可全效率法	排风高效应能原位消毒灭菌和检漏；扫描法检漏，如不具备条件可全效率法	防护区排风高效应能原位消毒灭菌和检漏；检漏法无规定	防护区排风高效应能原位消毒灭菌和检漏；检漏法无规定
风机备用		排风机均备用；动物三级和四级实验室送风机备用	排风机均备用；动物三级和四级实验室送风机均备用	无要求	送风机宜备用，排风机应备用	送、排风机均备用
气流流型		由外向内定向流，实验室内气流从低风险流向高风险区	气流由辅助工作区流向防护区，实验室内低风险流向高风险区	通过合理布局，以避免干扰和减少房间内涡流和气流死角	由外向内定向流；生产区气流由低风险流向高风险区	由外向内定向流；生产区气流由低风险流向高风险区
系统可靠性		系统出现故障时应有机制避免压力逆转，房间排风设备启停应保证有序的压力梯度和必要稳定性	应有能够调节排风或送风以维持室内压力和压差梯度稳定的措施	无明确规定	排风出现故障时应有机制避免防护区出现正压（未要求保证有序的压力梯度）	应根据风险评估结果，对通风空调系统运行识别出的关键风险因素进行可靠性验证

注：a 标准仅涉及（A）BSL-1 ~ 3 三个级别；b 标准仅规定了“三级防护”一个级别水平；c 标准仅划分了“高风险”和“低风险”两个生物安全风险等级。

除移动实验室要求外，我国标准对空调系统可靠运行有明确规定，其主要理念是保证不同工况发生变化时（往往也是生物安全风险最高时）系统也能满足最基本的生物安全要求，包括（不限于）系统启动、运行、关停、房间排风设备启停、备用送 / 排风机切换和备用电源切换等。另外，对于北方严寒地区，应充分考虑冬季运行热源供给的可靠性问题，这意味着需要对实验室冬季持续稳定运行要求下的盘管防冻、换热站供热及输送系统的冗余进行充分考虑。典型的三级、四级生物安全实验室通风空调系统原理示意图见图 7-12。

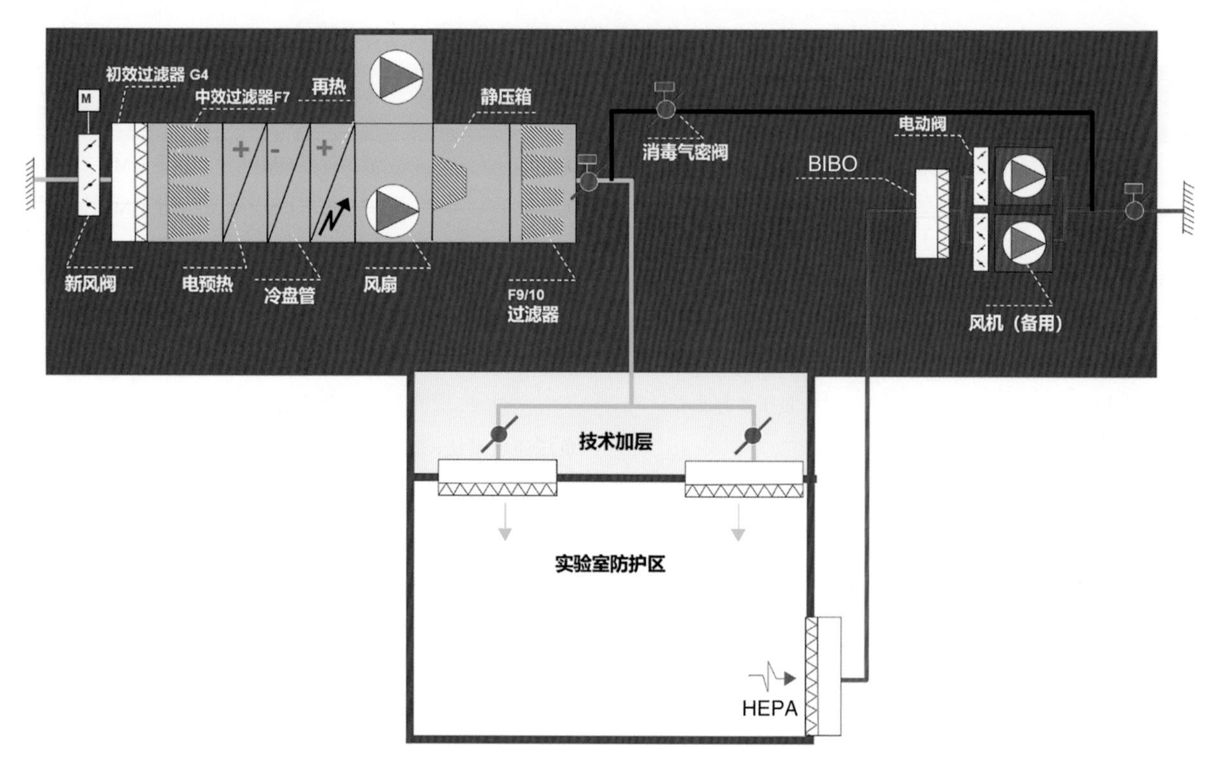

图 7-12　典型的三级、四级生物安全实验室通风空调系统原理示意

3. 动力、气体及给排水系统

对于高级别生物安全实验室，应在实验室的给水与市政给水系统之间设防回流装置。根据给排水国家规范规定，应在建筑内设置断流水箱间，在市政给水与本建筑物供水间形成物理隔离。进出实验室的液体和气体管道系统应牢固、不渗漏、防锈、耐压、耐温（冷或热）、耐腐蚀。应有足够的空间清洁、维护和维修实验室内暴露的管道，应在关键节点安装截止阀、防回流装置或高效空气过滤器等。

如果有供气（液）罐等，应放在实验室防护区外易更换和维护的位置，安装牢固，不应将不相容的气体或液体放在一起。

实验室防护区内如果有下水系统，应与建筑物的下水系统完全隔离；下水应直接通向本实验室专用的消毒灭菌系统。淋浴间排水应根据风险评估确定是否排入实验室专用的消毒灭菌系统。淋浴间或缓冲间的地面液体收集系统应有防液体回流的装置。

所有下水管道应有足够的倾斜度和排量，确保管道内不存水；管道的关键节点应按需要安装防回流装置、存水弯（深度应适用于空气压差的变化）或密闭阀门等；下水系统应符合相应的耐压、耐热、耐化学腐蚀的要求，安装牢固，无泄漏，便于维护、清洁和检查。

符合 GB 19489—2008 的 4.4.4 要求的实验室应同时配备紧急支援气罐，紧急支援气罐的供气时间应不少于 60 min/ 人。生命支持供气系统应有自动启动的不间断备用电源供应，供电时间应不少于 60 min。

供呼吸使用的气体的压力、流量、含氧量、温度、湿度、有害物质的含量等应符合职业安全的要求。

生命支持系统应具备必要的报警装置。

4. 电气、自控

（1）普通型 BSL-2 实验室：实验室需要持续供电维持功能的温湿度监控设备、培养箱、生物安全柜、冰箱等应设置备用电源，长时间运行且无断电记忆的检测设备应设置不间断电源；设专用配电箱，专用配电箱应设置于辅助工作区；实验室内应设置足够数量的固定电源插座，避免多台设备使用共同的电源插座；实验室内应设应急照明装置，同时考虑合适的安装位置，以保证人员安全离开实验室；实验室的关键部位应设置监视器，需要时，可实时监视并录制实验室活动情况和实验室周围情况；实验室入口的门应有进入控制措施，进入实验室应仅限于获得授权的人员，正在检验高风险样本时应有进入限制;实验室应配备适用的通信设备，当安装对讲系统时，宜采用向内通话受控、向外通话非受控的选择性通话方式。

（2）加强型 BSL-2 实验室：使用时，应符合普通型 BSL-2 实验室关于给电气的相关规定；空调净化自动控制系统应能保证实验室压力和压力梯度稳定，并可对异常情况报警；实验室送排风系统应设置连锁，排风机先于送风机启动，后于送风机关闭。

（3）高级别生物安全实验室：电力供应应满足实验室的所有用电要求，并应有冗余。BSL-3 实验室应按一级负荷供电，当按一级负荷供电有困难时，应采用一个独立供电电源，且特别重要负荷（包括但不限于生物安全柜、送风机和排风机、照明、自控系统、监视和报警系统等）应设置应急电源；应急电源采用不间断电源的方式时，不间断电源的供电时间不应小于 30 min；应急电源采用不间断电源加自备发电机的方式时，不间断电源应能确保自备发电设备启动前的电力供应。

三级和四级生物安全实验室室内照明灯具宜采用吸顶式密闭洁净灯，并宜具有防水功能。应避免过强的光线和光反射。

三级和四级生物安全实验室的入口和主实验室缓冲间入口处应设置主实验室工作状态的显示装置。

实验室应设不少于 60 min 的应急照明系统。

进入实验室的门应有门禁系统，应保证只有获得授权的人员才能进入实验室。

需要时，应可立即解除实验室门的互锁；应在互锁门的附近设置紧急手动解除互锁开关。

核心工作间的缓冲间的入口处应有指示核心工作间工作状态的装置（如文字显示或指示灯），必要时，应同时设置限制进入核心工作间的连锁机制。

启动实验室通风系统时，应先启动实验室排风，后启动实验室送风；关停时，应先关闭生物安全柜等安全隔离装置和排风支管密闭阀，再关实验室送风及密闭阀，后关实验室排风及密闭阀。当排风系统出现故障时，应有机制避免实验室出现正压和影响定向气流。当送风系统出现故障时，应有机制避免实验室内的负压影响实验室人员的安全、影响生物安全柜等安全隔离装置的正常功能和围护结构的完整性。

应通过对可能造成实验室压力波动的设备和装置实行连锁控制等措施，确保生物安全柜、负压排风柜（罩）等局部排风设备与实验室送排风系统之间的压力关系和必要的稳定性，并应在启动、运行和关停过程中保持有序的压力梯度。

7.2 实验室设备

生物安全实验室在结构上由设施和安全防护设备两部分硬件构成，设施和安全防护设备的不同组合可构成不同级别的生物安全防护水平。在生物安全实验室中，实验室设备包括安全防护设备和实验仪器设备。安全防护设备可有效降低实验室生物风险，包括用于避免、减少病原微生物泄漏、扩散的生物安全柜、动物隔离设备等防护设备，以及用于实验室废物、废水及空间消毒/灭菌的压力蒸汽灭菌器、活毒废水消毒设备和气（汽）体消毒机等消毒灭菌设备。

实验仪器设备通常包括离心机、培养箱、振荡器、冷冻干燥机及冰箱等仪器设备，使用不当可导致生物危害的发生。当结合良好的微生物操作规范一起使用时，实验仪器设备的安全使用将有助于降低处理或操作生物因子时个人暴露的可能性。

7.2.1 安全防护设备

安全防护设备构成生物安全实验室物理防护屏障，是直接置于最危险水平的物理防护措施。生物安全柜、动物隔离设备和个人防护装备等安全防护设备旨在保护操作者、周围环境避免暴露于可能的危险生物因子和毒素，可用于提供安全防护或直接保护操作者免受所用危险生物因子和毒素的伤害。

1. 生物安全柜

生物安全柜是进行微生物实验活动时，用来保护操作者、实验室及周围环境和实验材料，使其避免暴露于上述操作过程中可能产生的感染性气溶胶和溅出物而设计的负压过滤排风柜。在进行感染性物质操作过程中，如对琼脂板划线接种、采用吸管或加样器转移感染性混悬液、对感染性物质进行匀浆及涡旋振荡时均可能产生感染性气溶胶。这些气溶胶和颗粒极易被操作者吸入或污染工作台面。正确使用生物安全柜可以有效减少由于气溶胶暴露所造成的实验室感染，并同时保护实验对象和环境。

（1）生物安全柜的选择：根据结构设计、排风比例及保护对象和程度的不同，将生物安全柜分为Ⅰ、Ⅱ、Ⅲ级三个类别，选择合适的生物安全柜应基于每个实验室确定的生物风险。表 7-9 ~ 表 7-11 总结了各类型生物安全柜所能提供的选择、差异及排风连续方式和关键特征。

表7-9 不同保护类型及生物安全柜的选择

保护类型	生物安全柜选择
个体防护，针对危害程度第二、三、四类的病原微生物	Ⅰ级、Ⅱ级、Ⅲ级
个体防护，针对第一类病原微生物，生物安全柜型四级实验室	Ⅲ级
个体防护，针对第一类病原微生物，正压防护服型四级实验室	Ⅰ级、Ⅱ级
实验对象保护	Ⅱ级、柜内气流为层流的Ⅲ级
少量挥发性放射性核素/化学品的防护	Ⅱ级 B1 型、外排式Ⅱ级 A2 型
挥发性放射性核素/化学品的防护	Ⅰ级、Ⅱ级 B2 型、Ⅲ级

表7-10　Ⅰ级、Ⅱ级和Ⅲ级生物安全柜间的差异及排风连接方式

<table>
<tr><th>生物安全柜</th><th>工作窗口气流平均速度（m/s）</th><th>循环空气比例（%）</th><th>柜内气流</th><th>排风方式</th></tr>
<tr><td>Ⅰ级[a]</td><td rowspan="2">≥ 0.40</td><td>0</td><td>乱流</td><td rowspan="3">可向室内排风</td></tr>
<tr><td>Ⅱ级 A1 型</td><td rowspan="2">70</td><td rowspan="4">单向流</td></tr>
<tr><td>Ⅱ级 A2 型[a]</td><td rowspan="3">≥ 0.50</td></tr>
<tr><td>Ⅱ级 B1 型[a]</td><td>30</td><td rowspan="3">不可向室内排风</td></tr>
<tr><td>Ⅱ级 B2 型[a]</td><td rowspan="2">0</td></tr>
<tr><td>Ⅲ级[a]</td><td>NA[b]</td><td>单向流或乱流</td></tr>
</table>

注：a：所有生物污染的管道均为负压状态，或由负压的管道和压力通风系统包围；
b：摘除单只手套时，手套口风速≥ 0.7 m/s。

表7-11　各类生物安全柜的关键特征

生物安全柜类型	关键特征
Ⅰ级 BSC	● 前端敞开，有向内气流，设计目的在于防止操作者和环境被产生的感染性气溶胶污染 ● 腔内空气被排出或再次进入实验室空气循环之前，经过 HEPA 过滤器处理 ● 当排风排至室外时，可以操作放射性核素和挥发性有毒化学品，但实验室空气中可能存在的微生物或颗粒物通过工作窗口直接进入操作区域，吹到工作台面上，不能对被操作对象提供可靠保护
Ⅱ级 A1 型 BSC	● 内置风机下游与送风和排风高效过滤器之间呈正压状态，属正压污染区域，一旦柜体密封不严，经过该区域未经高效过滤的污染空气可能逸出柜体外，造成实验室环境污染，已逐渐被Ⅱ级 A2 型取代 ● 排出的空气可以重新排入实验室内，也可以通过连接到专用通风管道上的套管或通过建筑物的排风系统排到建筑物外面
Ⅱ级 A2 型 BSC	● 区别于Ⅱ级 A1 型，存在生物污染风险的风管及静压箱为负压或被负压区域包围，即便污染风道泄漏，也不至于泄漏到实验室环境中 ● 是目前国际上运用最为广泛的生物安全柜，排出的空气可以重新排入实验室，其启停及运行过程中不会对所在房间气流、压力产生较大影响
Ⅱ级 B1 型 BSC	● 存在生物污染风险的风管及静压箱为负压或为负压区域包围，即便污染风道泄漏，也不至于泄漏到实验室环境中 ● 排风必须使用密闭管道连接，最好使用专用独立排风系统或连接到实验室系统排风管道中，应与实验室送排风系统联锁控制
Ⅱ级 B2 型 BSC	● 工作原理同Ⅱ级 B1 型，但具有更高的安全性 ● 一种全排风式生物安全柜，排风必须使用密闭管道连接，最好使用专用独立排风系统或连接到实验室系统排风管道中，为防止因故障导致柜内产生正压，应与实验室送排风系统联锁控制 ● 排风量大，其启停易导致房间压力及相邻间压差产生较大波动，所以小空间不建议安装Ⅱ级 B2 型生物安全柜
Ⅲ级 BSC	● 是一种全封闭式结构设计，实现操作材料与操作者 / 环境之间完全隔离；操作者通过连接在生物安全柜上长袖橡胶手套，伸到工作台面进行操作 ● 可以安装用于向内传递物品的浸泡渡槽或双门互锁传递窗，也可安装带高效过滤装置或消毒接口的 RTP 传递桶或压力蒸汽灭菌器

（2）生物安全柜的安装：通过工作窗口进入生物安全柜的气流极易受到人员走动、送风系统调整以及开关门窗等动作的影响，导致工作窗口气幕模式破坏。因此，生物安全柜安装应尽可能避开人员频繁走动的地方及门口、送风口、开放窗户及产热设备等可能扰乱气流的部位。

生物安全柜后方、上方及左右两侧应至少留有 30 cm 的空间，以便于清洁、维护，并准确测量空气通过排风高效过滤器的速度及送排风高效过滤器更换和检漏。硬管连接外排的生物安全柜在排风管道上生物型密闭阀前端应安装采样口和消毒接口。

（3）生物安全柜检测与评价：生物安全柜在安装后、投入使用前、被移动位置及更换高效过滤器或内部部件维修后，应进行性能检测，每年也应至少检测一次。检测项目至少应包括垂直气流平均速度、气流模式、工作窗口气流平均速度、送排风高效过滤器检漏、柜体内外的压差（适用于Ⅲ级生物安全柜）、工作区洁净度、工作区气密性（适用于Ⅲ级生物安全柜）等，生物安全柜投入使用前还应对排风高效过滤器消毒效果进行验证。

2. 负压动物隔离设备

负压动物隔离设备是生物安全实验室用于动物饲养及动物实验的负压过滤排风装置。通过物理隔离、负压通风和过滤技术，为操作者在饲养和操作感染性动物时得到安全保护，避免因饲养和操作实验动物过程中产生的感染性气溶胶、溢出物和排泄物对操作者产生危害，并能有效防止有害气溶胶悬浮颗粒向外环境扩散。

从饲养动物类型上分类，有饲养啮齿类动物及兔、雪貂等小动物的负压独立通风笼系统（IVC）和饲养禽类、犬、小型猪及非人灵长类（猴）等中动物的负压隔离设备，至于牛、马等大型动物通常采用物理围栏开放饲养。从隔离形式上分类，有部分隔离和完全隔离，即非气密式动物隔离设备和手套箱式（气密式）动物隔离设备。

（1）负压独立通风笼系统：IVC 系统是利用隔离器的密闭净化通风技术，把每个动物饲养单元缩小到最低程度，通过送排风管道连接成一个组合件，使每个饲养单元（笼盒）完全隔离，可有效避免不同笼盒间交叉污染。通过向笼盒内输送经高效过滤处理的空气，以获得洁净度为万级至百级的生活环境，负压 IVC 还要确保排出的废气经过高效过滤器过滤处理后排放，避免对操作者和外界环境的污染。负压 IVC 笼盒要求具有一定的气密性，从笼架上取下后送排风口单向阀应可关闭，确保笼盒内污染空气不外逸到实验室环境中。

（2）非气密式动物隔离设备：非气密式动物隔离设备腔体为非完全密闭，为部分隔离设备，适用于中小型动物（猴、犬等）的饲养和实验操作。在饲养过程（即关闭隔离设备门）中，腔内形成一个相对密闭的空间，并可维持相对所在房间有不低于 20 Pa 的负压。在进行动物实验、排泄物处理（即打开隔离设备门）时，操作面断面仍应保持明显向腔内流动的气流，无可见向外倒流。在 ABSL-3 实验室中使用非气密式动物隔离设备从事可传染人的病原微生物动物饲养、麻醉、接种、解剖、转运及排泄物处理等实验时，存在对实验室环境暴露的环节，应根据风险评估确定生物安全防护要求，必要时，操作者加强呼吸和头面部防护。

（3）手套箱式动物隔离设备：手套箱式动物隔离设备腔体为非开放式气密结构，为完全隔离设备，提供安全隔离屏障以对操作者和环境提供最大限度的保护。操作者通过设置于完全密闭腔体上的长臂橡胶手套，在密闭操作区内进行感染动物的饲育和实验，可以在线更换手套甚至包括袖套，不需要破坏隔离设备内部负压状态。向操作区内传递物品和动物时要经过双门互锁传递窗或 RTP 传递桶，RTP 传递桶应可高压灭菌或气体熏蒸消毒。

半身防护服式动物隔离设备也属于气密式动物隔离设备的一种，适用鸡、兔、鼠等中小型感染动物的饲养和实验。在设备结构的密闭性、物品传递及送排风过滤要求等方面和手套箱式动物隔离设备基本相同，不同的是操作者通过一个密闭连接（为便于更换，采用环形卡箍压紧连接）在隔离设备上的半身防护服（带送风装置）进入密闭操作区进行操作。其优点在于操作者穿戴半身防护服可左右转动、活动空间大、操作简便，双手几乎可触及操作区内所有部位，但最大的风险是半身防护服一旦破裂，隔离设备内部负压状态可能被打破，导致污染气溶胶逸出、实验室环境被污染。

3. 压力蒸汽灭菌器

压力蒸汽灭菌器是使用历史最久、应用最广的灭菌设备之一，适用于耐高温高湿物品的灭菌，生物安全实验室对污染固体废物和废水的处理，高压灭菌是最有效，也是最可靠的灭菌方法。

高压灭菌利用高温作为高压下的湿热（蒸汽）杀死微生物。虽然通过加热至 100 ℃可杀灭大多数感染性生物因子，但孢子、朊病毒等具有耐热性，在这个温度无法被杀灭。高压灭菌可达到更高温度和压力，并保持一段时间，足以灭活孢子。

不同类型的废弃材料一般需要不同的操作循环达到合适的灭活温度。因此，应根据确定预期用途及待灭活废物类型与数量选择压力蒸汽灭菌器，并验证对特定循环程序的有效性。

（1）压力蒸汽灭菌器工作原理：根据排放冷空气方式不同，压力蒸汽灭菌器分为下排气式和预真空式两种。下排气式压力蒸汽灭菌是利用重力置换原理，使热蒸汽在压力作用下进入灭菌器，从上而下将冷空气由下排气孔排出，排出的冷空气全部由饱和蒸汽取代，利用蒸汽释放的潜热使物品达到灭菌的要求。通常情况下，温度为 121 ℃，维持 20 ~ 30 min，即能杀死包括具有顽强抵抗力的细菌芽孢在内的一切活微生物，达到灭菌目的。

预真空高压灭菌是利用机械抽真空的方法，根据抽真空次数的多寡，分为预真空和脉动真空两种。由于空气是一种有效的绝缘体，为了确保温度不受影响就需要将空气从腔室有效排出，后者利用真空控制系统、经预抽真空及有限脉动抽取，在通入蒸汽前将灭菌柜室内形成负压，通过压力蒸汽循环，强制以饱和蒸汽替换残余空气，使冷空气从灭菌器中排出，蒸汽得以迅速穿透到包装物品内部进行灭菌。冷空气和蒸汽通过一个装有高效过滤器的排气阀排出，防止未经彻底灭菌的冷空气污染外环境。

（2）压力蒸汽灭菌器使用安全措施：使用压力蒸汽灭菌器必须制定严格的使用规定，减少因操作产生的危害。

1）压力蒸汽灭菌器的操作与维护必须指定给受过良好专业培训并获得压力容器操作许可证的人员负责。

2）预防性维护保养和检修应由有资质专业工程师负责，包括定期检查灭菌器腔体和门密封件、压力及温度仪表和探头、安全阀以及控制器等。

3）制定压力蒸汽灭菌器的操作说明，包括固体、液体灭菌程序以及需要维持的参数（温度，压力，时间）灭菌程序。

4）制订负载计划，包括灭菌物品内容物、数量、体积和重量等。应避免大而笨重材料、大型动物尸体、密封的耐热容器及其他妨碍热量传递的废物；各种包裹不应过大、过紧和太密，以免妨碍蒸汽透入，影响灭菌效果；废物或材料应放在易于排出空气和良好热渗透的容器中。

5）危险化学品废物、汞或放射性废物及易燃易爆物品，禁用高压蒸汽灭菌法。

6）要密切关注排气高效过滤装置及双门密封圈的完整性。

7）操作者打开门应佩戴耐热手套和面罩进行防护，即使当温度已降至合适打开腔室的水平时也应如此。

8）进行生物危险材料高压灭菌时，排气应配备高效过滤器。确保安全阀与排水管不被待去污的废物或材料中的纸张、塑料或其他材料堵塞。

9）对于每个进行的灭菌循环应当保留书面记录，记录内容包括时间、温度、压力、日期、操作员姓名以及所灭菌物品的类型和数量。

（3）压力蒸汽灭菌器检测和评价：污染废物灭菌不合格，将导致对操作者和周围环境的直接危害，未能完全杀灭污染废物中的高致病性病原微生物，其后果可能是灾难性的。因此，必须保持压力蒸汽灭菌器良好技术性能，除压力表、安全阀、温度传感器等必须定期校验外，还应定期采用生物指示剂验证灭活效果。

1）化学监测法：在待灭菌物品包内中心部位放置化学指示剂，指示物品是否达到灭菌要求。每次运行均应采用化学指示卡作为高压灭菌的日常监测。

2）生物监测法：生物监测是采用国际标准抗力的细菌芽孢（嗜热脂肪芽孢杆菌芽孢）所制成的干燥菌片或用菌片与培养基组成的自含式生物指示剂（管）来进行监测。通过生物指示剂是否完全被杀灭来判断灭菌物品灭菌是否合格。生物指示剂为最可靠的监测方法，一般用于周期性验证高压灭菌效果。

7.2.2 安全防护设备的配置要求

1. 生物安全防护水平 1 级

一般情况下，生物安全防护水平 1 级不需要特殊的安全防护设备（如生物安全柜、压力蒸汽灭菌器等）。啮齿类动物及兔、雪貂等小动物可以采用负压独立通风笼系统饲养，禽类、犬、小型猪及非人灵长类（猴）等中动物可以采用非气密性动物隔离设备或物理围栏开放饲养，牛、马等大型动物采用物理围栏开放饲养。必要时，实验室所在建筑内配置消毒灭菌设备。

2. 生物安全防护水平 2 级

操作病原微生物样本的实验间应配备生物安全柜，宜选用Ⅱ级生物安全柜。不具备通风条件的实验室应安装全排型生物安全柜。

实验室内或实验室所在建筑内应配备压力蒸汽灭菌器，宜选择具备排气高效过滤和冷凝水高压灭菌的生物安全型压力蒸汽灭菌器。

进行高浓度、大容量病原微生物离心操作时，建议使用带密封转子和密封离心管的生物安全型离心机。在生物安全柜内操作装载、卸载和称量，或将离心机放置负压隔离装置内。

采用负压动物隔离装置饲养感染动物时，排气应经高效过滤器过滤后排出室外。

3. 生物安全防护水平 3 级

操作病原微生物样本的实验间应配备生物安全柜，宜选用Ⅱ级生物安全柜。如果实验室内空间小，不建议使用Ⅱ级 B2 型生物安全柜，避免因排风量太大，在启停过程中影响实验室负压和压力梯度稳定。

实验产生的所有污染废物必须经过高压灭菌。防护区内应安装生物安全型压力蒸汽灭菌器。对于新建实验室，建议安装双扉压力蒸汽灭菌器，压力蒸汽灭菌器与墙体连接之处应可靠密封。

防护区内关键部位应配备局部消毒灭菌装置，主要用于实验室空间、物体表面和生物安全柜、动物隔离设备等设备的日常消毒。常用的消毒设备包括气溶胶喷雾器、气（汽）体干雾消毒器和全自动气（汽）体熏蒸消毒机（如过氧化氢消毒机）等。不管哪种消毒方式，在实验室更换病原体或出现实验室泄漏、污染（含疑似污染）等情况时，应进行终末消毒，并对消毒效果进行验证。

实验室产生的活毒废水必须收集并经过消毒灭菌处理。没有设置活毒废水消毒设备的，应在防护区内收集后经压力蒸汽灭菌器高压灭菌处理。设置污水收集管道的，通常靠重力直接排放至活毒废水消毒设备，经化学消毒或高温高压灭菌处理，并定期对消毒灭菌效果进行监测。

感染动物的饲养和实验操作应使用非气密式或气密式动物饲养隔离设备，送风可以取自室内，排风必须经高效过滤处理后排入实验室系统排风管道或直接排出室外。

4. 生物安全防护水平 4 级

生物安全防护水平 4 级安全防护设备除了生物安全防护水平 3 级需要配置的生物安全柜（通常为Ⅱ级）、压力蒸汽灭菌器、活毒废水消毒设备及负压动物隔离设备外，生物安全柜型实验室还需配置Ⅲ级生物安全柜或等效安全隔离装置，以及与之密封连接的双扉压力蒸汽灭菌器或传递装置，所有涉及处理感染性材料的程序都在Ⅲ级生物安全柜内进行；正压防护服型实验室则需配置生命支持系统和化学淋浴消毒装置等，以及特殊的个体防护装备（PPE）正压防护服，正压防护服表面化学淋浴消毒后的污水必须收集进入活毒废水消毒设备，经高温高压或化学消毒灭菌处理。所有安全防护设备应提供一级负荷和应急电源。

7.2.3 实验设备

实验仪器设备是构成生物安全实验室的基本要素，也是确保完成实验工作的必备条件，在使用过程中如果操作不当会对操作者和工作环境造成危害。实验室在选配实验仪器设备时，要充分考虑设备使用的生物安全风险，并根据风险评估结果制定使用操作规程，包括使用操作、定期检查、维护和消毒程序。操作者必须熟悉并掌握实验仪器设备的使用操作，降低生物危险材料溢洒、喷溅和气溶胶化造成的污染风险。

1. 离心机

离心机是生物安全实验室中生物风险最高的设备之一，其生物风险因素包括离心管破碎导致伤人和感染性材料溢洒、离心机运行中感染性材料飞溅及气溶胶产生。进行生物危险材料离心时，应采取相关防范措施。

（1）选用带密封圈的转头、带密封圈的安全离心管，并定期检查密封圈完整性，如疑似有裂缝必须更换。

（2）大型离心机宜加装负压安全罩，以吸取离心机排出的气体，负压安全罩排风加装高效过滤装置，并具备原位检漏和消毒条件。

（3）离心机如配有真空泵，则应在离心机与真空泵之间排气管路上安装高效过滤装置。

（4）离心机应放置在平稳、坚固的台面上，位置和高度要便于操作员使用，包括能正确安装、更换转头和清洁消毒等。

（5）选用与离心机配套的转头并准确组装，运行时禁止超过转头所能承受的最大离心力和最大转速。

（6）安全离心管应选用塑料制品，使用前务必检查完好性。

（7）离心溶液装载、平衡、密封和离心后打开等操作应在生物安全柜内进行，离心管装量应小于总容积 2/3，拧紧螺旋盖。当转头只部分装载时，离心管应对称放置、负载平衡。

（8）启动离心机前，确保转头和离心机腔盖子关紧，启动后，离心转速达到设定值并平稳运行后，操作者才可离开离心机。

（9）离心完毕，让转头靠惯性慢慢减速自行停转，完全停止后静置 5 ~ 10 min 后打开，严禁在未完全停转的状态下和运行状态下打开离心机腔盖。

（10）离心过程中发生离心管破碎时，应立即停机，静置 15 ~ 30 min 后开盖清理溢洒物，清除离心桶、转头、离心机内腔的污染。

（11）检查转头和机腔壁是否有溢洒，如有溢洒且污染明显，应重新评估离心操作规范。

（12）每次使用后，应取出转头，对内腔进行清洁消毒，阶段性工作结束或需要维护时，对离心机内腔进行彻底消毒，并用清水擦拭干净。

2. 培养箱

培养箱使用过程中的生物危害因素包括培养瓶（皿）跌落、破碎导致伤人，感染性材料溢洒和气溶胶产生。进行生物危险材料培养时，应采取相关防范措施。

（1）放置在平稳、坚固的台面上，位置和高度要便于人员的操作，散热部位与墙壁至少保持 10 cm 的距离。

（2）病原体有关的接种、划平板、观察计数等操作均应在生物安全柜中进行。

（3）培养瓶放入专用盘中，平稳放置、不能叠放，防止跌落。培养瓶使用耐磨的螺纹盖，必要时安装带 HEPA 保护的出口。

（4）外部供气（如 O_2、CO_2、N_2 等）的培养箱，进气和排气管道上安装高效过滤装置。

（5）避免频繁开启箱门，开关门时手不离开门，动作要轻缓，防止气溶胶扩散。

（6）保持箱内空气干净，定期消毒，内腔出现洒溢时，及时清理并消毒。

（7）不适用于含易挥发性化学溶剂、低浓度爆炸和低着火点的物品及有毒物品的培养。

（8）阶段性工作结束或需要维修时，对培养箱内腔彻底清洁和消毒。

3. 振荡器

振荡器使用过程中的生物危害因素包括培养瓶（皿）跌落、破碎导致伤人和感染性材料溢洒、飞溅；气溶胶产生和扩散。进行生物危险材料培养时，应采取相关防范措施。

（1）放置在平坦、坚固的地面上，位置和高度要便于人员的操作。

（2）尽可能放在排风口附近，必要时加装负压安全罩，以吸取振荡器排出的气体。

（3）在使用振荡器时，培养瓶内会产生压力，含有感染性物质的气溶胶就可能从盖子和容器间隙溢出。采用塑料制品代替玻璃用品，用前检查，确保无裂缝、无缺损和变形。

（4）培养瓶使用耐磨的螺纹盖，安装通气滤膜装置，培养液装量不宜超过总体积的 1/3。

（5）检查瓶夹紧固螺钉是否牢固和瓶夹夹紧度，避免在振荡情况下松动甚至脱落。

（6）高速旋转工作时，培养瓶放置要以摇台板几何中心为中心，对称平衡均匀分布。

（7）停机并关闭电源后，应静置 5 min 后打开振荡器盖，并对振荡器内腔进行消毒和清洁。

（8）病原体有关的接种、加料和取样等操作均应在生物安全柜内操作。

（9）培养过程中出现洒溢或培养瓶破碎时，应立即停止运行，静置 15 ~ 30 min，开盖后清理溢洒物，清除振荡器内腔的污染，用镊子拾取破碎物，禁止直接用手拾取破碎容器。工作人员应加强个人防护。

4. 冷冻干燥机

冷冻干燥机使用过程中的生物危害因素包括冻干瓶（安瓿）炸裂、破碎导致伤人和感染性材料溢洒；气溶胶产生和扩散。

进行生物危险材料冷冻干燥时，应采取相关防范措施。

（1）放置在平坦、坚固的地面（台面）上，位置和高度要便于人员的操作。

（2）应加装负压安全罩，必要时放置在负压隔离装置内，排风加装高效过滤装置，并具备原位检漏和消毒条件。

（3）排气管路上加装用于阻断微生物气溶胶的高效过滤器。

（4）检查冷冻舱盖（密封圈）、排气管、冷冻管的密封性。

（5）冷冻干燥后生物危险材料的安瓿应在生物安全柜内打开，打开安瓿时应用适当材料（如纱布）包裹，以保护操作者不被割伤。

（6）阶段性实验结束或需要维修时，对真空冷冻干燥设备内腔和外表面彻底消毒处理。

（7）根据风险评估结果，确定冷冻干燥机使用、维护和维修过程中的个体防护要求。

5. 冰箱、液氮罐

冰箱、液氮罐在使用过程中的生物危害因素包括容器跌落、破碎，导致感染性材料溢洒；菌种或生物样本冻存管冻裂、炸裂，导致伤人和感染性材料飞溅，气溶胶产生和扩散；汽化时由于大量吸热，接触造成冻伤。

（1）储存在冰箱、液氮罐内所有容器应清楚标明内装物品名、日期、储存者姓名等，应当保存一份冻存物品的清单。冰箱内禁止放置物品太满，防止开门时跌落。

（2）从低温保存区取放标本时应穿戴防冻手套，从液氮中取放生物样本时应佩戴面部和眼部防护装置。低温中取出的样本容器尽快放到生物安全柜内，防止炸裂，不要立即开启，防止内容物喷出。

（3）及时清理出所有在储存过程中破碎的安瓿和试管等物品，清理时应佩戴厚橡胶手套并进行呼吸道和面部防护，清理出的废旧物品必须经高压灭菌后丢弃。

（4）除非有防爆措施，否则冰箱内不能放置易燃溶液。

（5）保藏重要菌（毒）种、生物样本资源的冰箱、液氮罐应设置温度监控系统，设断电及温度报警装置，通过声光报警及远程信息提醒。

（6）选用优质冻存管，建议保存在液氮罐内的气相中，禁止用玻璃管保存样品。感染性生物样本不应放入液氮罐的液相中储存，发现样本冻存管破损等原因造成液氮污染时，要及时采取措施避免交叉污染。

（7）储存液氮罐的房间应具备通风和氧气浓度监测条件。

（8）存放感染性材料的冰箱，阶段性工作结束后，应对箱内及物品进行彻底消毒处理。

6. 移液器

移液器在使用过程中的生物危害因素包括液体滴漏、飞溅；气泡及气溶胶产生。生物安全防护水平 2 级及以上实验室中操作感染性液体时，应使用移液辅助器。

（1）使用定量移液辅助器时，选用合适的吸头，防止移液过程中脱落，建议使用带滤芯的移液器或移液吸头，减少对移液装置的污染。

（2）不得强制排出移液器中感染性液体，禁止用移液管和移液器反复吹打液体。

（3）为避免感染性物质从移液管中滴落而扩散，在工作台面应当放置一块吸收材料（浸有消毒液的纸布等），大量液体操作时应放置在不锈钢盘内，用后将其按感染性废物处理。

（4）受污染的移液管和吸头应完全浸泡在盛有适当消毒液的防碎容器中。取下吸头时，禁止手接触吸头底部。

（5）建议选用可整体高压灭菌的移液器，并定期校准。

7.3 物理安全防范

7.3.1 基本概念

1. “物理安全防范”范围

生物安全实验室是专门从事病原微生物研究的技术平台，因此，生物安全实验室的安全防范工作在实验室能力建设中占有重要地位。国家标准《安全防范工程技术标准》（GB 50348—2018）给出了“安全防范”的定义：综合运用人力防范、实体防范、电子防范等多种手段，预防、延迟、阻止入侵、盗窃、抢劫、破坏、爆炸、暴力袭击等事件的发生。从该定义可以看出，安全防范的技术措施主要包括人力防范（personnel protection）、实体防范（physical protection）、电子防范（electronic security）三大类。

人力防范是指具有相应素质的人员有组织地防范、处置等安全管理行为，简称“人防”。可以看出“人防”侧重于人的因素，即通过人的行为管理实现安全防范，故不在本节所讨论的“物理安全防范”范畴内。

实体防范是指利用建（构）筑物、屏障、器具、设备或其组合，延迟或阻止风险事件发生的实体防护手段，又称“物防”。可以看出“物防”侧重于建筑、设施或设备实体的防护，与本节所讨论的“物理安全防范”高度契合。

电子防范是指利用传感、通信、计算机、信息处理及其控制、生物特征识别等技术，提高探测、延迟、反应能力的防护手段，又称“技防”。可以看出“技防”侧重于自动化、信息化的防护，也属于本节所讨论的“物理安全防范”范畴。

在生物安全设施硬件能力建设中做好“物理安全防范”，实际上是指在生物安全设施的全生命期构建并运行好“安全防范系统”（security system），即以安全为目的，综合运用实体防护、电子防护等技术构成的防范系统，包括实体防护系统（physical protection system）、电子防护系统（electronic protection system），其中实体防护系统是指以安全防范为目的，综合利用天然屏障、人工屏障及防盗锁、柜等器具、设备构成的实体系统；电子防护系统是指以安全防范为目的，利用各种电子设备构成的系统，通常包括入侵和紧急报警、视频监控、出入口控制、防爆安全检查、电子巡查、对讲等子系统。

生物安全设施“安全防范系统”建设应将实体防范（物防）、电子防范（技防）等手段有机结合，通过科学合理的规划、设计、施工、运行及维护，构建满足安全防范管理要求、具有相应风险防范能力的综合防控体系。

2. 系统组成术语

入侵和紧急报警系统（intrusion and hold-up alarm system，I&HAS）：利用传感器技术和电子信息技术探测非法进入或试图非法进入设防区域的行为，和由用户主动触发紧急报警装置发出报警信息、处理报警信息的电子系统。

视频监控系统（video surveillance system，VSS）：利用视频技术探测、监视监控区域并实时显示、记录现场视频图像的电子系统。

出入口控制系统（access control system，ACS）：利用自定义符识别和（或）生物特征等模式识别技术对出入口目标进行识别，并控制出入口执行机构启闭的电子系统。

电子巡查系统（guard tour system）：对巡查人员的巡查路线、方式及过程进行管理和控制的电子系统。

访客对讲系统（intercom system）：采用（可视）对讲方式确认访客，对建筑物（群）出入口进行访客控制与管理的电子系统，又称访客对讲系统。

保护对象（protected object）：由于面临风险而需对其进行保护的对象，包括单位、建（构）筑物及其内外的部位、区域以及具体目标。

高风险保护对象（high risk protected object）：依法确定的治安保卫重点单位和防范恐怖袭击重点目标。

防范对象（defensing object）：需要防范的、对保护对象构成威胁的对象。

探测（detection）：对显性风险事件和（或）隐性风险事件的感知。

周界（perimeter）：保护对象的区域边界。

防区（zone）：在防范区域内，入侵和紧急报警系统可以探测到入侵或人为触发紧急报警装置的区域。

监控区域（surveillance area）：视频监控系统的视频采集装置摄取的图像所对应的现场空间范围。

受控区（controlled area/protected area）：出入口控制系统的一个或多个出入口控制点所对应的、由物理边界封闭的空间区域。

7.3.2 标准要求

1.《实验室生物安全通用要求》

国家标准《实验室生物安全通用要求》（GB 19489—2008）第 6.3.8 节及第 6.5.3 节部分的条文给出了安全防范的要求，摘录如下。

（1）进入实验室的门应有门禁系统，应保证只有获得授权的人员才能进入实验室。

（2）需要时，应可立即解除实验室门的互锁；应在互锁门的附近设置紧急手动解除互锁开关。

（3）核心工作间的缓冲间的入口处应有指示核心工作间工作状态的装置（如：文字显示或指示灯），必要时，应同时设置限制进入核心工作间的连锁机制。

（4）应在实验室的关键部位设置监视器，需要时，可实时监视并录制实验室活动情况和实验室周围情况。监视设备应有足够的分辨率，影像存储介质应有足够的数据存储容量。

（5）应有严格限制进入动物饲养间的门禁措施（如个人密码和生物学识别技术等）。

（6）动物饲养间内应安装监视设备和通信设备。

2.《生物安全实验室建筑技术规范》

国家标准《生物安全实验室建筑技术规范》（GB 50346—2011）第 7.4 节给出了安全防范的要求，摘录如下。

（1）四级生物安全实验室的建筑周围应设置安防系统。三级和四级生物安全实验室应设门禁控制系统。

（2）三级和四级生物安全实验室防护区内的缓冲间、化学淋浴间等房间的门应采取互锁措施。

（3）三级和四级生物安全实验室应在互锁门附近设置紧急手动解除互锁开关。中控系统应具有解除所有门或指定门互锁的功能。

（4）三级和四级生物安全实验室应设闭路电视监视系统。

（5）生物安全实验室的关键部位应设置监视器，需要时，可实时监视并录制生物安全实验室活动情况和生物安全实验室周围情况。监视设备应有足够的分辨率，影像存储介质应有足够的数据存储容量。

7.3.3 设计与建设

1. 设计原则

对于生物安全设施的物理安全防范设计，要求绝对安全可靠，不能有死角和盲点。除了考虑安全性因素之外，还应考虑到技术的前瞻性，即安全防范系统应具有安全性、可靠性、可维护性和可扩展性，做到技术先进、经济适用。

生物安全设施安全防范系统的设计建设与运行维护应进行全生命周期管理，应通过风险评估明确需要防范的风险，统筹考虑人力防范能力，合理选择物防和技防措施，构建安全可控、开放共享的安全防范系统。遵循工程建设程序与要求，确定各阶段目标，有计划、有步骤地开展工程建设、系统运行与维护。安全防范系统运行过程中，生物安全设施使用单位宜结合安全防范需求和系统使用情况，进行风险评估。

2. 系统设计

对于生物安全设施安全防范系统的整个设计，可采取"层次设防"的措施，层层设防，形成立体化的防护网络（图 7-13），具体措施如下。

第一层为周界防范。在周围围栏、建筑外墙以及外窗设置主动式红外报警器，并使之与警报器联动，一旦有人从围栏、任何外窗甚至试图从外墙打洞进来，将会启动警铃报警（图 7-14）。

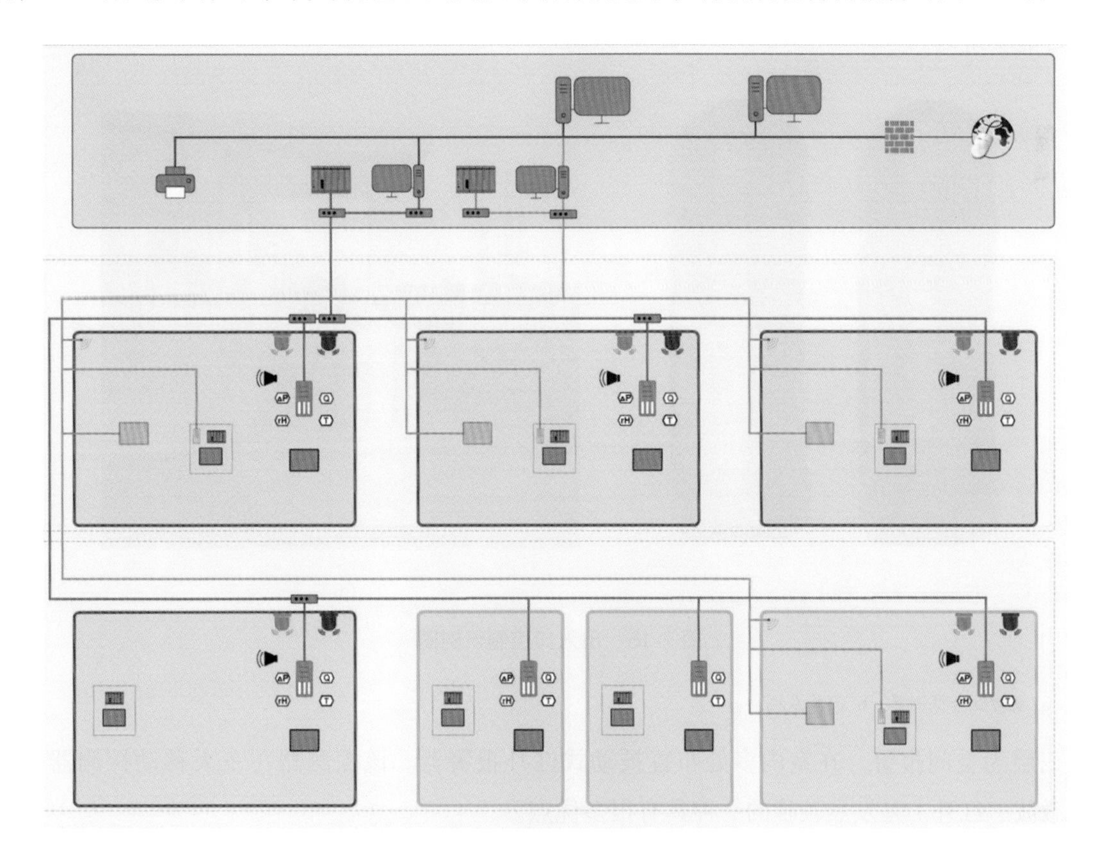

图 7-13　生物安全设施安全防范系统布置示例

图 7-14 周界防范示例

第二层为出入口控制。在实验室的正门、后门以及中央监控室入口处设置门口机和电控锁，访问者进入时，必须通过门口机和管理人员进行视频对话，经管理人员验证后才能打开大门（图 7-15）。对于实验室内工作人员，持有门禁卡，卡上记录有工作人员资料和访问权限，门口机在距离门 1 m 远处会自动识别访问者身份和访问权限，自动开关门。没有合法身份或试图暴力闯入，都是不可能实现的。

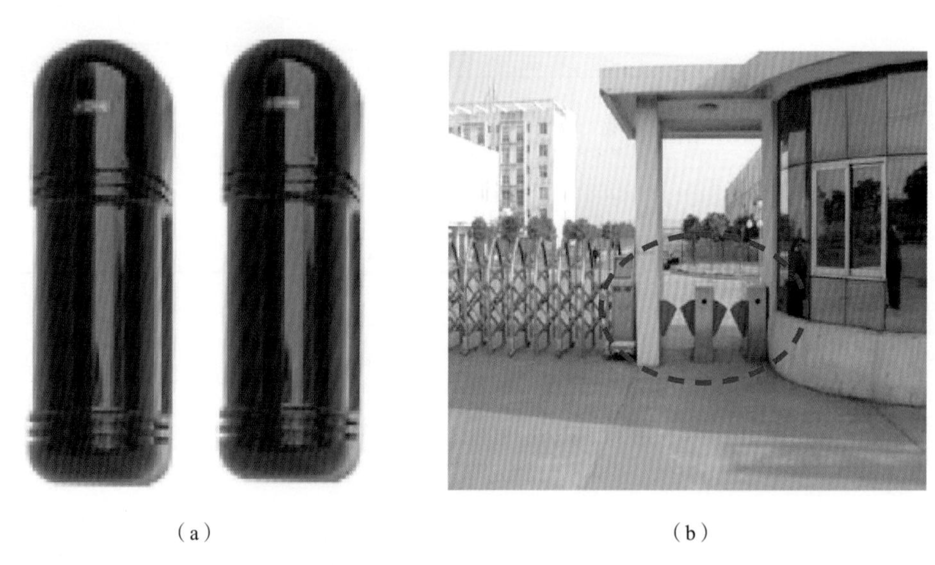

（a）（b）

图 7-15 出入口控制示例图

a. 主动红外探测器；b. 门禁系统。

第三层为空间报警。在室内多处布置被动式红外报警器。该探测器在三大移动探测器中（超声波、微波、红外）是发展较晚的一种具有很多优点。

（1）由于是被动式，不主动发射红外线，因此功耗小，只有几毫瓦。

（2）由于是被动式，不需要像主动式那样在发射器和接收器之间严格校直接所以安装简单。

（3）与微波移动探测器相比，红外线波长不能穿透砖头或水泥墙面，因此在使用时可以有效防止室外运动目标造成的误报。

（4）在面积较大的室内安装多个被动式探测器时，由于它是被动的，所以不会产生互相干扰的现象。

（5）工作不受声音的影响，声音不会使它产生误报。

第四层为闭路电视监控系统。在实验室的重要部位设置了不同类型的摄像机，通过中控室操作台的监控主机可以监控室内所发生的所有事件，并且可以进行连续的实时录像。

第五层为电子巡更系统。为了监督“保安”是否按照指定路线进行巡逻，并保障“保安”人员和实验室的安全，在实验室内安装电子巡更系统。主要措施是在实验室的通道口以及各实训台安装巡更按钮；在实训台主机上安装通信座，来读取“保安”巡更棒上的数据，检查“保安”的工作。

3. 系统特点及功能说明

（1）红外周界防范报警系统。

1）系统功能：主要由红外对射式探测器、报警主机、系统软件、报警联动模块、系统电源、声光警号、传输电缆等组成，红外周界防范终端装置示例如图 7-16 所示。当非法入侵者试图越过围墙进入建筑群时，该系统的报警主机立即启动警铃报警，安防主机会弹出电子地图，指出报警的区域地点、时间、探头编号等，指示“保安人员”在第一时间赶到现场处理警情，同时可及时报警至 110 报警中心。该系统和闭路电视监控系统联动，摄像机将自动转到出警处进行录像，以获取入侵证据，红外周界防范报警工作原理示意图如图 7-17 所示。

图 7-16 红外周界防范终端装置示例

2）系统主要特点：①系统具有防剪线功能，一旦出现剪线或损坏，能及时向管理中心报警。②系统具有设防、撤防、掉电保护、密码操作、安防主机显示报警区域、电子地图等功能。

（2）数字视频监控系统：随着网络、通信和微电子技术的快速发展，数字视频监控以其直观、方便和内容丰富等特点日益受到人们的青睐。为加强生物安全设施物理安全防范的硬件建设，创建安全、和谐的工作环境，保障生物安全设施的正常进行，应根据 GB 19489—2008 和 GB 50346—2011 的要求实施数字视频监控工程，在重点防范区域内建立网络数字视频监控系统。该系统主要由前端图像采集、图像信号传输和图像显示存储 3 个部分组成。数字视频监控系统工作原理示意图如图 7-18 所示。

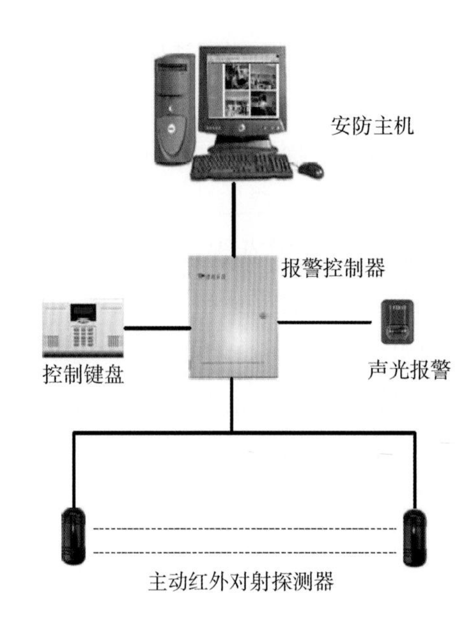

图 7-17　红外周界防范报警工作原理示意图

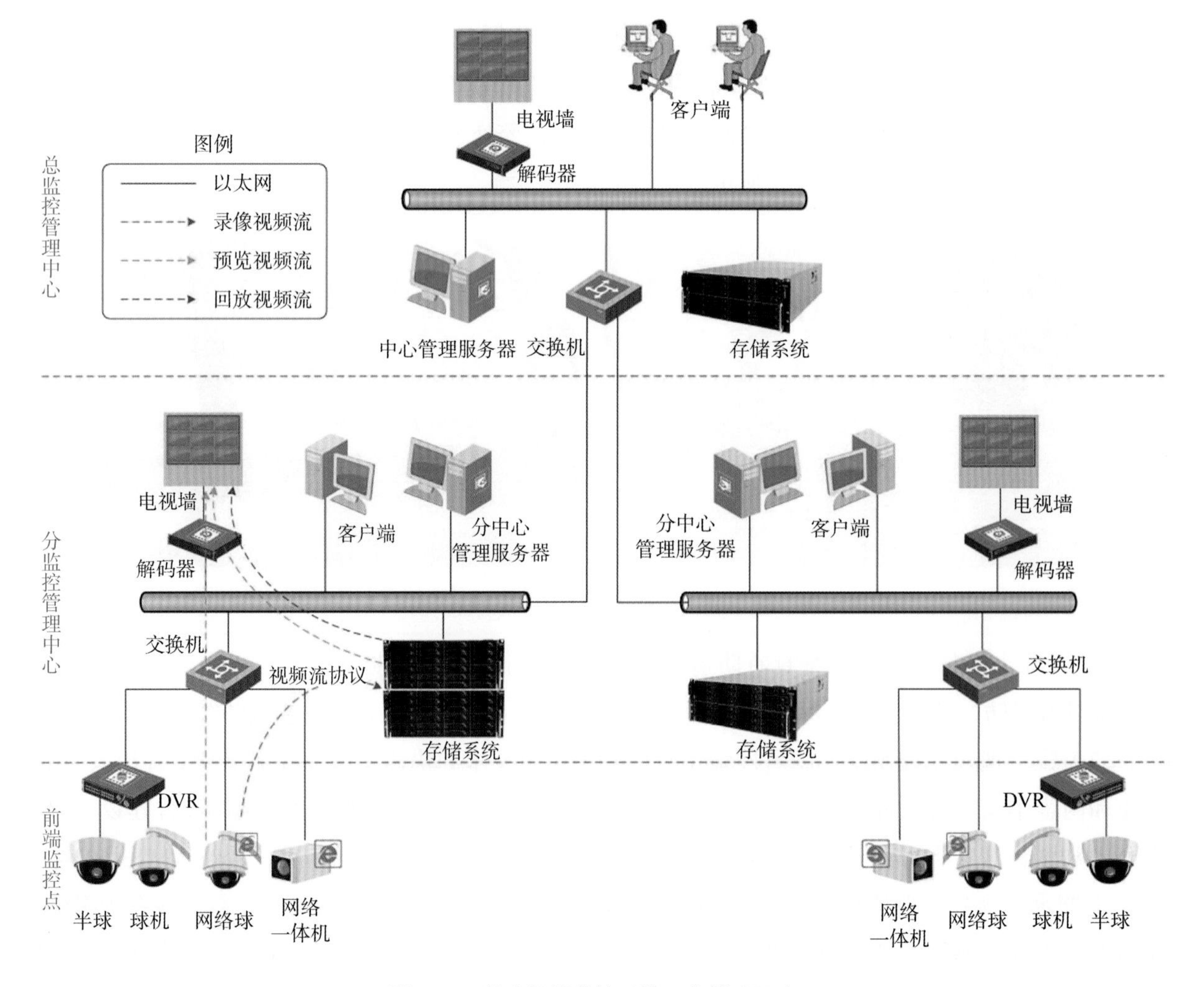

图 7-18　数字视频监控系统工作原理示意

1）前端图像采集部分：安装在实验楼主要出入口和各实验室重点防范区域内，进行现场动态录像，并根据实验楼监控点的具体情况，可采用 3 种不同类型的摄像机（彩色半球摄像机、彩色红外半球摄像机、红外防水型彩色一体摄像机）（图 7-19）。系统能实时、准确、真实地反映被监视对象，及时捕获并存储大量丰富的现场信息，极大地提高生物安全设施管理效率和安全防范水平。若遇生物安全事故、火灾等突发事件，监控中心可以及时了解实验室的情况，以便进行调控指挥，将损失控制在最小范围。同时还能和红外周界防盗报警系统联动。

图 7-19　视频监控摄像机图标

2）图像信号传输部分：数字视频监控系统视频信号可采用 75Ω 同轴电缆，摄像机安装采用 SYV-75-5/128 编同轴电缆，电源线采用 RVV2*1.0。两线同步，集中供电，以保证监控信息的准确传输和电压功率的稳定传输。

3）图像显示存储部分：主要功能是对前端图像采集部分进行控制，对输入的图像进行存储、显示处理。此功能可用传统的模拟方式和目前流行的数字方式实现。由于现阶段数字硬盘技术已相当成熟，并且是今后发展的方向。

图像显示存储部分主要由嵌入式硬盘录像机、录像存储和显示设备组成。

①嵌入式硬盘录像机：网络硬盘录像机是专为安全防范领域设计的数字监控产品，采用了嵌入式处理器和嵌入式操作系统，基于视音频压缩、大容量硬盘记录、TCP/IP 协议等技术。代码固化在 FLASH 中，使得系统运行更加稳定。系统中数字硬盘录像机具有监视、控制、录像、存储等功能。并且根据需要可在授权的计算机上安装相应的监控软件，通过内部网络登录数字硬盘录像机的固定 IP 地址就可以远程进行监视和控制前端摄像机。

②录像存储：采用动态录像模式，即摄像机侦测到移动物体时录像。保存录像资料采用西部数据 /WD 250 GB 硬盘，预想录像资料存储达到 3 个月。

③显示设备：显示部分主要采用彩色显示器来显示前端图像。监视器应具有较好的画面亮度、对比度、色彩饱和度。显示器整体外观大方整洁、性能以实用为主，应能满足监控图像显示的需要。

（3）出入口控制系统：该系统采用门禁卡，彩色、黑白可视对讲设备，实现对主大门、侧门、后门的访客多重识别，杜绝非本环境或住所的无关人员进入，同时具备室内紧急报警等功能。该系统由管理中心机、门口机、管理软件等组成。

（4）电子巡更系统：系统采用离线感应式，即不需要连接电缆线，即可安装使用，由以下设备组成。巡更棒（又称数据采集器）：用于采集信息钮的数据，并加以储存。巡更点：封装于不锈钢壳内的、具有数据编码信息的存储器芯片。巡更底座：用于将巡更器采集的数据传输到计算机中。监控中心电脑：将有关数据处理并提供详尽的巡检报告（图 7-20）。

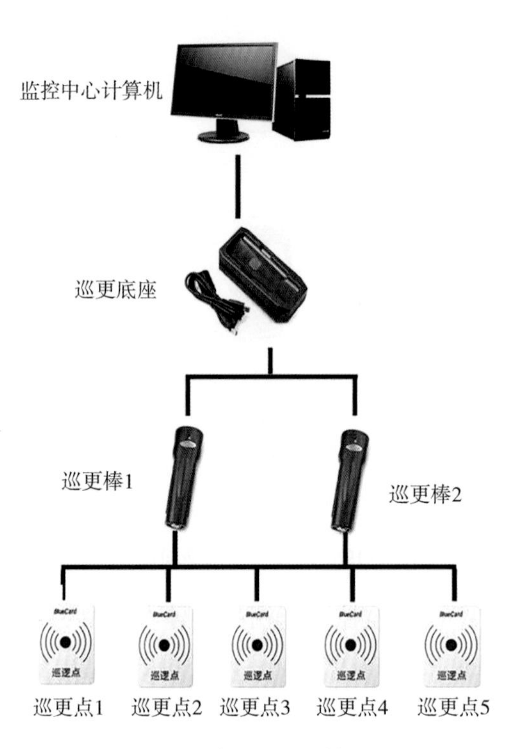

图 7-20　电子巡更系统原理图

7.4 个体防护装备

个体防护装备（PPE）是指防止操作者受到生物性、化学性或物理性等危险因素伤害而穿戴和配备的各种防护用品。生物安全实验室中，PPE 主要是用于操作者在处理含有致病微生物或其毒素的实验对象时免受感染性材料各种方式的暴露，避免实验室相关感染。在严格遵从标准化操作程序的同时，采取科学合理的个体防护对避免实验室相关感染非常必要、非常有效。这是因为：①任何物理防护设备的保护功能都有一定限度，都不是绝对的。譬如Ⅱ级生物安全柜也可能有少量气溶胶粒子扩散到室内，围场操作时还是要进行个体防护。②实验室生物安全防护是一项受制于多环节多因素的系统工程，在长期运转中难免有意外发生，个体防护就是保证安全的关键。

PPE 所涉及的防护部位主要包括手部、头面部、呼吸道、躯体和听力，其装备包括手套、口罩、护目镜、面罩、正压防护头罩、实验服、隔离衣、围裙、连体防护服、正压防护服、防护鞋（套）

以及听力保护器等（表7-12列举了各类防护装备的基本要求）。PPE和安全防护设备组合使用可确保操作者不与致病微生物等有害因子直接接触，从而构成了实验室生物安全防护的一级屏障。

表7-12 各类防护装备的基本要求

PPE	避免的危害	安全性特征
手套	直接接触微生物	得到微生物学认可的一次性天然乳胶、丁腈橡胶类材料的保护手套
口罩	吸入气溶胶、喷溅	细密带静电的无纺布制成的空气过滤式防护口罩，要做个人适配性检测
护目镜	碰撞和喷溅	防碰撞镜片（必须有视力矫正或外戴视力矫正眼镜），侧面有护罩
面罩	碰撞和喷溅	罩住整个面部，发生意外时易于取下
正压防护头罩	吸入气溶胶、喷溅	透明头罩、风机、高效过滤器、送气管、披肩、尼龙搭扣、脖套、进气阀、排气阀罩、单向排气阀等，自带送风过滤式装置或外部提供压缩空气
隔离衣	接触污染	PP（聚丙烯）或SMS无纺布材料，背面开口，通常罩在连体防护服外，防水
连体防护服	接触污染	PP（聚丙烯）或SMS无纺布材料，通常前面拉链，头部、上身、下身（或含足）连成一体，防水、透气
正压防护服	接触污染、吸入气溶胶	由透明头罩、上衣、裤子、鞋靴、手套、护圈、挂环、气密性拉链、供气管道、进气调节阀、过滤装置、止回阀、关断阀以及听觉保护与声讯传递系统组成一体化结构，由外部提供可呼吸用空气，退出实验室时要对其表面进行全方位化学淋浴消毒
围裙	接触污染	塑料，防水，大型动物解剖时，可使用金属网孔围裙
鞋、鞋套	碰撞和喷溅	防水、遮盖鞋袜不露脚趾、遮盖裤腿下部

7.4.1 手部防护

手部防护装备主要是手套。实验操作中手最有可能被生物、化学品、辐射等污染，也容易受到“锐器”刺伤、擦伤和动物抓、咬伤等伤害。在处理感染性物质、血液和体液可能接触黏膜和受损皮肤时，必须使用合适的手套以保护操作者免受污染物溅出或生物污染造成的损害，通常使用一次性天然乳胶、丁腈橡胶类材料的手套。手套种类繁多，按照防护功能可分为防酸碱手套、防高低温手套、防割伤手套等。手套的选用应该按照所从事操作的性质来选择，符合舒服、合适、灵活、耐磨和耐撕的要求，以提供足够的保护。

1. 手套的选择

应选择大小、材质和用途合适的手套。一般实验操作多数使用乳胶橡胶或丁腈橡胶类手套，操作强酸、强碱时使用氯丁橡胶手套。使用耐热材料制成的手套可以接触高温物体，决不能用橡胶或塑料手套接触高温物体。使用特殊的绝缘手套处理极冷的物体如液氮或干冰。在进行动物尸体解剖等可能接触尖锐器械时，应戴不锈钢（金属）网孔丝织物制成的耐割伤手套以防止切割损伤（表7-13）。

表7-13　生物安全实验室常用的防护手套

名称	典型样式	材质	特点	适用范围
乳胶手套		天然乳胶	对含微生物液体、颗粒、酸碱水溶液具有较好防护作用，舒适，弹性好，使用灵活	一次性使用，多用于实验室常规操作
丁腈手套		丁腈橡胶	具有抗磨损和一定的抗刺穿性能，对含微生物液体、颗粒、酸碱水溶液具良好防护作用，使用灵活舒适，但弹性稍差	用作正压防护服配套手套或乳胶手套的外层防护手套
橡胶手套		合成橡胶	具有较强的抗磨性、抗刺穿性能、抗抓咬性能和耐高浓度酸碱溶液腐蚀穿透性能，较厚重，灵活性差	可重复使用，一般用于强酸碱溶液操作使用
耐高低温手套		隔热材料	具有良好的耐高温灼伤和低温冻伤性能，不具备机械损伤和生物化学阻隔性能	可重复使用，一般用于高低温取材时的手部防护
耐割刺手套		橡胶或带金属丝织物	具有优良的耐切割、刺穿性能，一般不具备机械损伤和生物化学阻隔性能	可重复使用，一般用于实验动物饲养、抓取及大中型动物的解剖等操作

2. 手套的使用

（1）每次佩戴手套前应该检查手套是否褪色、穿孔（漏损）和裂缝，应拉伸几次手套以检查其完整性和质量，并采用充气法检查其气密性。

（2）一般情况下，生物安全防护水平 1 级和 2 级佩戴一副手套即可，生物安全防护水平 3 级操作感染性物质及动物实验时，应该佩戴两副手套。手套口应完全遮住手及腕部，覆盖实验服衣袖。

（3）对于所有可能涉及计划中或意外接触血液、体液及其他具潜在感染性材料的操作，必须戴一次性手套，不得重复使用，因为消毒剂暴露和长期使用将会减弱手套完整性，并降低防护功能。

（4）避免手套“触摸污染”，戴手套的手禁止触摸鼻子、面部和避免触摸或调整其他 PPE（如防护口罩、护目镜等），未经消毒避免触摸照明开关、门或把手等物体表面。

（5）实验室中要一直保持戴手套状态，在撕破、损坏或手套污染时应及时更换手套，不得戴着手套离开实验室特定区域。

7.4.2 头部、面部、眼部防护

1. 头部防护

佩戴由无纺布制成的一次性简易防护帽，可以保护操作者免受化学和生物危害物质飞溅至头部（头发）造成的污染。同时，可防止头发和头屑等脱落污染工作环境，因此，要求操作者在实验操作时应佩戴防护帽，防护帽应充分遮盖头部和发际线的头发，头发较长者，戴帽前应束好头发，将头发全部扣进帽子，避免外露。

2. 面部防护

面部防护装备主要有防护口罩和防护面罩。常用的医用外科口罩由三层纤维组成，可预防飞沫进入口鼻，保护部分面部免受血液、体液及排泄物等生物危害物质喷溅物的污染，适用于生物安全防护水平 1 级和 2 级。N95（国内标准为 KN95）及以上级别的口罩适用于高致病性病原体实验操作，如生物安全防护水平 3 级操作经呼吸道传播的高致病性病原微生物感染性材料时，则需要佩戴 N95 及以上级别口罩，并做个体适配性测试。

防护口罩使用要点：

（1）佩戴时选择合适和合格的口罩，遮盖住鼻、口和下颚。

（2）用橡皮筋（松紧带）固定在头部。

（3）调整在合适的面部位置并加以检验，吸气时个人呼吸器应有塌陷，呼气时在口罩周围不应漏气。

（4）卸下口罩时首先提起口罩下方橡皮筋越过头部，然后提起口罩上方橡皮筋使口罩脱离面部。

（5）值得注意的是，带呼吸阀片的防护口罩在设计上只能保护佩戴者本人，不能对别人和实验对象提供保护。

防护面罩通常用防碎塑料制成，其形状应与脸型相配，有一次性和耐用面罩。可保护操作者免遭面部碰撞，以及感染性材料飞溅或接触脸部、眼睛和口鼻的危害。当进行可能产生感染性材料喷溅的危险实验时，可根据组合使用的方法对整个面部进行防护，在使用防护面罩时常同时佩戴防护口罩、护目镜。

3. 眼部防护

在所有易发生潜在眼睛损伤，包括理化和生物等因素引起的损伤，以及有潜在黏膜吸附感染危险的实验时，必须采取眼部防护措施。此要求不仅适用于实验操作者，同时也适用于实验室清场消毒及仪器设备维修保养的工作人员。

眼部防护装备主要有护目镜。另外，实验室还应配备洗眼装置。当进行可能发生化学和生物污染物质溅出的实验时，操作者应佩戴护目镜。护目镜应戴在常规视力矫正眼镜或角膜接触镜的外面来对飞溅和撞击提供保护。当在进行更为危害的实验时，如进行有潜在爆炸的反应和使用或混合强腐蚀性溶液时，还应佩戴防护面罩。

佩戴护目镜长时间工作后镜片起雾会导致视线模糊和不舒适感，并可能引起操作失误。因此，

在佩戴前应使用专用防雾剂（肥皂水加甘油等）擦拭内外镜片，再用清水冲洗干净，这样可有效缓解镜片起雾。

生物安全实验室内应配备紧急洗眼装置，洗眼装置应安装在室内明显和易取的地方，发生腐蚀性液体或生物危害液体喷溅至操作者眼睛时，操作者应用大量缓流清水冲洗眼睛表面 15 ~ 30 min。如果实验室没有从事大量腐蚀性或生物危害液体操作时，也可使用专用洗眼瓶代替洗眼装置。

7.4.3 呼吸防护

当进行大量感染性材料离心、培养、动物实验、清理溢出的感染性物质等高度危险性的操作时，如不能安全有效地将气溶胶限定在许可范围内，则应加强呼吸防护。呼吸防护装备主要有防护口罩、正压防护头罩和正压防护服。

进行大量感染性材料离心、培养、清理溢出的感染性物质、感染动物饲养和解剖等高度危险性操作时，可采用正压防护头罩来加强防护。正压防护头罩可最大限度地保护佩戴者免受感染性物质的喷溅及气溶胶的吸入。使用正压防护头罩时将不会妨碍佩戴眼镜，但无须佩戴护目镜。实验室应制定正压防护头罩使用操作规程，包括穿戴前检查、穿戴、脱卸及消毒程序，正压防护头罩未经消毒禁止带出实验室特定区域。

正压防护头罩除对呼吸系统防护外，还可提供头面部防护。从生命支持系统或电动送风系统向正压防护头罩提供压力和流量持续稳定的洁净空气进入头罩，向佩戴者提供呼吸空气的同时维持头罩内相对外界的正压，进一步阻止外部环境的生物污染物（气溶胶）进入头罩，克服了传统自吸过滤式防护口罩由于密合不严而产生泄露的风险，大幅提高了防护等级。

通常情况下正压防护头罩先于连体防护服脱卸，在不能有效利用安全隔离装置的动物饲养间和操作间从事可传染人的病原微生物实验活动时，佩戴正压防护头罩的同时还应佩戴防护口罩，退出实验室时应对正压防护头罩进行消毒处理，并对消毒效果进行验证。

7.4.4 躯体防护

躯体防护装备主要是防护服，包括实验服、隔离衣、围裙、连体防护服以及正压防护服。实验室应有专门放置防护服的衣柜，确保贮备足够的清洁防护服可供使用。实验中操作者应一直或持续穿戴防护服，离开实验室特定区域之前应脱去防护服，污染的防护服（正压防护服除外）应按污染废物高压灭菌处理。

1. 实验服

实验服（大褂式工作服）一般用于生物安全防护水平 1 级进行静脉血和动脉血的穿刺抽取；血液、体液或组织的处理加工；质量控制和实验室仪器设备维修保养；化学品和试剂的处理和配制等工作时的躯体防护。

由于化学或生物危害物质有可能吸附或累积在实验服上，实验服应为长袖并可锁口，且足够长可遮住膝盖，前面应能完全扣住，实验中穿戴实验服不应敞口和卷袖，操作大量化学品或液体时，可在实验服外系上围裙。实验服可重复使用也可一次性使用，重复使用时应保持清洁，定期洗涤，洗涤前应考虑对有明显污染的实验服进行高压灭菌。

2. 隔离衣

隔离衣通常指一次性外科手术衣（反穿衣），为长袖背开系带式，应具有防水、防静电功能，穿着时应保证颈部和腕部扎紧。隔离衣适用于生物安全防护水平1级、2级和3级使用，在接触大量血液、感染性液体穿戴。隔离衣的脱除次序为：解开颈和腰部的系带，将隔离衣从颈处和肩处脱下，将外面污染面卷向里面，将其折叠或卷成包裹状，减少双手与外表面接触，脱完后消毒手套。

3. 连体防护服

生物安全防护水平3级从事高致病性病原微生物实验活动时，应穿戴连体防护服，连体防护服多采用无纺布缝纫和黏接而成，通常为一次性使用。选择防护服时至少要考虑三个方面因素：防护性、舒适性和物理机械性能。防护性是最重要的性能要求，应具备阻隔液体、微生物和颗粒物质等功能；舒适性包括单向透气性、透湿性、悬垂性、静电性能及皮肤致敏性等，一次性防护服面料通常经过层压或覆膜处理，造成透气性、透湿性差，长时间穿着不利于排汗排热。物理机械性能主要指防护服材料的抗撕裂、耐磨损等性能。

一次性连体防护服为前开拉链式，袖口、脚踝口应为弹性收口，具有良好的防水、防静电功能，穿着时要保证颈部和腕部扎紧。为防止拉链下滑和拉链部位渗漏，通常拉链外部设置拉链门襟。实验中应一直或持续穿戴连体防护服。

连体防护服使用要点：①检查完好性，大小合适，稍宽松。②粘好拉链门襟，胶带密封防护服袖口与手套接合处。③抬手、抬腿、屈膝、弯腰动作检查是否合身。④脱防护服时注意“内裹外”原则，通常将鞋套和外层手套一起翻卷脱下，减少双手与外表面接触，脱完后消毒内层手套。

4. 正压防护服

正压防护服是集防止头部、面部、身体、手、脚和呼吸道暴露等功能于一体，由化学防护材料（如特殊PVC基体的高分子材料）制成并有单向阀或高效过滤器连接和供气功能的全身封闭式特殊防护装备。正压防护服可以对操作者提供头部、面部、身体、手、脚和呼吸道最高等级的防护，适用于涉及致死性生物危害物质或第一类生物危险因子（如埃博拉病毒等）的实验操作，一般在生物安全防护水平4级使用。理论上说，操作者穿戴正压防护服在实验室内操作感染性材料完全可以在开放状态下进行，但为了把污染区域控制在最小范围，同样要采用部分隔离的Ⅱ级生物安全柜或等效安全隔离装置。

正压防护服依靠生命支持系统持续为操作者提供新鲜、舒适、可呼吸的压缩空气，并维持正压防护服内相对于实验室的正压状态。供气方式有两种：一种是送风来自外部提供的供气系统（生命支持系统），通过弹性耐高压软管与正压防护服快速插拔接口连接；另一种是动力送风过滤式供气系统，开启电动风机时，送风经过高效过滤器后经送气管进入正压防护服，适用于野外采样和应急使用。

操作者穿戴正压防护服退出实验室之前应对正压防护服表面进行化学淋浴消毒，避免正压防护服表面可能携带病原体带出实验室污染周围环境，应定期进行消毒效果验证。

5. 围裙

操作大量腐蚀性液体、大型动物解剖、大量溢洒处理或洗涤物品时，应该在实验服或隔离衣外面穿上高颈围裙（塑料或橡胶制品）加以保护。

6. 防护鞋及鞋（靴）套

生物安全防护水平 2 级和 3 级要坚持穿防护鞋、鞋套或靴套，防止操作者足部（鞋袜）受损伤，特别是血液和其他潜在感染性物质喷溅造成的污染以及化学品腐蚀。实验室中禁止穿凉鞋、拖鞋、露趾鞋和机织物鞋面的鞋。建议使用皮制或合成材料的不渗液体的鞋类以及防水、防滑的一次性或橡胶靴子等足部防护装置，鞋套可防止将病原体带离工作地点而扩散到实验室外，防护鞋、鞋套或靴套等不得穿离实验室区域。

7.4.5 听力防护装备

实验室中常用的超声粉碎仪、匀浆器工作时会产生高分贝噪声，操作者应佩戴听力保护器以保护听力。常用的听力保护器为御塞式防噪声耳罩和一次性泡沫材料防噪声耳塞。

穿戴正压防护服工作时，持续不断的送风会产生一定的噪声，影响操作者之间的语音互动。因此，穿戴正压防护服工作时，应佩戴集听力保护和语音通信于一体的装置，既可避免噪声的干扰又能实现操作者之间的良好通信功能。

7.4.6 个体防护的总体要求

生物实验中经常接触不同的试剂、细菌、质粒、病毒甚至辐射源等对人体有害的因素，所以，生物安全防护很重要，一是体现在防护意识上，二是体现在防护措施上，三是体现在应急事故处理上。防护意识包括防护意识差及过度防护造成心理恐惧两个方面；防护措施包括防护服、防护口罩、防护手套、护目镜和正压防护头罩等 PPE 的使用；应急事故处理包括应急处理程序和应急处理设备。

实验室应为操作者提供符合国家有关技术标准和生物安全要求的 PPE，制定 PPE 的选择、使用、维护和管理的政策和程序。在风险评估的基础上，按照不同生物安全防护水平，结合从事的病原实验活动性质和实际操作的需要选择适当的 PPE，同时要求操作者充分了解其实验工作性质和特点，接受 PPE 的使用和维护培训，确保正确选择和使用 PPE。当不同 PPE 组合一起穿戴时，必须彼此互补，同时应该意识到，没有任何一种型号、类型和（或）品牌的 PPE 适用于所有人员，应当询问操作者相关信息，进行适配性测试，以此获得最有效、最舒适、适配性最好的 PPE，才能发挥最好的防护作用，错误地穿戴和使用 PPE，就可能适得其反，发挥不了设计提供的防护作用。

1. 使用前检查

PPE 使用前应仔细检查，包括产品的型号、有效期、性状等，并定期检查、维护和更新，确保不降低其设计性能。

2. PPE 消毒

为了防止 PPE 被污染而携带生物因子，病原微生物实验室使用过的 PPE 应视为已被“污染”，应在规定区域消毒并脱去。实验室应制定严格的 PPE 去污染标准操作程序并遵照执行。同时，所有 PPE 未经消毒灭菌不得带离实验室特定区域。

3. PPE 脱卸

实验室应明确规定各类 PPE 脱卸的区域（房间），禁止穿着离开规定的区域。脱卸 PPE 时要把握两个原则：一是脱每件 PPE 前应先消毒手套；二是先脱污染重、体积大的，后脱呼吸和手部装备。通常情况下，PPE 脱卸大概顺序如下：外层手套、防护面罩或护目镜或正压防护头罩、隔离衣、防护服（可含鞋套）、防护口罩和一次防护帽、内层手套。如果在脱卸过程中发现 PPE 受到潜在污染或明显污染时，应先穿戴一副干净手套后再脱去其余装备。

4. PPE 易操作性和舒适性

个体防护要适宜、科学。在风险评估的基础上，按不同生物安全防护水平要求选择适当的 PPE。在确保防护水平高于保护操作者免受伤害所需要的最低防护水平（基础性防护）的同时，也要避免个体防护过度，造成操作不便、降低灵巧和控制力、舒适度差，甚至技术走样导致事故。

7.4.7 不同生物安全防护水平的个体防护原则

个体防护的内容包括个体防护装备和防护操作程序。实验室应按照分区实施相应等级的个体防护，操作者必须严格遵守不同生物安全防护水平的个体防护原则。

1. 生物安全防护水平 1 级

生物安全防护水平 1 级适用于已知对人体、动植物或环境危害较低，不具有对健康成人、动植物致病的微生物实验，具有 1 级防护水平。操作者应做好以下自我防护措施。

（1）为防止污染个人衣物，实验中操作者应穿着实验服（工作服）或防护服。

（2）进行可能直接或意外接触到血液、体液以及其他潜在感染性材料或感染性动物操作甚至皮肤有伤口或皮疹时，应戴手套。退出实验室时应消毒并摘除手套，并注意手卫生。

（3）处理大量感染性液体或化学危险品可能产生喷（飞）溅时，为避免对眼睛或面部等造成伤害，应佩戴护目镜或防护面罩等。护目镜、防护面罩与其他污染废弃物一起处置，或消毒后重复使用。

（4）离开实验室时，实验服、手套等须脱下并放置在实验室内，不得穿着离开实验室进入公共清洁区域，如办公室、图书馆、餐厅和卫生间等。

（5）实验室内不得穿露脚趾的鞋子。

（6）若操作刺激或腐蚀性物质，应在 30 m 内设洗眼装置，必要时应设紧急喷淋装置。

（7）从事非人灵长类动物实验时，应考虑其黏膜、呼吸和毛发暴露对操作者的感染和致敏危险，必要时佩戴口罩、护目镜或防护面罩，穿隔离衣。

2. 生物安全防护水平 2 级

生物安全防护水平 2 级适用于对人体、动植物或环境具有中等危害或具有潜在危险，对健康成人、动物和环境不会造成严重危害的致病微生物实验，具有 2 级防护水平。操作者的个体防护除了满足生物安全防护水平 1 级要求外，还应符合下列要求。

（1）在实验区域应在实验服外加隔离衣或穿戴连体防护服、戴一次性防护帽、防护口罩。在前往非实验区域（例如办公室、餐厅、图书馆和卫生间等）前脱下。一次性防护装备均应高压灭菌后废弃。

（2）根据风险评估确定在使用生物危险材料和感染动物实验的工作中是否需要加强呼吸保护。如果需要，操作者应执行呼吸防护程序。

（3）如微生物实验操作不得不在生物安全柜外进行时，为防止感染性材料溅出或产生气溶胶，操作者应佩戴护目镜、防护面罩、个体呼吸保护装置等面部保护装置。

（4）进行非人灵长类动物实验和处理感染动物尸体解剖时，为防止动物抓咬及接种和手术时被切割、针刺，宜佩戴防切割、防针刺手套，穿防水围裙。

（5）实验室工作区内应配置洗眼装置，适用时，可用洗眼瓶代替。

3. 生物安全防护水平 3 级

生物安全防护水平 3 级适用于对人体、动植物或环境具有高度危害性，通过直接接触或气溶胶使人传染上严重的甚至是致命疾病，或对动植物和环境具有高度危害，通常已有预防传染的疫苗和治疗药物的致病微生物实验，具有 3 级防护水平。操作者的个体防护除了满足生物安全防护水平 2 级要求外，还应符合下列要求。

（1）操作者在实验中至少应穿戴两层防护服（内层分体服、外层连体防护服）、两副防护手套、防护口罩（N95 或 KN95 及以上，进行非经空气传播病原微生物实验操作时可使用医用外科口罩）、防护鞋（鞋套），必要时佩戴护目镜、防护面罩、呼吸保护装置等。退出实验室时在规定区域消毒并脱去 PPE，不得穿戴 PPE 离开实验室防护区。

（2）不能有效利用安全隔离装置进行可感染人的病原微生物非人灵长类动物实验和处理感染动物尸体解剖时，应穿戴正压防护头罩，并可根据风险评估增加具有生命支持系统的正压防护服。

（3）辅助工作区设置淋浴装置，动物实验室应在防护区内设淋浴间，操作者退出实验室时应淋浴，半开放或开放饲养动物时，应设置强制淋浴装置。

（4）进行非人灵长类动物实验和处理感染动物尸体解剖时，为防止动物抓咬及接种和手术时被切割、针刺，应佩戴防切割、防针刺手套，连体防护服外穿隔离衣或防水围裙，进大动物解剖实验时，应穿金属网孔围裙。

4. 生物安全防护水平 4 级

生物安全防护水平 4 级适用于对人体、动植物或环境具有高度危害性，通过气溶胶途径传播或传播途径不明，或未知的、高度危险，没有预防和治疗措施的致病微生物实验，具有 4 级防护水平。对于我国尚未发明或未知病原微生物的实验活动，也应在生物安全防护水平 4 级进行。操作者个体防护应符合下列要求。

（1）在正压防护服型 BSL-4 实验室中工作时，操作者应穿戴由生命支持系统提供新鲜、舒适压缩空气的正压防护服，穿戴正压防护服前应先穿分体服、佩戴内层手套。根据风险评估结果确定是否佩戴防护口罩。

（2）穿戴正压防护服工作时，退出实验室前应对正压防护服表面进行化学淋浴消毒。

（3）每次穿戴正压防护服前，按照程序检查正压防护服状况，至少包括标识和防护服表面整体完好性、压力、供气流量、气密性和噪声。同时，应检查听力保护和语音通信装置的功能。

（4）实验室核心工作间应配备正压防护服撕裂修补胶带等应急材料。

（5）从事感染动物（特别是大动物）饲养或解剖等实验操作时，对操作者的风险远远大于体外实验操作的风险，为避免操作者受到伤害，应在正压防护服外穿戴防切割钢丝围裙和防切割手套。

（6）生物安全柜型实验室通常可以按照生物安全防护水平 2 级或 3 级个体防护要求穿着 PPE，可按照风险评估的结果确定是否佩戴眼面部和呼吸防护装备。

注意在某些情况下，例如使用大型动物时，二级防护屏障可能会成为一级防护屏障。缺乏传统的一级防护屏障（例如，生物安全柜）会给人员、周围社区和环境带来额外的风险。在这些情况下，设施成为一级防护屏障，操作者必须依靠管理和 PPE 来降低暴露风险。这类设施可能需要额外的工程控制和预防措施，以降低对人员、周围社区和环境造成的风险。

7.5 智慧化发展

随着时代进步和科技发展，人们越来越意识到，以数字化转型为基础的实验室智能化、智慧化建设势在必行，通过基于 5G、物联网及人工智能技术的开发和应用，加快实现实验室设施设备的数字化转型，提升实验室安全保障、综合管理、实验活动、数据采集及应用能力，是未来实验室的发展方向。尤其针对高级别生物安全实验室而言，远程化、无人化、信息安全化、复杂实验活动的操作安全及便捷化等诉求尤为突出，是生物安全实验室智慧发展的主要方向。

全新规划的智慧化生物安全实验室，要对基础信息化应用系统进行建设，以满足智慧化实验室基本的服务。基础信息化应用系统建设应包括智慧化实验室运营管理平台、智慧化实验室公共安全管理、智慧化实验室基础设施集成管理平台三大主体建设。

智慧化实验室运营管理平台主要包括实验室仪器共享平台、实验室样品检测管理平台、试剂耗材安全管理、实验室气体安全与环境监控信息化系统等。

智慧化实验室公共安全管理主要包括视频监控系统 +AI 智能应用、门禁控制系统、访客管理系统、车辆管理系统、可视对讲管理等。

智慧化实验室基础设施集成管理平台重在体现“智慧”，满足智慧化实验室各项智慧化的应用就需要建设一套智慧化生物安全平台综合管控平台，通过平台将智慧化实验室的各类信息化应用子系统统一到一个平台，实现各个系统的信息交互、信息共享、联动互动，独立共生。同时，借助平台的 AI 赋能能力，实现对智慧化实验室内人、物、环境等各类场景的各项智慧化应用。

基于此，新型智慧化生物安全平台规划建设需要实现以下目标。

（1）信息数据集中化：智慧化实验室信息系统数据包括视频数据、实验设备数据、人车数据、地理信息数据、业务管理数据等，通过智慧化生物安全平台综合管控平台将信息数据进行有效集中管理，实现数据接入、数据存储、AI 数据分析、数据呈现等。

（2）信息数据交互：将智慧化实验室无处不在的摄像头、传感器、业务生产系统、实验设备管理等信息数据通过智慧化实验室专用网络集成到智慧化生物安全平台综合管控平台，使智慧化实验室的人、车、物、设备、业务管理之间形成一个全互联，实现端到端的高度集成，各子系统之间数据交互共享，真正实现多平台一体化，减少人员投入，降低系统使用复杂度，提高一体化调度指挥能力。

（3）信息数据智能：通过 AI 技术实现视频、语音、图像等非结构化数据的结构化转化，基于物联网技术实现全网数据采集和汇聚联网，完成数智化的基础要求。在数据应用的层面智慧化实验室结合 AI 技术和 DI 技术，能够结合实验室的实际业务应用流程实现海量数据的规则匹配和智能研判，完成实验室的智能管控。

7.5.1 生物安全实验室智慧化建设总体思路

智能化的管理能有效提升安全工作管理水平，并逐步成为管理部门决策分析、实验调度指挥的主要平台，主要体现在安全、管理、操作、大数据汇集几大方面。

安全：安全防范系统实现实验室综合安防系统建设，通过智能安全防范系统进行全方位安全升级，实现可视化预警，进行智能化防范处理及应急指挥调度处理，实现联网互通及视频综合性业务应用。

管理：整合众多安防子系统，进行智慧化实验室操作、车辆、人员、环境、实验设备数据采集等管理子系统融合，数据信息统计分析，进行有效数据提取及数据信息业务应用，对现场管理过程进行高效监控，及时响应异常事件处理，保证管理过程信息有效应用。

操作：综合管理系统逐渐结合生产业务管理，以高清视频数据辅助生产业务系统数据，进行可视化实验活动操作管理，通过定制化视频服务提升生产效率、提升生产业务管理。

大数据汇集：采用人工智能、大数据、物联网等先进技术，汇集了全智慧化实验室数据资源，实现智能感知、超前预警、精细治理、实景指挥、科学决策的“一网统管”模式，确保上下一体协同治理、安全有序。

智慧实验室，不仅为科研工作者提供了及时化、可视化、智能化、远程化的实验室管理方案，确保人、环境、设备、样本安全可见，也开启了生物安全实验室自动化、智能化发展的新阶段。

为了保证智慧化实验室信息化建设的合理性、先进性及可扩充性，必须以需求为导向，统一规划、分期实施、稳步推进。由于智慧化实验室信息化建设涉及多项系统，而且要从各系统的业务及管理数据库中建立健全相关基础信息，因此必须统一规划建设，遵循统一的数据标准及技术体系。

智慧化实验室信息化建设必须强调先进性和标准化。在数据库构架、设备选型、网络结构、应用系统开发、安全控制等各个方面要充分体现安全性、先进性、成熟性及标准化。充分利用 AI 智能分析、实验室三维 BIM 模型、数据采集传感器等，使资源发挥更大作用，并促进最广泛的资源共享，避免重复建设，以最大限度地节约投资。

统一安全标准、统一目录体系、统一交换标准，保障系统互通与安全。要求相关系统必须遵循标准，具有可共享性、可扩充性、可管理性和较高的安全性；重视网络与信息安全，形成网络与信息的安全保障体系。

为了适应计算机及网络技术发展和数据的日益增长，软件、硬件及网络设计必须具备易扩充性与易维护性，为今后的扩充与升级留有足够的余地，以最大限度地保护投资。

为了能够更好地匹配国内信息化发展趋势，智慧化实验室的建设从基础硬件、基础软件到应用软件均基于国产化产品进行构造，在充分保障安全的前提下为以后的国产化拓展奠定基础。

7.5.2 生物安全实验室智慧化建设基本构架

对于生物安全实验室的智慧化发展，可基于人体仿生理念对整个系统进行构建。整个平台智慧化操作对实验室设施进行全面覆盖。

通过摄像机、传感器、物联设备等末梢神经对实验室立体空间内各维度数据进行触达和感知，丰富实验室触达面和感知数据。

通过信息化设备对基础设施进行加强和提升，在原有身体结构的基础上强化骨骼和血肉。

通过新建各场景智慧平台实现和现有通风空调、活毒废水收集处理系统、实验室固体废弃物处理系统的连接，打通神经系统和身体各子系统。

通过生物实验室 AI 大脑为智慧实验室平台提供智能化能力，帮助其在获取各类信息的同时，具备思考能力，作出正确的决策和判断，帮助实验室具备智能化思考、自我调整修复、自我优化和提升的能力。

基于人体仿生理念的生物安全实验室智慧化平台设计概念示意图见图 7-21。

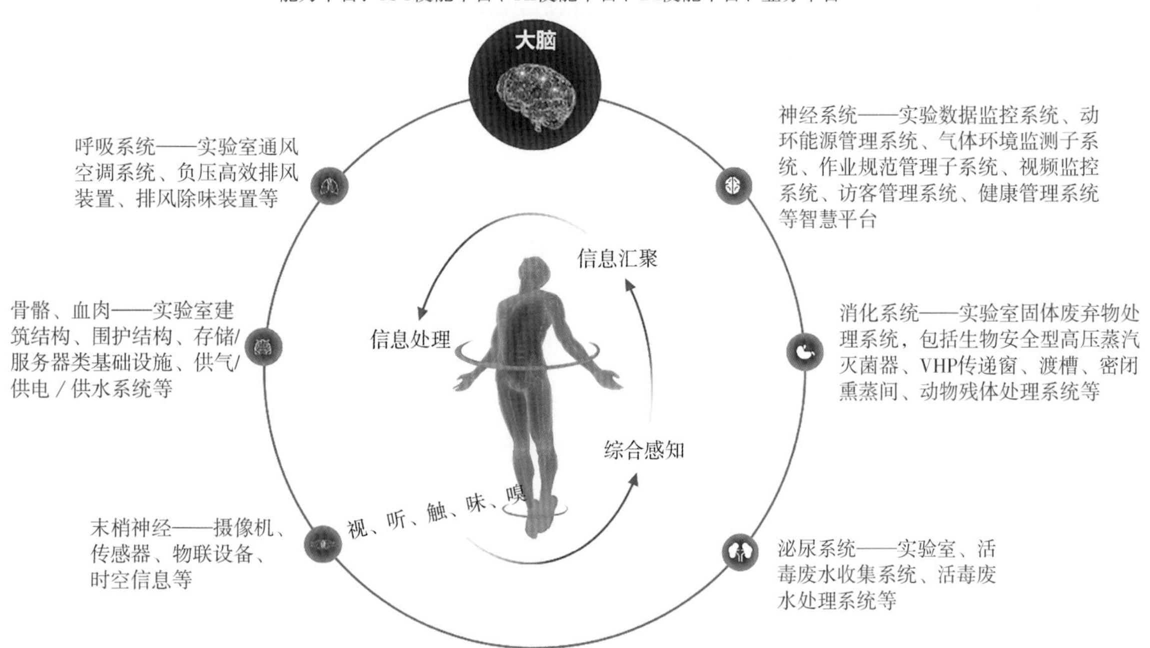

图 7-21　基于人体仿生理念的生物安全实验室智慧化平台设计概念示意图

智慧化生物安全平台的建设除了满足基本生产及工作外，重点是体现智慧化实验室的“智慧”，通过平台多样化的数据分析能力及各数据间交互联动，满足智慧化实验室人、物、环境等各类智慧化应用，以提升智慧化实验室整体智能化水平。这就要求总体架构的设计，在满足各子系统功能的基础上，寻求内部各子系统之间、与外部其他智能化系统之间的完美结合。所以，整个智慧化生物安全平台建设应以智慧化实验室综合管控为核心，以智慧化实验室信息化基础支撑环境为依托，以智慧化实验室信息安全体系为保障，通过整个智慧化实验室信息化业务子系统有效集成衔接，实现信息汇集、分析、传递和处理，达到智慧化实验室最优化的控制和决策达到高效、经济、节能、协调运行。

智慧化生物安全平台信息化建设按照其功能不同，划分为基础设施、数据接入、智慧平台、智慧应用和数据展现等五个层级，具体每个层级应承担如下功能。

1. 基础设施

基础设施的建设主要是满足智慧化实验室的基本生产及工作，包括智慧化实验室安防系统、智慧化实验室网络系统、云存储平台、信息中心数据机房、动力环境监控系统、一卡通系统、智慧化实验室信息化应用系统建设、智慧化实验室基础支撑环境建设，为智慧化实验室智慧平台提供各类原始数据。

2. 数据接入

智慧化实验室信息化应用的各个子系统对后端智慧平台来说只是不同类型的数据，平台通过不同接口不同协议对智慧化实验室的视频数据、物联数据、业务数据、GIS 数据等有效接入，并通过数据交换总线汇聚到智慧化生物安全平台。

3. 智慧平台

智慧平台是智慧化生物安全平台的“大脑”，通过智慧化实验室各类信息资源数据的分类建库管理、数据抽取分析、数据间的交互联动，满足智慧化实验室的各类智慧应用，如智慧人员管控、智慧车辆管控、智慧门禁管控、智慧生产管理、智慧报警管控、智慧能源管理等，从而提升智慧化实验室智慧化水平。

4. 数据展现

智慧化生物安全平台信息化建设主要服务于智慧化实验室单位应用需求，可通过大屏墙、固定客户端、移动客户端等终端设备对各类数据进行综合展示及生产数据应用，满足用户的各项智慧化功能应用。

5. 智慧化实验室标准体系与安全体系

遵照智慧化生物安全平台建设各项标准，从物理和环境安全、网络与通信安全、业务系统的应用和数据安全方面对智慧化实验室进行综合安全防护。

7.5.3 生物安全实验室智慧化系统建设

1. 气体安全与环境监控

实验室的环境是科研工作的重要保障，营造健康、安全的实验室环境尤为重要。为保障实验人员的安全与健康，可以通过监测环境数据让隐患显现出来。

实验室气体安全与环境监控系统是一套基于物联网并适用于管理模式的管理系统，可以对实验室危险气体与空气质量进行24 h监控，提供分级预警并给出相应的处置建议，保证实验室人员的安全。

（1）气体监测：系统可以对实验室的常规气体、有毒气体、挥发性气体、可燃气体、放射性气体做出监控。当其浓度超出预警标准值时，智能实验室环境监控系统还会根据用户设置的策略自动报警和预警，支持多种方式报警，包括短信报警、电话报警、微信报警、网页报警、邮件报警、App报警等。

（2）温湿度监控：实验室温湿度关系到实验室的设备正常运行和人员的工作条件，对实验室的温湿度进行实时智能监控成为实验室综合监控的一部分，当实验室内温湿度超出预警温度值或告警温度值的持续时间超出设定值，即按用户设定策略进行本地报警和手机短信报警或者其他设置。

（3）压力监测：系统通过压力传感器、中央控制器与空调系统联动控制房间压力，保证房间负压及不同房间的压力梯度，从而保障系统的平稳运行。

（4）空气洁净度监测：系统通过接入相应传感器来监控空气洁净度（如PM 2.5、PM 10、灰尘、粉尘等）并实时显示。如超出规定限制会及时预警和报警。

（5）漏水监测：漏水监测是对实验室空调周围进行实时的水浸监测，一旦空调的加湿水跑水、冰凝水跑水、管道水漏水等水浸状况发生，系统可立即报警，严禁水浸状况危及实验室安全。

2. 无人化控制

随着自动化技术日新月异，机器人已经开始逐步融入我们的生活，在机器人三守则的前提下，机器人替代传统实验室的旧设备到如今走向创新，面对竞争激烈的市场环境，许多行业领先的实验仪器企业早已蓄势待发。在高级别生物实验室利用机器人AI技术进行远程无人控制，提高实验精细操作程度、量产能力及最大程度降低对人员的生物安全风险（图7-22）。

图7-22　基于人工智能的机械臂在实验室工作

3. 实验室样本管理

近年来，我国生物样本库发展迅速，实验室信息化建设对于支撑样本库的建设、运营、管理和服务全程具有极为重要的作用。

实验室信息化管理系统可实现生物样本、临床资料、分子数据等各种资源的高效管理和全面共享；对外通过数据集成、交换和安全系统，形成一体化的整合数据库和公共门户网站，面向临床样本资源的各类访问者展示可用资源，实现网上检索、递交申请、网上审批等功能，借助大数据时代的优势，有效管理和使用生物样本及其衍生的各种信息。

实验室信息化建设支撑样本库管理、服务和运营的全过程，实现从生物样本及临床信息资料的采集、储存、应用、产出和质量控制的全面信息化管理，对促进信息资源共享、提高研究效率具有重要作用。

实验室信息化管理系统依托自上而下的模式为顶层设计，建设国家级生物样本库网络，通过制定通用数据元和网络接口方式，有效保证样本信息的质量并解决不断提升的信息容量。保障信息质量，还可有效促进资源共享，实施大规模、高通量的研究。整合现有的信息资源建立协作网络，从基础管理、样本采集到存储和研究均利用现有的系统数据，形成集成共享资源。

实验室信息化管理平台围绕一个基本点，兼具延展性、开放性和密闭性的特点。以样本生命周期为主线，实现从样本入库核收、处理、分装、标识、冻存的全过程管理，可进行样本类型定义、注释、冻存空间分配、效期管理、动态库存统计、出入库管理、质控记录管理等，通过唯一标识编码（条形码或二维码）实现样本谱系化溯源管理。

（1）实体样本和数据管理：样本采集、登记运输、制备、出入库管理、样本销毁管理、捐赠者信息 / 伦理隐私管理、样本全生命周期追溯、质控管理 / 报告管理。

（2）科研关联数据管理：科研课题管理、多院区科研任务管理、临床系统数据管理、队列管理、重点患者信息库 / 随访管理、共享管理。

（3）样本库日常管理:存储容器管理（图形化全模拟）人员管理、设备质量管理、样本质量管理、物料试剂耗材管理、文档管理、报警管理。

（4）自动化设备对接：对接自动化液体处理站、自动化液氮存储系统对接智能机器人及挑管工作站，实现库区无人化样本自动存取和处理。

参考文献

[1] 北京市医疗器械检验所. Ⅱ级生物安全柜: YY0569-2011[S].北京: 中国标准出版社, 2011.

[2] 曹冠朋, 曹国庆, 张彦国, 等. 国内外生物安全实验室标准体系检测要求对比[J]. 暖通空调, 2022, 52(2): 16-22.

[3] 公安部四川消防研究所.建筑防烟排烟系统技术标准: GB51251-2017[S]. 北京: 中国计划出版社, 2017.

[4] 公安部天津消防研究所.建筑设计防火规范: GB50016-2014(2018版)[S]. 北京: 中国计划出版社, 2018.

[5] 国家卫生健康委. 疫苗生产车间生物安全通用要求[EB/OL].[2022-04-30].http://www.gov.cn/zhengce/ zhengceku/2020-06/22/content_5521006.htm.

[6] 黄光伟.博物馆安全防范系统纵深防护体系架构的设计研究[D].华南理工大学, 硕士, 2019: 34.

[7] 刘江. 高校安防实验室建设—安防系统设计与研究[D].内蒙古科技大学, 硕士, 2012: 28.

[8] 农业农村部. 兽用疫苗生产企业生物安全三级防护标准[EB/OL].[2022-04-30].http://www.moa.gov.cn/govpublic/ SYJ/201709/t20170906_5808192.htm?keywords=2573.

[9] 田云、麻然、吕强, 等. 高生物安全风险疫苗生产车间环境监视系统设计探讨[J]. 机电信息, 2020, 27: 101-102.

[10] 吴冠峰. 基于攻防策略的周界防范技术研究[D].中国人民公安大学, 硕士, 2017: 40-41.

[11] 张彦国. WHO《实验室生物安全手册》(第4版草案)简介[J].暖通空调, 2020, 50(6): 82.

[12] 中国合格评定国家认可中心. 实验室设备生物安全性能评价技术规范: RB/T199-2015[S]. 北京: 中国标准出版社, 2016.

[13] 中国合格评定国家认可中心. 移动式实验室 生物安全要求: GB27421-2015[S].北京: 中国质检出版社, 2015.

[14] 中国合格评定国家认可中心.实验室生物安全通用要求: GB19489-2008[S].北京: 中国标准出版社, 2008.

[15] 中国建筑科学研究院.排风高效过滤装置: JG/T 497-2016[S].北京: 中国标准出版社, 2016.

[16] 中国建筑科学研究院.生物安全实验室建筑技术规范: GB50346-2011[S]. 北京: 中国建筑工业出版社, 2012.

[17] 中国建筑科学研究院有限公司.兽药工业洁净厂房设计标准: T/CECS 805-2021[S]. 北京, 中国建筑工业出版社, 2021.

[18] 中华人民共和国第十三届全国人民代表大会常务委员会. 中国人民共和国生物安全法[EB/OL].[2022-04-30].http:// www.gov.cn/xinwen/2020-10/18/content_5552108.htm.

[19] 中石化上海工程有限公司.医药工业洁净厂房设计标准: GB50457-2019[S]. 北京: 中国计划出版社, 2019.

[20] EUROPEAN COMMITTEE FOR STANDARDIZATION. Biotechnology-Large-scale process and production-Plant building according to the degree of hazard: BS EN 1620:1997[S]. British Standards Institution, 389 Chiswick High Road London W4 4AL.

[21] GENERAL SESSION OF THE EUROPEAN COMMISSION FOR THE CONTROL OF FOOT-AND-MOUTH DISEASE (EUFMD) AT THE FOOD AND AGRICULTURE ORGANIZATION (FAO) OF THE UNITED NATIONS. Minimum standards for laboratories working with FMDV in Vitro and in Vivo[S/ OL].[2022-05-06]. http: //www.fao.org/ag/againfo/commissions/docs/genses38/Appendix _10.pdf.

[22] JOINT TECHNICAL COMMITTEE CH 026, SAFETY IN LABORATORIES, COUNCIL OF STANDARDS AUSTRALIA AND COUNCIL OF STANDARDS NEW ZEALAND. Australian/New Zealand StandardTM Safety in laboratories, part 3: microbiological safety and containment: AS/NZS 2243.3:2010[S/OL].[2022-05-06]. https: //store. standards.org.au/product/as-nzs-2243-3-2010.

[23] PUBLIC HEALTH AGENCY OF CANADA. Canadian biosafety handbook (CBH)[M/OL].[2022-05-06]. https: //www. canada.ca/ content/dam/phac-aspc/migration/ cbsg-nldcb/cbh-gcb/assets/pdf/cbh-gcb-eng.pdf.

[24] PUBLIC HEALTH AGENCY OF CANADA. Canadian Biosafety Standards and Guidelines First Edition (CBSG)[S/OL].[2022-05-06]. http://canadianbiosafetystandards.collaboration.gc.ca/.

[25] UNITED STATES DEPARTMENT OF AGRICULTURE. ARS facilities design standards[EB/OL].[2022-05-05]. https: //www.afm. ars. usda. gov/ppweb/pdf/242 01m.pdf.

[26] UNITED STATES DEPARTMENT OF HEALTH AND HUMAN SERVICES. Biosafety in microbiological and biomedical laboratories[M/OL].[2022-05-05]. https: //www.cdc. gov/labs/pdf/SF_19_308133 A_BMBL6_00 BOOK WEB final 3.pdf.

[27] WORLD HEALTH ORGANIZATION. Laboratory design and maintenance[S/OL].[2022-05-06]. https://apps.who.int/iris/rest/bitstreams/1323436/retrieve.

第8章

实验室生物安全运行保障能力建设

8.1 实验室生物安全管理体系的建立和运行

8.1.1 实验室生物安全管理体系的建立

1. 管理体系的概念及构成

管理体系，是组织建立方针、目标以及实现这些目标的过程的相互关联和相互作用的一组要素，规定了组织的结构、岗位和职责、策划、运行、方针、目标等，以及实现这些目标的过程。其作用是维护实验室的活动符合国家相关法律法规、标准指南及生物安全管理的规定，并自我发现问题、纠正、改进和提高，实现组织实验室生物安全发展的方针和管理目标，减少、消除和预防与控制相关风险。

生物安全管理体系建设包括组织结构设置、发展方针和管理目标的确定、体系文件的编制以及体系的运行与持续改进等。在管理体系建设过程中，特别强调其系统性、全面性、有效性及适用性，同时要充分考虑其各要素间的衔接与统一，成为一个有机的整体。

2. 管理体系建立的依据和原则

（1）管理体系建立的依据。

1）法律法规的要求：我国从 21 世纪初起就相继颁布一系列实验室生物安全管理的法律法规。这些法律法规是实验室生物安全管理的纲领性文件，也是生物安全管理体系文件编写的法律依据。

2）实验室的性质所决定：实验室的首要任务是建立起有效的安全管理体系，据不完全统计，国内外绝大多数生物安全实验室的感染事件和泄漏事故都是由于管理不善而导致的。如果缺乏健全和行之有效的管理体系，无论多么高级的实验室硬件设施，都难以发挥其安全作用。

（2）管理体系建立的原则。

1）风险评估在先的原则：应明确实验室可能存在的致病因子风险，实验室能承担的工作量或工作强度，致病因子的感染途径及人群健康水平，感染后果的严重程度，对实验环境有无特殊要求等因素进行风险评估。

2）科学合理实用的原则：实验室生物安全防护既不要存在侥幸心理，又不要过度防护，人为地设置障碍，做到因地制宜、知己知彼，注重实际、科学防护。应经常对管理体系进行修订完善，以适应内外部环境变化及生物安全管理新要求。

3）依法建章立制的原则：如果仅有硬件条件，没有完善的制度作保证，实验室安全就无从谈起，因此，实验室硬件是基础，实验室制度是保证，即在硬件条件有漏洞的情况下，依靠相关制度进行弥补。

3. 管理体系组织架构的设置

适宜的组织构架是生物安全实验室设立单位确保生物安全正常运行的首要条件。管理体系应体现实验室所有人员的责任、权限关系，明确管理层级和管理范围的强度，把职权合理分配到各个层级及部门，并规定不同部门、不同人员具体职责。

实验室设立单位最高管理者应指定所有关键职位代理人，包括生物安全负责人、技术负责人、每项实验活动的项目负责人、安全监督员等，明确不同层级人员的岗位职责。应指定负责实验室生物安全管理的职能部门，负责实验室生物安全日常监督管理。应成立生物安全委员会（必要时成立生物安全领导小组），负责实验室生物安全的决策、咨询、指导、评估和监督。必要时成立实验动物管理委员会和实验动物伦理审查委员会。

（1）最高管理者：通常为单位法定代表人，对实验室生物安全总负责。负责建立实验室安全防护管理体系，组织并授权生物安全领导小组或生物安全委员会负责实验室生物安全工作，批准和发布生物安全管理手册。

（2）生物安全委员会：一般由实验室管理层、部门负责人、技术专家组成，负责咨询、指导、评估、监督实验室的生物安全相关事宜。审议实验室管理规章制度，评估实验室所操作生物因子的生物危险程度，审查实验室开展的实验项目；监督和检查有关法规和操作规程的执行；审查突发事故应急预案，对实验室事故进行评估，提出处理和改进意见等。

（3）实验动物管理委员会和实验动物伦理审查委员会（必要时）：由实验管理层、职能管理部门人员、相关专业技术人员组成，委员组成应符合国家相关指南要求。负责受理实验动物伦理审查的申请，检查各有关部门实验动物福利和伦理审查制度及其执行情况。各类实验动物的饲养和动物实验都应获得伦理委员会的批准方可开始，并接受日常的监督检查。

（4）实验室主任：实验室主任至少应是所在机构生物安全委员会有职权的成员，熟悉实验室生物安全防护知识和有关法规、制度、规程的人员担任。负责实验室的日常管理、实验技术和生物安全工作；组织生物安全防护知识和有关法规、制度、规程的宣贯；决定进入实验室的工作人员；监督有关法规和操作规程的执行，纠正出现的违规活动并有权停止实验；定期组织对实验室设备各项技术参数的检查和实验室装备的维护保养；负责实验室紧急情况及事故的处置。

（5）技术负责人：能提供可以确保满足实验室规定的安全要求和技术要求的资源，熟悉国家生物安全法律法规技术指标等。负责技术性管理文件的审批发布，组织新项目的评审、新技术方法变更等。可以由实验室主任兼任。

（6）安全负责人：一般由具有本领域丰富的工作经验和管理经验、熟悉国家生物安全法律法规和单位生物安全管理体系文件、掌握生物安全实验室的各项管理要求、体系有效运行的主要风险环节及核查方法的人员担任。负责实验室的生物安全监督管理、实验活动的风险评估、实验室工作人员培训及上岗资格确认等。

（7）项目负责人：项目负责人是某个具体检测或研究项目的总负责人，必须熟悉生物安全防护知识，负责向生物安全委员会提交所开展项目的生物危害评估报告和实验操作规程，在获准后负责项目相关实验按有关法规和操作规程执行。

（8）安全监督员：可以专职或兼职，必须有足够的权力监督实验室制度、操作规程的实施，发现不符合规定的行为或安全隐患有权要求有关人员进行纠正，对于发现的严重问题及时向实验室主任报告或直接向生物安全委员会报告。

8.1.2 生物安全管理体系文件的编写

1. 管理体系文件编写原则

（1）以国家法律法规、标准指南等为依据，尽可能涵盖生物安全管理的全部要素，关注各层级文件之间的关联性。

（2）结合实验室自身特点和实际情况，与实验室规模、实验室活动的复杂程度和风险相适应。

2. 管理体系文件编写要求

实验室按照《实验室生物安全通用要求》等标准，结合实验室人力资源和工作范围，建立、实施与保持用于实验室的生物安全管理体系，确保实验室全体工作人员熟悉、理解、贯彻执行生物安全管理体系文件，以保证实验室的生物安全工作符合规定要求。

3. 管理体系文件框架

生物安全管理体系文件框架分为以下四个层次。

（1）生物安全管理手册：属于纲领性、政策性文件，对本单位的生物安全管理工作做出全面规划和设计，并提出相关要求。

（2）程序文件：是《生物安全管理手册》的支持性文件，是管理手册中原则性要求的展开和落实。

（3）作业指导书：也称标准操作程序，用以指导生物安全管理工作的具体过程、描述技术细节的可操作性文件，如生物安全柜操作规程、安全管理制度、安全应急手册、应急预案、风险评估报告等。

（4）记录表格：为已完成的活动或达到的管理目标、结果提供客观证据的文件，记录可以分为安全记录、技术记录、证书类及标识类，如实验室安全检查表、危险品安全数据单、压力锅使用记录表、医疗废弃物交接单等。

4. 生物安全管理手册

管理手册是对实验室生物安全运行和管理提出原则性要求的纲领性文件，应对组织结构进行描述，明确各类人员、部门的职责权限。主要内容包括。

（1）对组织内部的生物安全职能、过程及相关事项进行分类，明确部门、岗位职责，并将《实验室生物安全通用要求》标准中每个要素规定的内容分配到相应的部门和岗位职责中去。

（2）明确实验室生物安全管理方针和目标。

（3）对单位实验室生物安全的资源（人、财、物）保障等方面做出承诺（签订承诺书）。

（4）对开展生物危害风险评估的要求、范围、方法、时机等提出要求。

（5）根据《实验室生物安全通用要求》标准中规定的管理内容和范围，在组织和管理、安全监督检查、实验活动、实验材料和人员的管理、安全计划、危险材料管理、消防管理、事故报告等方面对相关部门、岗位提出相应要求和规定。

（6）为了确保生物安全管理体系的有效运行，应在内部评审、管理评审、预防措施、文件控制、信息保密等方面做出规定。

（7）实验室相关情况的附图、附表，如组织机构图、实验室平面图、程序文件目录、SOP 目录、人员情况一览表、重要设备一览表、参考文献等。

编制的生物安全管理手册时应做到语言规范，通俗易懂，文字简练，要将法律、标准、规范中专业的用语转化成通俗易懂的语言。

5. 程序文件

程序是将生物安全管理指令、意图转化为行动的途径和相关联的行动。程序文件是描述完成各项实验室安全活动途径的文件。程序文件编写格式通常包括：目的、适用范围、职责、工作程序（流程）与要求、相关文件以及相关记录表格。

需要编制的程序文件，包括但不限于：生物安全委员会活动程序、安全计划和检查程序、文件控制与维护程序、风险评估与控制程序、材料安全数据单（MSDS）控制程序、环境控制和维护程序、保护机密信息程序、安全保卫控制程序、记录管理程序、档案管理程序、实验室安全标识管理程序、实验室安全检查程序、不符合项的识别和控制程序、纠正 / 预防措施的制定与实施程序、内部审核程序、管理评审程序、实验室人员管理程序、员工安全培训与考核程序、员工健康监护程序、设施设备维护人员健康监护程序、检测方法控制程序、样本检测管理程序、实验材料管理程序、化学品安全管理程序、生物安全实验室人员准入程序、生物安全实验室项目准入程序、生物安全实验室使用程序、实验活动管理程序、实验室内务管理程序、消毒液的选择配制验证使用程序、实验室消毒灭菌工作程序、锐器使用管理程序、设施设备管理程序、仪器设备的消毒去污染程序、个人防护装备管理程序、口罩及呼吸防护用面罩密合度检测程序、废弃物处理程序、实验室新技术管理程序、感染性材料与菌（毒）种运输管理程序、实验室感染性材料管理程序、实验室意外事件 / 事故应急处置程序、消防安全管理程序、紧急撤离程序、计算机系统中文件控制程序、说明书及操作规范编制程序、高压灭菌器消毒效果验证程序、未知病原微生物检测管理程序。

除了上述文件外，实验室还应根据实际情况，编制满足自己工作需要的程序文件。

6. 作业指导书

作业指导书或者标准操作规程是用来描述某个具体过程的操作性文件，是程序文件的支持性文件，包括各种管理制度、标准方法、标准规程、非标准方法等。它是指导实验人员完成具体工作任务的指导书，应足够详细，明确规定谁做、什么时间做、什么场合做、做什么、为何做、怎样做。

作业指导书编写格式通常包括目的、适用范围、职责、操作程序或工作要求、相关文件（支持性文件）及相关记录表格。

作业指导书应涵盖设施设备类、防护器材类、试剂制备类、实验方法类以及消毒灭菌类等内容，需规定具体的操作方法和流程，明确操作步骤中的生物安全风险及防范措施。

7. 记录与表格

记录是所有工作的重要组成部分，也是各项工作的体现和证据，还是整个实验活动过程可溯源的唯一途径。记录可分为管理类记录、技术类记录、证书类记录和标识类记录。编制记录文件时，应满足体系文件规定的程序，遵循规范化和标准化的要求，既要考虑填写者习惯和便捷性，又要注意记录的完整性、系统性以及标识的唯一性。

表格是一种特殊的文件形式，应根据文件控制要求，每年至少评审一次，对不适用和与实际要求不符的记录内容和格式应进行及时调整、补充和完善。

8.1.3 生物安全管理体系的运行与持续改进

1. 体系文件的审查和批准发布

负责实验室生物安全管理体系文件编制的部门应组织管理体系覆盖的各个部门负责人对所有文件进行审查。管理手册的审查由实验室管理层、职能部门及后勤保障部门负责人进行；程序文件的审查由安全负责人组织各个部门负责人进行审查；作业性文件的审查由管理体系运行责任部门组织与作业文件相关的部门负责人和相关人员进行审查。

文件审查的包括内容审查、职责审查、操作性审查、衔接审查及格式审查。

体系文件审查后，所有审查人员都应在相关文件的审查记录表上签字认可。管理手册、程序文件须由实验室所在单位的最高管理者签署批准，作业指导书可根据相关内容由主管领导 / 生物安全负责人签署批准，SOP 可由主管领导 / 生物安全负责人或实验室负责人批准。

2. 体系文件培训

生物安全管理体系在正式运行前，必须让体系覆盖的所有部门的人员学习、理解体系文件的要求，可以结合实际情况采取集中与自学相结合、按不同岗位分类等方式开展培训。

培训对象是全体人员，重点是管理人员（实验室管理层、部门负责人）、执行人员、监督人员。培训内容应按照体系文件对各岗位人员应掌握的知识合理安排。通用的管理要求可由职能管理部门实行集中统一培训，技术类、设备类可由各部门组织有针对性的专题培训。体系运行职能管理部门可以组织体系文件或生物安全知识竞赛、考试等。

3. 日常管理

生物安全管理体系日常管理应做到充分发挥领导作用、调动全员参与，记录所有实施。

（1）年度安全计划管理。年度安全计划是对实验室设立单位全年生物安全管理工作的部署与安排。计划应在年初制订应有明确的目标、职责分工、工作要求，具体的措施和实施时间及考核指标，并注重部门之间的协调和沟通。

年度计划应包括但不限于：年度工作安排及任务说明，安全与健康管理目标，风险评估计划，生物安全管理体系文件的制定、修订与定期评审计划，人员培训计划，实验室活动计划，设备设施更新、校准和维护计划，生物安全应急演练计划（包括泄漏处理、人员意外伤害、设施设备不能正常运行、消防等），监督检查计划，人员健康监护与免疫接种计划，管理评审与内部审核计划，生物安全委员会相关的活动计划等。

（2）体系运行记录。记录是生物安全管理体系有效运行和实验活动符合规定要求的证据，同时又是进一步改进工作的依据。生物安全管理体系记录包括质量管理记录和实验活动记录（技术记录）。记录应做到溯源性、即时性、充分性、重现性和规范性。

实验室应对记录进行统一、规范管理，建立记录管理程序。明确各类记录格式编制和审核以及记录的填写、更改、识别（编号）收集、存档、借阅、处置等要求。

（3）实验室内务管理。生物安全实验室是进行病原微生物实验活动的重要场所，做好实验室内务工作是生物安全管理的基本内容。实验室应建立内务管理程序，指定专人管理、监督内务，应随时保持工作环境的整洁、有序和安全，防止病原微生物对实验环境的污染，避免对实验人员和其他人员造成伤害。

内务管理应包括：实验室人员和物品出入控制规定，人员良好工作习惯和行为准则，实验室及设备、工作台面的日常整理、清洁和消毒，实验室环境的去污染和消毒，清洁剂和消毒灭菌剂的选用，个人防护装备要求和使用，实验材料的管理以及水、火、电的使用安全等。

（4）标识管理。生物安全实验室应建立规范的标识系统，这不仅是实验室管理的需要，更是确保实验室秩序和确保人员安全的需要。标识的使用应符合国家及国际的通用要求［详见《病原微生物实验室生物安全标识》（WS 589—2018）］，张贴位置应合理、醒目，并注意维护。如有污损，应及时维护更新，确保标识的正确使用规范，以达到实验室安全管理的目的。

4. 实验活动管理

实验活动是生物安全管理的重点环节，也是最容易发生安全事故的环节，包括引起人员感染、病原微生物扩散、泄漏、被偷、被盗等。特别是高致病性病原微生物相关的实验活动应经过审批后依法开展，严禁从事国家明令禁止的实验活动和研究。

（1）项目准入。实验室主任负责实验活动项目准入初审，生物安全委员会对材料进行审核，最高管理者对实验项目准入进行审批。当实验室设施设备、生物因子、实验活动类型、人员及岗位、安全管理体系等发生变更后，应重新提交项目申请。

（2）实验活动的审批。实验人员按照有关要求制订实验室活动的计划，提出审批申请，实验室主任对实验活动计划进行审批，并指定每项实验室活动的项目负责人。

（3）实验活动的全过程监管。实验活动开展前，应了解实验活动涉及的任何危险，实验室主任或项目负责人应确保实验人员掌握良好工作行为，并提供正确使用安全防护设施设备、正确选择和使用个体防护装备的指导。实验活动中工作人员应当严格按照实验技术规范、作业指导书和操作规程进行，并做好个人防护。从事高致病性病原微生物相关实验活动应当有2名以上的工作人员共同进行。

5. 安全监督检查

安全监督检查是生物安全管理的重要环节和手段，通过监督检查促使年度安全计划、管理体系规定的要求和其他临时性的工作任务能有效落实和执行，确保各项工作有序、保质保量地完成，并及时发现存在的问题或安全隐患，做到早发现、早预防、早改进，防患于未然。

最高管理者应明确赋予监督系统权力，包括停止工作、提出整改通知等。每年至少应系统性地检查一次，根据风险评估结果对关键环节和重要部门应适当增加检查频率。

监督检查的内容包括但不限于：病原微生物菌（毒）种和样本操作的规范性及保管的安全性、设施设备的功能和状态、报警系统的功能和状态、应急装备的功能及状态、消防装备的功能及状态、危险物品的使用及安全存放、废物处理及处置的安全、人员能力及健康状态、年度安全计划的实施、实验室活动的运行状态、规范操作以及不符合工作的改进、所需资源是否满足工作要求等。

6. 内部审核

通过定期开展内部审核，系统性地检查生物安全管理体系是否持续符合相关法律法规和技术规范等要求，验证生物安全管理体系是否有效运行。对内部审核中发现的不符合应及时纠正，为管理体系的改进提供依据。

生物安全负责人负责组织内审小组开展内审，要明确内审的目的、依据、范围及重点等。内审员应由经过培训具备内审员资格的人员来担任，并独立于被审核的活动。

内审组长按照编制审核计划、编制内审检查表、召开首次会议、组织现场审核、召开末次会议、发出不符合报告、落实纠正措施、进行效果跟踪验证、撰写内审报告的流程开展。

内审包括文件审核和现场审核。对体系文件评审的实施是要确定文件化的体系与标准、规范的符合性，包括手册、程序文件、作业指导书、所有记录表格;各部门一年至少一次，并提交文审报告。现场审核的实施是基于现场抽样，通过询问、观察、记录来确认是否符合规定要求；具体就是对照内审检查表和体系文件，通过查资料、看操作、看演示来查找客观证据，及时做好审核记录。

内审每年至少一次（常规、定期的2次审核间隔不超过12个月);迎接外部评审前（或上级检查、重要客户拜访前，至少提前1个月）；出现重大安全问题（隐患）时（随时追加审核)。

7. 管理评审

通过定期开展生物安全管理评审，评估生物安全管理体系的适宜性、充分性和有效性，确保实现生物安全管理方针和目标，确保管理体系做到持续改进。

管理评审的周期一般为12个月。但是，如果实验室发生重大变化或出现重大生物安全事故，则应随时进行管理评审。

管理评审采取的方式一般是会议集中讨论，管理评审会议应由单位的最高管理者（或生物安全委员会主任）主持，管理体系涉及的所有部门负责人、内审员、安全监督员均应参加。评审会议前可则生物安全负责人或生物安全职能管理部门制订管理评审实施计划，明确管理评审讨论的重点议题，经最高管理者批准后通知相关部门及负责人做好评审前准备工作。

管理评审按照编制计划、收集输入资料、召开评审会议、会议决议（输出）资料、落实决议情况的验证流程开展。评审应包括但不限于以下内容：

（1）安全方针是否适宜？安全目标是否能够达到和适宜？

（2）生物安全管理体系运行和安全监督人员的工作总结。

（3）内部审核结果和外部机构的检查、审核的评价情况。

（4）检测工作环境、资源、条件的变化情况。

（5）来自环境、周围居民及其他相关方的投诉和相关信息。

（6）实验室设施设备的运行、维护和变化情况。

（7）废弃物处置情况报告。

（8）对供应商的评价，包括供应商提供的服务等。

（9）年度安全计划落实情况、安全检查报告。

（10）风险评估报告。

（11）人员状态（包括健康状态）、培训情况及能力评估报告。

（12）上次管理评审的结果及后续改进措施执行情况等。

经过管理评审会议的充分讨论，最终的结论（输出）应包括下列有关的任何决定和措施：安全管理体系（包括方针和目标）的评价结论、检测工作符合生物安全要求的评价、安全管理体系及其过程的改进、安全管理体系所需资源的改善等。有关部门应严格按照管理评审会议决定的要求制定相应的改进措施并实施，及时将实施结果反馈给职能部门。安全负责人应组织相关部门检查实施情况，验证实施效果，并收集相应的证据予以保存。生物安全管理责任部门做好各项记录，并整理归档。

8. 持续改进

持续改进是提高管理体系有效性的重要手段，既要重视日常的改进活动，发现问题，及时进行纠正，找到问题的根源，采取有效的纠正措施，减少错误的发生，使改进活动得以持续，也要重视重大的改进活动，如对管理体系文件中不合理的要素进行修改，对管理体系的适宜性、充分性和有效性的全面评价等，使管理体系不断地得到完善。

（1）实验室管理层应定期系统地评审管理体系，以识别潜在的不符合项、识别对管理体系或技术的改进机构。及时改进识别出的需改进之外，制定改进方案，文件化，实施并监督。

（2）实验室管理层应设置可以系统地监测、评价实验室活动风险的客观指标。

（3）如果采取措施，实验室管理层还应通过重点评审或审核相关范围的方式评价其效果。

（4）需要时，实验室管理层应及时将改进措施所致的管理体系的任何改变文件化并实施。

（5）实验室管理层应有机制保证所有员工积极参加改进活动，并提供相关的教育和培训。

9. 实验室信息管理

随着实验室和生物安全数据准确性、管理便捷性、信息安全性、交流互通性、踪迹回溯性等管理要求的不断提高，实验室设立单位应建立包括实验室日常管理、检验检测、安全风险控制等相关的信息管理系统及管理程序，以提高实验室的运行效率。

信息管理系统应具备样品管理、资源（材料、设备、资产）管理、事务（文件资料和档案）管理、实验过程管理、生物安全管理等功能，便于对人力、设备、采（抽）样和样品、材料、方法、环节、检验检测等进行管理。

信息管理系统应设有数据采集、传输、存储、查询、处理、统计分析、数据合格与否的判定、输出与发布、报表管理、网络管理等模块，方便使用、统计、分析和管理。

信息管理系统应符合国家或国际有关数据保护和保密的要求，应有程序来保护和备份以电子形式存储的记录，并防止未经授权的侵入或修改，确保数据的安全性和完整性。

8.2 样本和菌（毒）种管理

8.2.1 我国样本和菌（毒）种管理基本概况

病原微生物样本和菌（毒）种是国家重要战略生物资源，也是进行传染病防治、科研教学、药物研发、标准计量、专利保护等工作的物质基础。从 2004 年起，我国先后发布实施《病原微生物实验室生物安全管理条例》（国务院第 424 号令）、《可感染人类的高致病性病原微生物菌（毒）种或样本运输管理规定》（卫生部令第 45 号）、《人间传染的病原微生物菌（毒）种保藏机构管理办法》（卫生部令第 68 号）、《人间传染的病原微生物菌（毒）种保藏机构设置技术规范》（WS 315—2010）、《人间传染的病原微生物菌（毒）种保藏机构指定工作细则》（卫科教发［2011］43 号）、《人间传染的病原微生物菌（毒）种保藏机构规划（2013—2018 年）》和《中华人民共和国生物安全法》。中国疾病预防控制中心国家病原微生物资源库组织病原微生物资源保藏、传染病防控、学术出版等领域有关专家编制了《科学研究中规范使用病原微生物菌（毒）种专家共识》。至此，我国已经构建了按照病原微生物危害程度进行分类的集中保藏工作的管理法规、技术标准和工作机制，病原微生物保藏在内的实验室生物安全管理工作逐步走向法治化、规范化、标准化。

“十三五”期间，我国完成了中国疾病预防控制中心、中国医学科学院、中国食品药品检定研究院、青海省地方病预防控制所、中国科学院武汉病毒研究所和中国科学院微生物研究所 6 家国家级菌（毒）种保藏中心，广东省疾病预防控制中心和湖北省疾病预防控制中心 2 家省级菌（毒）种保藏中心，以及云南省地方病防治所 1 家保藏专业实验室的指定工作，初步建成了分级分类的病原微生物国家保藏机构网络布局，并加入国家科技资源共享服务平台。《“十四五”生物经济发展规划》提出，国家要加快建设菌（毒）种保藏等国家生物安全战略平台建设，完善国家菌（毒）种保藏工作体系，为国家生物安全科技创新提供战略保障和技术支撑。

8.2.2 样本和菌（毒）种管理存在的不足

1. 有效供给能力

病原微生物菌（毒）种作为重要的生物资源，特别是生物样本作为不可再生的特殊资源，其存在价值主要取决于相对于需求而言的资源供给的稀缺程度。样本或菌（毒）种的稳定持续保藏的时间越长，生物性能越稳定，病原体的种类覆盖率越高，样本类型、采集时间、采集地点、采集对象、采集连续性越充分，样本或菌（毒）种关键信息越完整、越清晰、越准确，作为生物资源就显得越稀缺，其潜在可利用的价值越高。作为生物资源在供给有效性方面常见以下不足。

（1）资源储备不足，种类数量有限。保藏机构的数量、保藏机构内保存的样本或菌（毒）种种类、数量不能充分覆盖实际状况。如现有保藏的传染病样本的系统性、典型性、入库标准规范性、信息完整性等不充分。特定种类、特殊生境相关样本的识别、收集、保存和利用不足。

（2）保藏目标不清，预期价值不明。部分样本与菌（毒）种保藏活动的目标不清晰。对于样本的种类与数量关注较多，对于样本质量的关注较少。保藏对象的种类、数量等指标的纳入标准不明确，尚未建立样本质量评价指标和潜在价值评价指标，保藏工作存在一定的盲目性，重点不突出，成本效益不理想。传统及新型的生物分类技术应用不足，基因信息挖掘能力不强，信息化水平偏低。保藏样本的现实或潜在价值不清晰，未能提供现有保藏样本的系统化价值信息，未以价值为导向评判保藏的样本与菌（毒）种的重要性，不利于提高保藏活动投入资源最大程度地发挥成本效益，不利于保藏工作持续生存、有效运行、健康发展。

（3）开发利用不足，供需关系失衡。对于具有潜在经济价值或科研价值的物种和基因的研究尚在起步阶段，未形成特种资源的专库，缺乏系统基因挖掘计划和重大成果产出。未能够有效地利用先进技术研发生物药品、鉴定基因序列，获得知识产权的法律保护。一方面是较多类型样本的客观需求无法得到有效供给，另一方面是部分可以提供的样本没有明显的应用需求。供需关系不平衡，供给与需求错位，供给不能有效适应重要的需求。价值不明确的样本长期保藏，导致保藏能力资源浪费或被占用。对于有明确需求的样本供给，因保藏机构缺乏收益分配驱动机制，导致资源配置不足或资源利用不充分。样本和菌（毒）种的使用与管理活动涉及提供方、保藏方、使用方三方权益，使用方有时在未经允许情形下将资源转赠其他方，降低提供或保藏方的积极性。权属边界不明确界定，对于资源的获取、研究、知识产权、转让、商业化和惠益分享等权利义务，尚缺少通用、完整、全面、合法、合规、合理的协议约定，制约了资源的共享与充分利用。

2. 安全保障能力

病原微生物样本和菌（毒）种具有资源属性和安全属性。其中，安全属性包括质量安全和生物安全。样本和菌（毒）种的质量安全是在指其主要生物学性能在保藏过程中持续处于有效和稳定的状态，是保证样本和菌（毒）种维持可利用价值的基础。病原微生物样本和菌（毒）种对人或动物具有感染性，若发生感染性材料的错误操作、丢失、泄漏，则可能侵犯人类或和动物，对直接进行实验操作的人员或周围的人群可能产生感染风险，对周边环境可能产生污染风险，继而引发社会恐慌。目前，保藏活动存在一些不足。

（1）资源质量本底不清晰：保藏机构是指由国家卫生健康委指定的依法承担国家菌（毒）种保藏任务的人间传染的病原微生物菌（毒）种保藏中心，有义务在规范化开展收集、鉴定、编目等基础上，对外提供病原微生物，确保其质量稳定、来源合法合规。但部分保藏的样本或菌（毒）种未能有效提供样本和菌（毒）种符合质量标准的充分、完整的证据信息，包括生物背景关键信息、保藏条件符合性信息、性能稳定性监测信息等。需要建立与维护的信息：样本来源、时间、病例信息等背景信息；菌（毒）种保存方式、纯度、代数、介质、鉴定方法等保存信息；形态学、病原学、血清学、基因序列等固有生物学鉴定信息；性能变异等动态变化监测信息。不具备稳定可靠质量的样本和菌（毒）种，其资源属性就明显降低，甚至不再具备价值。同时，特定的病原微生物样本或菌（毒）种具有参考物质特性和溯源比对价值，若自身发生信息偏差、错误或存在污染，使用该样本或菌（毒）种将会误导后续实验结果的正确判定，甚至会导致结论出现严重错误。

（2）运行保障能力不适应：保藏活动通常需要维持较长甚至是相当长的时间，需要设施设备时时刻刻持续不断地运行并且保证温度等核心指标处于稳定状态，对保藏单位而言是一个极其严峻的挑战，运行保障经常容易出现能力不足的问题。如依靠电力制冷的设施设备，可能遇到意外停电而不能及时恢复供电，或供电电压不稳定导致设备不能正常工作；依靠液氮制冷的设备，可能因自然条件或在特殊社会因素影响的情况不能及时充分补充液氮，均会导致保藏设备内实际温度波动超过预期设定安全限值，从而降低样本或菌（毒）种的生物学性能稳定。设备运行保障方面，可能会出现设施设备运行状态信息监测中断或监测结果准确性失控，运行故障状态未能及时调整与恢复，设施设备抵抗外部干扰、破坏的安全保卫能力不足。液氮使用时，存在人员冻伤或缺氧窒息的人身安全风险，以及保藏的样本包装在离开液氮环境后，所处的环境温度急剧升高时发生炸裂等可能导致环境污染或人员感染等安全隐患。对样本或菌（毒）种的实物和信息进行动态备份和异地备份不足，意外情况下，单份资源可能出现丧失风险。

（3）安全保卫防范不充分：由于缺少明确的安全保卫或风险防范的法规或技术标准，保藏单位未能综合运用人力防范、实体防范、电子防范等多种手段，预防、延迟、阻止入侵、盗窃、抢劫、破坏、爆炸、暴力袭击等事件的发生。目前，安全防范各单位的做法各异，实际效果相差较大，总体上表现为安全防范能力不够充分，不适应保藏活动安全防范的标准要求。即将出台的《生物安全领域反恐怖防范要求第 2 部分：病原微生物菌（毒）种保藏中心》将会统一保藏活动的安全保卫防范要求，但从启动到实际能力达标需要一个建设、完善、发展的适应过程。

样本和菌（毒）种在管理过程中，会涉及感染性材料的实验活动操作，若未获得法定审批或报备的具有从事相关病原微生物实验所需级别的生物安全实验室，则会增加相应活动的生物安全风险。

8.2.3 样本和菌（毒）种管理存在不足原因的简析

1. 管理体系不健全

全国网络布局覆盖面尚不充分，区域布局发展存在不平衡。现有的国家级保藏中心、省级保藏中心之间的定位分工、协同关系、资源备份等机制还不完善，国家保藏机构网络的整体能力需进一步提升。科研、教学、临床、疾控机构与保藏机构间菌（毒）种汇交和共享机制还未建立，工作协同程度不高，资源分散等问题仍然存在，潜在生物安全隐患的识别与防范等任务艰巨。部分保藏单位建立的生物安全管理手册未有效覆盖资源的拥有、支配、利用和保障相关活动，管理体系内容的适宜性不足；程序文件、标准操作规程、安全手册、检测标准、分析方法、记录表单等文件适用性不足。

承担法律主体责任的保藏机构，未适时、规范化开展保藏样本和菌（毒）种管理活动的风险评估，或评估内容未能覆盖保藏活动的全过程，或未根据风险评估结果持续完善保藏活动安全管理体系要求，动态调整设施设备硬件条件配置，针对性适配符合管理或技术能力要求的人员，或风险隐患未得到充分识别并针对性实施控制措施。

2. 技术体系不完整

目前我国保藏机构缺乏完整统一的菌（毒）种保藏技术标准与管理规范，在数据信息融合、共享与应用方面存在困难。同时，难以实现长期且稳定地保证实物资源保藏质量，使用的标准株仍主要依赖从国外保藏机构引进，现有资源难以满足资源自我保障和生物技术产业发展所需的标准化病原微生物资源供给需求。资源管理技术手段的精准性和智能化程度偏低，保藏活动的综合效率较低，信息差错率偏高，加大了样本质量风险和生物安全风险。

保藏标准体系不完善，缺少基础性标准。缺乏保藏机构菌（毒）种出入库技术标准与应用规范，数据信息不统一，实物资源质量偏低，未能满足传染病防控、生物产业发展的标准化需求。保藏相关标准基本覆盖了保藏管理、数据资源、实物资源等方面，但标准之间缺乏系统性。

3. 工作机制不完善

外部共享机制方面，国家保藏的病原微生物在广泛服务基础科学研究、传染病防治和国家生物安全战略需求的程度有限，生物技术相关企业在及时、安全获取所需菌（毒）种资源方面存在障碍，成果转化、共享应用机制不完善，共享协议的通用性、完整性不足，导致协议内容有失公平、公正性，不利有效达成协议。国际合作与交流机制不健全，所需工作信息获取不充分或时效性滞后。

内部激励机制方面，机构内部缺乏提供技术服务的激励机制。资源产权边界不清，管理工作相对封闭与低效，保藏的资源处于分散，可用资源不足和有限资源浪费现象并存。

执法监督机制方面，《人间传染的病原微生物菌（毒）种保藏机构管理办法》（卫生部令第68号）规定，非保藏机构实验室在从事病原微生物相关实验活动结束后，应当在6个月内将菌（毒）种或样本就地销毁或者送交保藏机构保藏。现实情况下，因监督活动中专业性不足，同时监督频次非常态化，监督手段实效性不足，监督流于形式，监督机制未能充分发挥应有的作用。

4. 保障措施不充分

组织保障方面，多数保藏机构缺乏独立性和自主权，没有明确的职能定位，缺少长期目标规划、政策支持和稳定的人财物基础性保障。

人力保障方面，保藏活动所需专业涉及面广，工作岗位因基础性、专业性和综合性要求较高，人才培养成本高，周期长。目前，多数岗位的工作人员属于兼职，专业结构中适宜专业占比低，人员数量和技术能力不适应岗位需求，非专职人员投入保藏活动的时间总量不足，工作专注程度低，岗位人员的职业成就感低，岗位待遇和职业发展前景无吸引力，岗位人员素质难以提高。边培养边流失，人员流动大，难以形成满足菌（毒）种保藏中心运行和发展所需的专业技术积累。技术人力资源的严重浪费和严重缺失现象并存。

经费保障方面，活动经费以相关课题或项目经费支持为主，缺少固定来源的可持续专项工作经费与项目资金保障与支持，活动经费未能纳入专项预算，不能满足基础建设、长期发展和稳定运行的需求，不稳定的经费保障容易导致保藏工作中断，出现不可逆转的资源损失或流失。

8.2.4 样本和菌（毒）种管理能力的建设

《生物安全法》提出国家统筹布局全国生物安全基础设施建设，加快建设包括菌（毒）种保藏和高等级病原微生物实验室在内的生物安全国家战略资源平台，建立共享利用机制，为生物安全科技创新提供战略保障和支撑。持续加强病原微生物样本和菌（毒）种管理能力建设，充分发挥资源在基础研究、疾病防控、产业发展领域应有的支撑、服务、保障作用，进一步提升生物风险防御能力，推进实现《生物安全法》提出的发展目标和要求，以充分体现生物安全领域的国家意志。

经过多年的建设发展积累，我国病原微生物资源保藏管理工作逐步走向法治化、系统化、标准化、规范化的高质量发展道路，病原微生物资源自我保障能力不断增强，病原微生物资源对我国生物安全科技创新发展支撑能力不断提升。为进一步推动国家病原微生物保藏管理体系和管理能力建设，按照《生物安全法》提出的生物安全能力建设要求，国家规划病原微生物样本和菌（毒）种保管理能力的建设和发展的重点可能包括如下方面。

1. 完善病原微生物资源国家保藏网络

建成国家病原微生物菌（毒）种保藏中心（以下简称“国家中心”），作为全国病原微生物资源技术指导中心，组织协调全国病原微生物保藏工作，统一活动管理和技术标准规范，以国家中心身份，开展对外国际合作交流。建立国家中心信息平台，统一建成综合性、权威性的病原微生物资源信息平台，交汇和共享相关数据库信息。

统筹布局国家保藏体系。结合不同行业需求、区域特点和工作基础，作为国家病原微生物菌（毒）种资源保藏实物库，以国家中心为核心，增设国家中心分中心，发展省级保藏中心，逐步建成“1+N”（1个国家中心和 +N 个国家分中心或省级保藏中心）的国家保藏组织框架，最终建成连续、协同、整合的国家病原微生物保藏工作网络体系。成立国家病原微生物保藏专家委员会，发挥技术咨询、论证、培训和指导作用。

2. 建立病原微生物资源国家标准体系

制定修订病原微生物技术标准，包括病原微生物资源保藏活动管理和实物管理的行为规范，形成对标国际标准且适合我国国情的病原微生物保藏标准体系，提高病原微生物资源的质量安全与生物安全。制定、修订国家标准株评价、质量控制、编号规则和数据信息管理等技术标准。

建立病原微生物资源的收集整理、分离培养、分析鉴定、质量控制的技术平台以及核心资源备份库。加强资源系统鉴定和评价，利用基因组、蛋白组、代谢组学技术，促进资源可持续利用，形成内容丰富、结构完整、功能齐全、技术先进和高效转化的资源共享体系。实现由资源收集保藏为主到开发利用为主的方向性转变，推动资源的潜在价值转变为生产力。

动态更新发布国家病原微生物保藏目录，在基础研究、转化应用中规范病原微生物的使用要求，提高菌（毒）种追溯管理能力。研制国家标准菌（毒）株及其核酸、蛋白等特定成分的标准物质或参考品，保障科研量值溯源和应用质控比对等工作需求。

3. 健全病原微生物资源共享交流机制

制定国家汇交管理办法。确立病原微生物资源属国家资源的基本属性，对所有高致病性病原微生物和有保藏价值的非高致病性病原微生物菌（毒）种统一由国家指定的保藏机构复核、编号、备份、入库保藏。在新发突发传染病应急情况下，以维护国家利益和保障国家安全为原则，确保菌（毒）种在国家统一协调下及时免费共享，充分体现国家保藏的公益属性。

建立并完善适宜的惠益分享机制。以公益性为基础，充分尊重提供者权益，合理分配资源提供者、保藏机构与使用单位的责任与权益，根据实际情况，灵活选用合作研究、成果转化等适用的共享模式，分类签订共享使用协议。促进资源有效分享，推动传染病防治领域创新发展和科技进步。

4. 完善病原微生物资源管理监督机制

加强菌（毒）种保藏机构的监督管理。通过对保藏机构的保藏活动管理体系适宜性、实施性和有效性的全过程、全方位的外部监督核查，促使保藏机构强化法律责任意识，达到既要全面承担保藏机构接收、复核、备份、保藏、分发的法定职责，又要切实承担起保证保藏活动的质量安全与生物安全的法律责任的要求。

加强菌（毒）种非保藏机构使用和保管活动的监督管理，提高监督工作在对象类型、数量和活动内容的充分性、区域的平衡性，督促使用机构建立健全菌（毒）种使用操作和内部保管活动的管理制度和技术要求，配备适宜的安全防护设施设备和专业人员，有效实施各项生物安全风险预防与控制措施。

5. 落实病原微生物资源管理保障措施

加强组织机构保障。确定菌（毒）种保藏机构的独立地位和公益属性，明确机构职能和岗位编制。推行公益事业单位“一类保障、二类管理”运行保障机制，在承担一类公益事业单位职责的基础上，实行有偿技术服务收费，提高机构内部薪酬标准，通过实施竞争性绩效分配，调动人才的积极主动性，从而提高社会化服务的专业化质量。

加强人才队伍保障。加强保藏工作专业队伍建设，保证具备与工作职能相适宜的专职人员规模和专业结构比例。实施国家高等级生物安全实验室培训项目，加强病原微生物资源保藏和应用领域科技人才的培养和使用。加强病原微生物学、低温生物学、生物安全、信息技术、知识产权等学科交叉、技术集成、项目整合。建立以转化应用、技术服务、产业成果为导向，适用于资源提供方、保藏方、使用方的人才评价指标，应用于绩效收入、职称评定等方面，激发工作潜能，稳定人才队伍。加强国际交流与合作，推动保藏工作人才队伍国际化水平。

加强项目经费保障。依据国家保藏工作专项规划和工作职能，争取足额、持续的专项运行工作经费，不失时机地启动特定目标要求的能力提升建设项目经费，配置符合国家相关标准的基础保障设施设备。在国家传染病防治重大专项、重点研发计划、资源调查专项等科技项目中，争取提供病原微生物资源保藏相关科研项目经费支持。

8.3 感染性物质包装和运输

8.3.1 感染性物质运输概述

感染性及潜在感染性材料的运输要严格遵守国家和国际规定。这些规定描述了如何正确使用包装材料，以及其他的运输要求。一般来说，负责装运、运输危险物品、诊断样本及感染性材料的实验室人员，特别是通过商业陆运或航空公司来运输的，被要求遵循一套复杂且常常令人困惑的国家和国际法规和要求。这些规定和要求的目的是保护公众、应急响应人员、实验室工作人员和从事运输行业的人员免受意外接触包装内容物而受到威胁。

有统计数据表明，这些规定在保护包装的内容物以及保护处理人员自身方面是有效的。到目前为止，还没有因运输过程中释放诊断标本或感染性物质而导致疾病的报告病例。此外，在 2003 年运往世界各地实验室和其他场所的 4920000 个主要容器中，只有 106 个（0.002%）在运输过程中发生破损。在报告的 106 次破损中，每一次，事先准备好的包装中的吸收材料都吸收了泄漏物，没有任何二次包装（辅助容器）或外部包装材料被损坏。

世界上大多数关于航空运输危险品的条例都是由联合国专家委员会作出的决定（称为示范条例）产生的。国际民航组织（ICAO）利用这些决定为国际航空运输制定正式、具有法律约束力和标准化的规章。这些具体的国际民航组织规章（《危险物品航空安全运输技术细则》）是国际航空危险品运输的标准。国际航空运输协会（IATA）使用 ICAO 的这些技术细则制定了危险物品规则，这些规则主要用于所有涉及危险品运输的商业航空公司。作为包装和运输方面的指南，IATA 的《危险物品规则》,已在世界范围内被更广泛地认知、拷贝和使用。大多数国家和国际法规（除交通运输部发布的外）都是基于或至少与国际航空运输协会的要求达成实质性协议或协调一致。世界上个别国家经常专门针对向本国运送的危险品颁布额外的（通常是更严格的）国家条例。

在美国，交通运输部（DOT）对航空和地面运输危险品的公共运输进行监管。正如 IATA 的要求来自 ICAO，DOT 的规定，也来自 ICAO。在 2002 年和 2004 年，DOT 修改了它的关于诊断标本和感染性物质的运输条例，以便与 IATA 的规定达成实质性的协议。2005 年 5 月，为了保持联邦法规与 IATA 法规的统一，DOT 发布了另一个拟定的规则制定的通知。出于实用目的，诊断标本和感染性物质运输的托运人可以考虑符合 IATA 要求，以符合 DOT 规定。

在中国，2004 年颁布实施的《病原微生物实验室生物安全管理条例》（第 424 号令）规定，运输高致病性病原微生物菌（毒）种或者样本，应当通过陆路运输；没有陆路通道，必须经水路运输的，可以通过水路运输；紧急情况下或者需要将高致病性病原微生物菌（毒）种或者样本运往国外的，可以通过民用航空运输。运输高致病性病原微生物菌（毒）种或者样本，应具备一系列条件。《中国民用航空危险品运输管理规定》（CCAR-276-R1）中提出，危险品航空运输应当遵守本规定和《危险物品航空安全运输技术细则》规定的详细规格和程序。2018 年交通运输部发布的交通运输行业标准《危险货物道路运输规则》(JT/T 617),对危险货物分类、包装、标签、托运程序等进行了明确规定。

8.3.2 感染性物质的包装

1. 有关概念

感染性物质(infectious substances)是那些已知或有理由认为含有病原的物质。致病原是指能使人或动物感染疾病的微生物(包括病毒、细菌、支原体、衣原体、立克次体、放线菌、真菌和寄生虫等)和其他因子,如朊病毒(prion)。

2. 感染性物质的分类

国际航空运输协会在《危险物品规则》(DGR)中,将航空运输的危险品划分为九大类,其中第6.2类即为感染性物质,并根据其传染性和危险等级将其分为A、B两类感染性物质。

A类:以某种形式运输的感染性物质,当与之发生接触时,能够导致健康人或动物永久性残疾、生命威胁或者致死疾病感染性物质。A类感染性物质使人染病或使人和动物都染病者,联合国编号为UN2814,其运输专用名称为"感染性物质,可感染人"(infectious substances,affecting humans);仅使动物染病者,联合国编号为UN2900,其运输专用名称为"感染性物质,只感染动物"(infectious substances,affecting animals)。

B类:不符合A类标准的感染性物质。联合国编号为UN3373,其运输专用名称为"生物物质,B类"(biological substance,category B)。

2006年1月11日,原卫生部印发了《人间传染的病原微生物名录》,在名录中,详细列出了各种病原微生物及其相关样本所对应的运输包装分类,即"A/B"类与"UN编号"。目前,该名录正在修订当中。

3. 感染性物质的包装

在感染性及潜在感染性物质运输中选择使用三层包装系统,即内层容器,第二层包装以及外层包装。对感染性物质的包装活动应该在相应防护级别的实验室中进行,并采取一定的个人防护措施,完成必要的消毒后,方可将包装件移出实验室。除活体动物和生物体的包装外,每一个包装的样品必须首先按照DGR6.5.0.2的要求进行试验准备,然后按照DGR6.5.1和DGR6.5.2进行试验,如跌落试验、穿刺试验、堆码试验等,以确定包装材料的性能和质量。针对A、B两类感染性物质及其对应的UN编号,其包装材料也分别有着不同的要求。

(1)A类感染性物质包装要求有以下两方面。

1)包装系统应由以下几部分组成:防水的主容器,防水的辅助包装以及对其容量、重量和预定用途来说具有足够强度的硬质外包装。首先主容器是直接分装样品的基础容器,以玻璃和一次性塑料制品常见,主容器与辅助容器均须密封、防泄漏,除固态感染性物质外,主容器与辅助包装之间应放入足够的吸附材料(如棉花),以吸附因意外而泄漏的主容器内全部内装物。对于多个易碎主容器装入同一个辅助包装,则各主容器间必须分别包裹或隔离,以防彼此接触。同时,主容器与辅助包装必须能够承受不低于95 kPa的内部压差及−40 ~ 55℃的温度而无渗漏。

对于在冷藏或冷冻条件下运输的物质，则同样必须满足 DGR 相关要求。首先，包装材料必须能够承受可能的非常低的温度（如液氮），并且保持完好，同时能够承受失去制冷作用后所产生温度和压力的影响。其次，在使用冰或干冰（固态二氧化碳）等冷冻剂时，必须将其置于辅助包装周围或合成包装件的中间。再次，必须使用内部支架，在冰或干冰消融后，辅助包装与包装件仍能保持原位不动，且包装材料必须防泄漏。最后，对于使用干冰作为冷冻剂的运输包装件，则包装件必须能够排出二氧化碳气体，以防产生可能使包装破裂的压力。

2）外包装的相关标识、标签：外包装的外部最小尺寸必须不低于 100 mm（4 英尺）。外包装必须张贴 UN2814 或 UN2900 标记。标记为以 45° 设置的正方形（菱形），内有一生物安全标志，即三个月牙叠加在一个圆环上，标签底部可加字样“Infectious substances In case of damage or leakage immediately notify Public Health authority”，文字为黑、背景为白（图 8-1）。同时，在外包装邻近部位还须标明其运输专用名称，以及相关联系人姓名、地址及联系电话等。

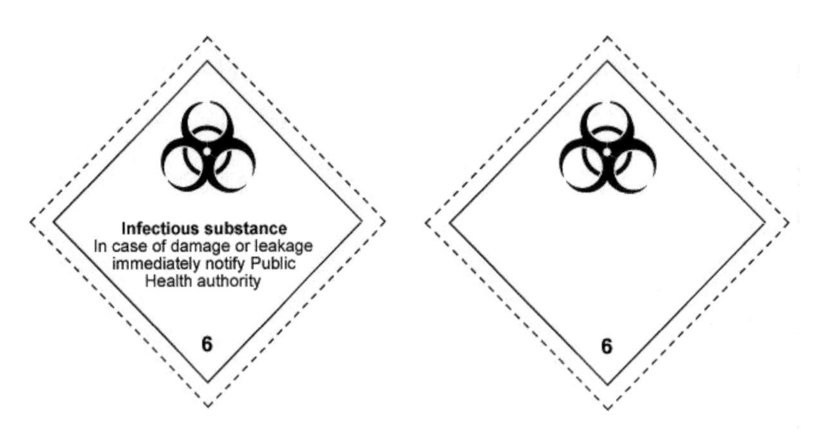

图 8-1　A 类感染性物质标签

（2）B 类感染性物质包装要求：B 类感染性物质对于包装材料的要求基本与 A 类相同，包装须由三个部分组成，即主容器、辅助包装与坚固的外包装。与之不同的是，外包装至少一面的尺寸必须大于 100 mm × 100 mm，且外包装必须张贴 UN3373 标记。标记为以 45° 设置的正方形（菱形），内有字样“UN3373”，文字为黑、背景为白，且字母和数字的高度至少 6 mm（图 8-2）。同时，在外包装邻近部位还须标明其运输专用名称，以及相关联系人姓名、地址及联系电话等。

图 8-2　B 类感染性物质标签

8.3.3 国内感染性物质运输管理

根据疾病监测、质量控制、科研、教学等工作需要，病原微生物菌（毒）种和样本需要跨地域、跨实验室运输。对运输的病原微生物菌（毒）种和样本进行合格包装、按照规定进行规范运输是确保安全、高效运输的基础。

前面提到，按照《病原微生物实验室生物安全管理条例》的要求，运输高致病性病原微生物菌（毒）种或者样本，应当具备下列条件。

（1）运输目的、高致病性病原微生物的用途和接收单位符合国务院卫生健康主管部门或者农业农村主管部门的规定。

（2）高致病性病原微生物菌（毒）种或者样本的容器应当密封，容器或者包装材料还应当符合防水、防破损、防外泄、耐高（低）温、耐高压的要求。

（3）容器或者包装材料上应当印有国务院卫生健康主管部门或者农业农村主管部门规定的生物危险标识、警告用语和提示用语。

按照《病原微生物实验室生物安全管理条例》要求，运输高致病性病原微生物菌（毒）种或者样本，应当经省级以上人民政府卫生主管部门或者兽医主管部门批准。在省、自治区、直辖市行政区域内运输的，由省、自治区、直辖市人民政府卫生主管部门或者兽医主管部门批准；需要跨省、自治区、直辖市运输或者运往国外的，由出发地的省、自治区、直辖市人民政府卫生主管部门或者兽医主管部门进行初审后，分别报国务院卫生主管部门或者兽医主管部门批准。

出入境检验检疫机构在检验检疫过程中需要运输病原微生物样本的，由国务院出入境检验检疫部门批准，并同时向国务院卫生主管部门或者兽医主管部门通报。

通过民用航空运输高致病性病原微生物菌（毒）种或者样本的，除取得国家卫生健康主管部门所规定的批准外，还应当经国务院民用航空主管部门批准。

有关主管部门应当对申请人提交的关于运输高致性病原微生物菌（毒）种或者样本的申请材料进行审查，对符合规定条件的，应当即时批准。

运输高致病性病原微生物菌（毒）种或者样本，应当由不少于 2 名受过专业培训的人员护送，并采取相应的防护措施。

有关单位或者个人不得通过公共电（汽）车和城市铁路运输病原微生物菌（毒）种或者样本。

需要通过铁路、公路、民用航空等公共交通工具运输高致病性病原微生物菌（毒）种或者样本的，承运单位应当凭条例规定的批准文件予以运输。

承运单位应当与护送人共同采取措施，确保所运输的高致病性病原微生物菌（毒）种或者样本的安全，严防发生被盗、被抢、丢失、泄漏事件。

为配合条例的实施，原卫生部于 2005 年 12 月 28 日印发了《可感染人类的高致病性病原微生物菌（毒）种或样本运输管理规定》（卫生部令第 45 号）（简称“运输管理规定”），进一步明确和细化了可感染人类的高致病性病原微生物菌（毒）种和样本的运输审批范围、包装要求、申请运输单位的性质、接收单位应具备的条件、运输审批程序等内容。

8.4 生物安全实验室消毒和灭菌

8.4.1 生物安全实验室消毒灭菌

生物安全实验室的核心功能就是保障实验活动过程中操作人员的安全和周围环境的安全，消毒灭菌是实验室生物安全的重要技术保障措施之一。

1. 消毒灭菌基本要求

消毒是指杀灭或清除传播媒介上病原微生物，使其达到无害化的处理。灭菌是指杀灭或清除传播媒介上一切微生物的处理。

在消毒灭菌过程中，既要保证消毒灭菌方法对病原微生物消毒灭菌有效，又要保证对人员无害，对设施结构、仪器设备和其他环境具有较好相容性。所用的消毒剂和消毒灭菌设备，应首选通过国家卫生行政部门批准或通过产品安全性评价备案的商品化产品，消毒效果和安全性能符合国家与行业相关质量标准，并在规定的有效期内使用。

实验室消毒灭菌处理时，消毒对象的种类较多，消毒效果可能受到多种因素影响，消毒措施的有效性应进行应用前进行性能验证并定期复核。

适宜的消毒灭菌方法，应有明确的活动目的、对象和目标微生物和启动时机，消毒效果好，易于操作，对人体健康和环境无毒副作用。消毒处理时，应确保足够的消毒浓度和消毒时间。降低消毒浓度时，要想达到同样的消毒效果，必须延长作用时间。但是当浓度降到一定程度后，即使再延长时间也不能达到消毒效果。配制使用的消毒剂应有名称、浓度、配制日期、有效期、配制人等标识信息，在有效期内使用。

化学消毒剂和大多数物理消毒法对消毒物品会有不同程度的损伤作用。在选择消毒方法时，必须考虑消毒方法对消毒对象的适用性，使消毒过程对消毒对象造成的损伤降到最低。充分考虑消毒剂和消毒设备本身及消毒后残留物、使用过程中的挥发物对人体可能造成的伤害。大量使用消毒剂可能对环境造成污染，在选择消毒方法时，应尽量选择对环境无污染或污染小的消毒方法。根据消毒产品的优势、使用浓度、作用时间、价格等因素选择更能满足需求，更为经济的产品。评价产品的性价比时，宜综合考虑产品的有效含量、使用浓度、作用时间、稳定性、使用寿命和方便性等因素。

2. 常用消毒灭菌方法

生物安全实验室常用的消毒方法包括物理消毒法和化学消毒法。物理消毒法包括过滤法、热力灭菌法、射线消毒法和化学消毒法。

过滤法主要是利用高效过滤器（high efficiency particulate air filter，HEPA）对实验室内可能含有病原体的气溶胶或空气进行物理阻隔性清除。实验室内实际应用包括生物安全柜、动物负压隔离器、室内送风或排风高效过滤器、负压罩、正压呼吸器等。

热力灭菌法包括干热灭菌法与湿热灭菌法。干热灭菌法包括干烤灭菌箱、焚烧炉、接种环高温灭菌器等。湿热灭菌法主要采用下排气式或预真空式压力蒸汽灭菌器，适用于耐高温、耐高湿物品的灭菌。双扉压力蒸汽灭菌器主要应用于高等级生物安全防护等级实验室防护区内废物原位消毒灭菌。

射线消毒法主要包括紫外线消毒法和辐射消毒法，其中应用较多的是紫外线消毒法，可用于对实验室空气和物表消毒。紫外线杀菌谱广，但穿透力差，不同微生物对紫外线的抗力差异较大。辐射消毒法包括电离辐射消毒和微波辐射消毒，通常情况下电离辐射消毒设施要求与使用成本较高，操作相对复杂。

化学消毒法是较为简便的消毒方法。常见的化学消毒剂中，过氧化物类、含氯类、醛类消毒剂属于高效消毒剂，常用于细菌芽孢、分枝杆菌等微生物消毒；醇类及醇类复方消毒剂属于中效消毒剂，常用于真菌、亲水病毒、支原体、衣原体等微生物消毒；季铵盐、胍类消毒剂属于低效消毒剂，常用于细菌繁殖体和亲脂病毒等微生物消毒。消毒对象混有较多有机物，或微生物污染严重时，应当增加消毒剂量，或使用更高效的消毒剂。

3. 常见消毒处理措施

生物安全实验室中，对实验室内环境与物品消毒通常采1000 mg/L有效氯消毒剂，作用时间15 min以上。贵重仪器局部轻度污染或预防性消毒可使用75%乙醇擦拭两次以上。人员手消毒使用75%乙醇或速干手消毒剂。

实验室内发生样本溅洒后，应先使用吸液材料覆盖，根据病原体特性选择喷洒含5000 mg/L有效氯消毒剂或其他有效的消毒剂作用30 min，再将吸液材料和消毒对象放入耐高压污物袋。对于危险性较大的离心操作，应使用生物安全型离心机，一旦发生离心管破损，应将离心杯移入生物安全柜内处理，离心机内腔使用75%乙醇擦拭两次以上并干燥。清理所有材料按感染性废物处置。实验室物体表面擦拭消毒应避免重复使用抹布或毛巾，可使用一次性纸巾或消毒湿巾，以避免交叉污染。

生物安全柜通常选择75%乙醇，对抗性较高的病原体使用1000～2000 mg/L有效氯消毒剂，在每次使用前后擦拭消毒工作台面和内壁，开启紫外灯照射30 min。使用含氯消毒剂需注意对金属的腐蚀性，在达到作用时间后应用清水擦拭台面去除残留。发生污染后，生物安全柜须使用过氧化氢等气雾法进行终末消毒处理。生物安全柜更换HEPA过滤器前，先进行原位消毒处理，卸载后的HEPA过滤器装入医用废物塑料袋，移交有资质的废物处理单位处置。

实验室废物通常经过压力蒸汽灭菌处理后，按无感染性医疗废物收集处理。应尽量避免或减少强氧化性消毒剂混入废物进入灭菌器。感染性废物在压力蒸汽灭菌前，应保证包装袋内与袋外保持压力平衡性，同时不产生污染扩散。包装容器应可耐受高温高压处理而不发生泄漏。

8.4.2 生物安全实验室消毒常见的问题

1. 消毒方法类型选择不合理

在选择消毒剂时，需考虑消毒剂的杀菌种类范围、适用的消毒对象、消毒时间、消毒剂浓度、作用温度和干扰影响因素以及潜在的次生危害（可能对人类、动物和环境的毒害、损伤，或造成火灾或爆炸风险），以及在运输、保存、使用等方面的特殊要求。

未根据物品性质选择消毒方法，如对于金属材质应选择基本无腐蚀的消毒剂；紫外线穿透性弱，不能用于包装内物品的消毒。对于光滑表面应选择紫外线消毒器近距离照射，或液体消毒剂擦拭；多孔材料表面则应采用喷雾消毒法。选用不同种类的消毒剂，应根据消毒效果、与设备和材料的兼容性和实验室特点而选择，必要时对特定微生物进行有效性验证。

2. 消毒灭菌操作方法不正确

在生物安全柜正常运行时，进风口风速 0.5 m/s 左右，75% 乙醇消毒喷雾后很快会挥发，喷雾施加的消毒剂药量不足，未能与作用对象充分接触，消毒作用浓度和作用时间不够，导致消毒效果不能达到预期效果。浸泡消毒时，消毒对象浮在消毒剂液面以上，未与药物充分接触导致消毒失败。

紫外线消毒时，消毒对象在紫外线灯下停留时间过短、消毒对象与紫外线灯距离过远、紫外线灯自身强度较低，均可导致消毒效果不理想，未能照射到消毒的部位、不能达到消毒目的。

3. 消毒安全风险考虑不周全

未按照产品使用说明书确定适宜的对象、使用浓度及作用时间。在未经有效防护或不正当操作情况下，含氯消毒剂、过氧化物消毒剂等对人员的呼吸道、皮肤、黏膜可能造成过敏、刺激或损伤伤害。紫外线灯对眼睛、皮肤伤害。含氯消毒剂与酸性物质不适当混配，产生氯气等有毒物质。

化学消毒剂对设施、设备等造成材料变性或腐蚀损坏，对实验室彩钢板等围护结构表面造成腐蚀锈斑，降低材料表面的光洁度，破坏密封结构的气密性；使生物安全柜金属操作台面表面粗糙甚至锈蚀，使过滤器过滤效率下降或出现破损；使高压灭菌器内腔、离心机转轴或仪器设备的金属表面锈蚀或部件损坏，密封垫圈或橡胶部件老化失去密封性等原有功能。臭氧对乳胶手套、设施设备的橡胶有明显的氧化变性作用。干热灭菌时可能造成物品燃烧，压力蒸汽灭菌器可能发生人员灼伤或爆炸事故。环氧乙烷等、乙醇、过氧化氢等消毒剂存在燃爆风险。使用和储存温度过高，导致有效成分降解。

4. 消毒效果有效性监测不足

（1）消毒效果监测方法不合理：高压灭菌器灭菌效果监测或 HEPA 过氧化氢气化消毒效果监测时，未将监测指示菌设置于最难杀灭部位；在多个消毒灭菌程序中未监测消毒时间最短、消毒剂量最低的情形。消毒剂和中和产物可能会对消毒监测指示菌产生抑制作用，导致出现假阴性。消毒效果监测前需要进行中和效果鉴定试验。当消毒效果监测方法与消毒技术规范标准方法产生明显偏离时，要对监测方法的适宜性进行方法验证以确认其适用性。消毒效果评价方法不正确，如选择载体法用于空气消毒效果评价，或使用枯草杆菌黑色变种繁殖体当作枯草杆菌黑色变种芽孢用于高效消毒剂或灭菌效果监测评价，或以化学监测方法代替生物学监测方法。

（2）热力灭菌效果的监控不全面：压力蒸汽灭菌器未全面监测压力表、排气阀、减压阀，温度计、计时器的准确性和灵敏性；干热灭菌器（烤箱）未关注密封性、温度计、计时器的准确性、报警器的灵敏与可靠性。超出检定校准有效期内使用设备，对于监测结果、检定校准未进行性能符合性确认。压力蒸汽或干热灭菌器未定期采用适宜的生物指示剂进行生物学监测。

（3）消毒剂的质量监控不足：消毒剂有效成分含量是保证消毒效果的直接证据，若在有效期内使用始终以说明书上浓度为依据，则会发生偏差。未定期监测消毒液原液有效成分含量，自配消毒液的有效成分易降解，消毒稀释液中有效成分含量监测不够。

8.4.3 生物安全实验室消毒灭菌质量改进

1. 开展风险评估，识别风险环节

以实现消毒灭菌的有效性和安全性为目标，对消毒灭菌过程中各种风险进行识别并采用风险控制措施，将这些风险降低到可接受的程度。该风险不仅源于消毒灭菌药物或器械本身，而且与使用过程的相关活动密切相关。开展消毒活动风险评估并针对性制定实施风险控制措施，是全面实现消毒灭菌目标的有效路径。主要内容为以下几点。

（1）收集风险相关信息：相关风险环节包括微生物抗性、有机物含量、消毒剂类型与剂量、个体防护、环境安全性与物体的腐蚀性等。收集与消毒有效性和安全性可能相关的信息并进行多角度、多因素评估，充分识别这些可能风险的性质、存在的背景条件、人为因素的影响，特别是消毒灭菌自身因素和人为活动相关联后可能产生的风险，提出在可接受风险的前提下所需实施的风险控制措施。

（2）评估风险并制定措施：消毒灭菌活动风险评估的目标是确定发生消毒灭菌效果有效性和安全性方面风险的可能性、后果的严重性、初始风险大小。对风险大小进行排序并评价可接受程度，对于不可接受的风险，基于已有的资源条件，制定相应的风险防范措施。制定风险防控措施以降低风险、最大程度地服务于总体目标为目的，在符合最低国家标准和规范要求前提下，增强可行性，不产生其他副作用。

（3）实施风险控制措施：实施风险控制措施可以在一定程度上降低风险，但难以完全消除风险。初始风险越高，将残余风险降低到可接受风险的难度越大，所需投入资源越多。

（4）定期核查风险控制措施：消毒灭菌的活动、操作人员、实施过程、技术方法等风险相关因素发生变化，风险也会随之变化，需要重新评估风险，调整风险控制措施。定期核查验证现有措施的适宜性以及落实的有效性，为风险评估提供依据。

2. 制定防控措施，完善体系文件

根据风险评估结果，管理层制定管理制度、程序文件、作业指导书等受控体系文件，批准发布实施，为人员活动提供依据与指引。通过宣贯、培训和监督，促进措施得以有效执行。需要通过体系文件体现的内容包括活动安排、人员培训、设施设计、设备管理、应急响应等工作程序、行动计划、工作方案等。

3. 加强人员培训，保障执行效果

操作人员需要经过培训、考核、准入与定期评价，才能有效保证人员能力的符合性。培训应以通用培训为基础，根据需要加强特殊技能要求培训，关注意外事故应急处置培训。理论和模拟培训符合要求后，首先需要有实习指导过程，然后经过能力评估证明符合要求。后续仍需进行定期审查能力，以确保培训对象能够保持最佳状态。

4. 加强监测评价，持续改进优化

经过监测发现消毒灭菌不符合情形时，应分析根本原因，及时采取纠正和预防措施。属于理解和使用操作程序和方法不当引起的，则需通过培训以提高操作技能。属于消毒灭菌设备性能不合格引起的，需通过维修和校准确保设备性能符合要求。充分利用过程监督和消毒灭菌效果监测结果，识别风险因素。

8.5 实验室感染性废物处置

8.5.1 医疗废物管理基本要求

1. 法规标准管理概况

医疗废物是指医疗卫生机构在医疗、预防、保健以及其他相关活动中产生的具有感染性、毒性以及其他危害性的废物。《病原微生物实验室生物安全管理条例》（国务院第 424 号令）要求实验室应当依照环境保护的有关法律、行政法规和国务院有关部门规定，对废水、废气以及其他废物进行处置，制定相应的环境保护措施，防止环境污染。

《实验室生物安全通用要求》（GB 19489—2008）要求，处理和处置危险废物应遵循对人的危险和对环境的危害作用最小化、处理方法规范化和排放标准合法化的管理原则。实验室危险废物应经过培训合格的人员，采用适当的个体防护装备，根据危险废物的性质和危险性进行分类，按照既定的工作程序要求进行安全有效地处理和处置。同时，应避免危险废物处理和处置方法本身带来新的风险。含有高致病性生物因子的未灭活废物应在实验室内消毒灭菌，并存放在指定的安全地方，运送到指定有医疗废物处理资质的机构处置。

2. 操作技术要求

所有感染性废物，尤其是高等级生物安全实验室内的废气、废液、固体废物，在离开实验室前须经生物无害化处理，确保感染性生物因子不外溢。所用消毒灭菌方法需要按照既定的程序进行定期验证其性能符合性。

处理废液时，若是辅助工作区产生的感染性风险较低的废液，则可排入实验室集中污水处理系统，经处理达标后排放；若是防护区实验操作产生的有感染风险的废液，则应当采用化学方法消毒处理或高温等物理方法消毒处理。

处理固体废物时，采用不易破裂、防渗漏、耐湿、耐热、可密封的包装或容器分类收集后分级处理。体积较小的固体废物可通过压力蒸汽灭菌处理。体积较大的固体废物，应当由专业人员进行原位消毒处理后，移入安全包装内移交废物处理专业机构进行处置。结构较复杂的仪器设备等受到污染确需消毒处理，但不能进行压力蒸汽灭菌或不适宜于常规化学消毒剂处理时，可以采用环氧乙烷熏蒸消毒处理。HEPA 过滤器等潜在污染风险较高的关键防护设备，在使用过程中可能富集了流经空气中的潜在感染性病原微生物颗粒，更换拆除前应首先进行按规程进行原位消毒灭菌处理，然后视同实验室感染性固体废物装入密封容器处理。

8.5.2 实验室感染性废物管理存在的问题

1. 包装材料问题

周转箱（桶）材质出现破裂而导致废液溢洒，外观颜色非标准的黄色警示色，缺少感染性废物警示标识和文字说明。感染性材料包装袋不耐高压，高压处理后出现渗漏、破裂。利器盒封口不严实，盒盖与盒体出现分离脱落。

2. 分类收集问题

生物实验室内废物未分类处理，不同危害程度的感染性材料混放，无明显污染的试剂盒、无菌材料的外包装等与明显污染材料一起进行消毒处理，显著增加废物处理量。废物收集过程中，盛放的废物数量超过包装或容器的最大承载量，或废物桶长时间暴露未及时合盖，或开合废物桶盖时动作过大，易形成气溶胶。感染性废物移出实验室前，未就地进行压力蒸汽灭菌或者化学消毒处理。

3. 处理处置问题

实验活动结束后，未能及时彻底进行清场处理，实验活动产生的废物累积存放时间过长，其中的消毒液或有效成分降解或挥发，失去预期消毒功能，可能形成污染源的持续扩散。废物处理过程中，使用了较多量的强氧化性化学消毒液，或将浸泡废物的消毒剂混入废物中进行高压灭菌处理，导致灭菌器出现严重的腐蚀损坏。遇到重大传染病疫情发生的情况时，处理流程复杂工作难度加大。缺少应急预案或预案可行性差。实验室承担大批量重大传染病疫情样本检测任务时，废物产生量大幅度增加造成废物积压，集中处置单位的处置能力无法满足医疗废物处置需求。

4. 暂存转运问题

感染性废物的暂存点设置不合理，危害标识和位置标识不符合标准，暂存点与实验区、人员活动密集场所、生活垃圾存放点未有效分隔。转运过程中装卸过程中出现包装破裂，内容物散落、溢洒。

8.5.3 实验室感染性废物管理能力提升

1. 完善保证体系

加强活动风险评估管理，突出主要矛盾，优先解决重点问题，简化流程，提高效率。建立健全医疗废物管理制度、程序文件和作业指导书，完善应急预案，保证组织工作到位。领导重视，全员参与，活动过程有条不紊，工作结果安全有效。切实消除实验室感染性废物潜在的人员感染风险和环境污染风险。

2. 规范运作流程

全员通识培训和岗位专项培训相结合，根据工作岗位职责要求，相关人员全面掌握实验室感染性废物有关法规标准知识，熟练掌握分类收集、处理处置、暂存转运等实际操作和个人防护技术能力。

3. 加强后勤保障

组织建设规范的医疗废物暂时贮存站点，完善警示标识，提供数量充足、质量达标的包装材料。及时向有活动资质和处置能力的医疗废物处置机构移交。

4. 关注持续改进

适用督导和检查，定期开展演练核查，梳理实验室感染性废物管理存在的问题，分析根本原因，及时纠正并采取预防措施。

8.6 实验室安全防范

8.6.1 实验室安全防范概述

《病原微生物实验室生物安全管理条例》中规定，实验室设立单位应当建立健全安全保卫制度，采取安全保卫措施，保障实验室及其病原微生物的安全。实验室发生病原微生物菌（毒）种或样本被盗、被抢、丢失、泄漏的，实验室的设立单位应当依照条例有关规定进行报告。实验室安全防范是实验室生物安全的重要组成部分，是保障实验室安全的重要环节。实验室的设立单位应加强病原微生物菌（毒）种和样本的安保管理，定期开展风险评估工作，针对安保管理，建立相应的管理制度并配备一定的安保资金，必要时应建立安全防范系统运行与维护的保障体系和长效机制，定期对系统进行维护，及时排除故障，保持系统处于良好的运行状态。根据设立单位性质，以及实验室或单位内部保存病原微生物类型等与属地公安机关等政府有关部门建立联防、联动、联治工作机制，建立反恐怖与运行管理等有关信息的共享和联动机制。

病原微生物菌（毒）种和样本的安保管理，适用于所有保存、保藏以及使用病原微生物菌（毒）种和样本的设立单位，如保藏机构、疾控机构、医疗机构、高校以及生产企业等，具体内容应包括人员审核、人力防范、实体防范、电子防范等安保措施。

有关概念

（1）安全防范是指综合运用人力防范、实体防范、电子防范等多种手段，预防、延迟、阻止治安和暴恐事件（包括入侵、盗窃、抢劫、破坏、爆炸、暴力袭击等）发生的活动。

（2）人力防范是指具有相应素质的人员有组织地防范、处置等安全管理行为。

（3）实体防范是指利用建（构）筑物、屏障、器具、设备或其组合，延迟或阻止风险事件发生的实体防护手段。

（4）电子防范是指利用传感、通信、计算机、信息处理及其控制、生物特征识别等技术，提高探测、延迟、反应能力的防护手段。

（5）安全防范系统是指以安全为目的，综合运用实体防护、电子防护等技术构成的防范系统。

8.6.2 安全防范具体措施

具体安全防范要求与措施

（1）人员审核：涉及病原微生物菌（毒）种和样本保藏/保管及使用的设立单位应对安全保卫、高生物安全风险岗位的人员进行包括政治审查、身体健康、心理健康等内容的安全背景审查。尤其对于可以接触到高致病性病原微生物的相关人员进行审核。

必要时，重点部位应设置人脸等生物特征识别系统，信息的采集、存储和使用应符合相关法律法规的规定，个人信息采集应取得被采集人员的同意。

（2）人力防范：涉及病原微生物菌（毒）种和样本保藏/保管及使用的设立单位应设置与安全保卫任务相适应的安全防范工作保卫部门，配置专职保卫管理人员，建立健全值守巡逻及安全防范系统运行维护等制。对于病原微生物保藏机构、内部设有高等级病原微生物实验室的单位、高生物安全风险疫苗生产单位等机构，要求更为严格，应做到如下要求。

1）相关机构的设立单位应设置门卫值班室，实行值班制度，保卫执勤人员对重点部位的巡逻周期间隔应满足国家有关要求。

2）依据所保藏/保管及使用的病原微生物菌（毒）种和样本的危害程度级别，可按要求设立安防监控中心（室），配备的值班人员应按要求进行配置，并满足时间及周期要求。

3）设立单位应根据需要，定期组织反恐教育培训及反恐应急处置预案演练。

4）设立单位应对外来人员进行检查，办理审批、备案、通行手续，对车辆进行核查和信息登记。

5）保卫执勤人员可配备对讲机，棍棒、钢叉等必要的护卫器械。

（3）实体防范：涉及病原微生物菌（毒）种和样本保藏/保管及使用的，其设立单位应对周界进行实体防范，不同级别的机构应满足相应的要求，可通过加高实体围墙、加装栅栏、防护栏等提高安全防范能力。对于指定的病原微生物菌（毒）种和样本保藏机构，高等级病原微生物实验室以及高生物安全风险疫苗生产企业等单位还应满足如下要求。

1）设立单位具有独立院落的，设立单位周界应设置实体围墙或栅栏等实体屏障，实体屏障外侧整体高度（含防攀爬设施）应不小于 2.5 m；对于国家级保藏机构、生物安全四级实验室，以及高生物安全风险疫苗生产单位，其周界出入口应设置车辆阻挡装置。采用电动操作的车辆阻挡装置，应具有手动应急操作功能。

保藏机构、高等级病原微生物实验室所在建筑物具有独立院落的（与设立单位具有独立院落条件满足其一即可），其周界应设置实体围墙或栅栏等实体屏障，实体屏障外侧整体高度（含防攀爬设施）应不小于 2.5 m，且周界出入口应设置车辆阻挡装置。

保藏机构、高等级实验室设在建筑物某楼层区域的，其所在楼层应独立设置防盗安全门或通顶栅栏等防护设施。

高生物安全风险疫苗生产单位相关园区等也应满足相关要求。

2）相关机构设立单位或机构本身应设置安防监控中心（室），安防监控中心（室）出入口应设置符合 GB 17565 规定的防盗安全级别为乙级（含）以上的防盗安全门。

3）如涉及保密数据存储场所，其出入口应设置符合 GB 17565 规定的防盗安全级别为乙级（含）以上的防盗安全门。

对于其他使用或保管病原微生物菌（毒）种或样本的机构，应在病原微生物菌（毒）种和样本保藏/保存区域设置必要的实体防范措施，如防盗安全门或栅栏等，且出入口和窗户应具备防止啮齿类和昆虫进入的设施，高致病性病原微生物保藏区域的窗户应密闭，玻璃应采用符合 GA 844 要求的防砸透明材料或者是安装金属防护栏。

（4）电子防范：涉及病原微生物菌（毒）种和样本保藏/保管及使用的设立单位应根据具体情况采用不同程度的电子防范手段以满足相应的要求，对于指定的病原微生物菌（毒）种和样本保藏机构、高等级病原微生物实验室以及高生物安全风险疫苗生产单位，还应满足如下要求。

1）设立单位具有独立院落的，设立单位周界和周界主要出入口应设置视频图像采集装置，视频监视和回放图像应能清晰显示周界区域人员活动情况、主要出入口出入人员的面部特征及进出车辆的号牌；周界主要出入口应设置出入口控制装置，对出入人员、车辆进行管理。

2）保藏机构或高等级病原微生物实验室所在建筑物具有独立院落的，其周界和周界主要出入口应设置视频图像采集装置，视频监视和回放图像应能清晰显示周界区域的人员活动情况、出入人员的面部特征；周界出入口应设置出入口控制装置，对出入人员进行管理；对于国家级保藏机构，保藏机构周界还应设置入侵探测装置，对翻越行为探测报警。

3）设立单位和（或）保藏机构/高等级病原微生物实验室的安防监控中心（室）内部应设置紧急报警装置。

4）保藏机构、高等级病原微生物实验室所在建筑物出入口、保藏区出入口应设置视频图像采集装置和出入口控制装置，视频监视和回放图像应能清晰显示出入人员的面部特征。

5）保藏区内、实验室核心区域内部应设置视频图像采集装置，视频监视和回放图像应能清晰显示区域内人员活动情况。

6）通往保藏机构、高等级实验室的电梯、电梯厅、通道（楼道、楼梯）应设置视频图像采集装置，视频监视和回放图像应能清晰显示电梯内、电梯厅及通道区域的人员活动情况。

7）针对保藏机构来说，接收区、发放区还应设置视频图像采集装置，视频监视和回放图像应能清晰显示菌毒种的接收和发放过程。

8）安防监控中心（室）、保密数据存储场所的出入口和内部应设置视频图像采集装置，视频监视和回放图像应能清晰显示出入人员的面部特征和区域内人员的活动情况；出入口应设置出入口控制装置，对出入人员进行管理。

9）针对国家级保藏机构，高等级病原微生物实验室以及高生物安全风险疫苗生产单位，还应根据国家有关要求针对反恐怖防范重点部位设置电子巡查装置。必要时门卫值班室应配置符合 GB 12899 要求的手持式金属探测器和符合 GA 69 要求的防爆毯等安全检查、处置设备。

对于非保藏机构，其设立单位应在病原微生物菌（毒）种和样本保藏/保存区域或其他重点区域设置视频图像采集装置，视频监视和回放图像应能清晰显示周界及区域的人员活动情况、出入人员的面部特征；保存区、接收区、发放区应设置视频图像采集装置，视频监视和回放图像应能清晰显示区域内人员活动情况及菌（毒）种的接收和发放过程。

参考文献

[1] 翟亚琳, 赵元元, 曹旭东, 等. 国家病原微生物保藏能力现状调查与分析[J]. 中华实验和临床病毒学杂志, 2021, 35(5): 514-518.

[2] 顾华, 翁景清.实验室生物安全管理实践[M].北京: 人民卫生出版社. 2020.

[3] 国家卫生健康委.国家卫生健康委办公厅关于征求《人间传染的病原微生物目录》(征求意见稿)意见的函.[EB/OL] (2021-12-31)[2022-6-6]. http://www.nhc.gov.cn/wjw/yjzj/202112/94fcc4480ea2403e9c51c641645d6c20.shtml.

[4] 姜孟楠, 卢选成, 李春雨, 等. 病原微生物菌(毒)种或样本运输管理工作现状分析[J].中国公共卫生管理, 2012, 28(2): 247-248.

[5] 姜孟楠, 魏强. 以生物安全法为遵循, 推动国家病原微生物保藏体系建设[J]. 中华实验和临床病毒学杂志, 2021, 35(5): 487-489.

[6] 姜孟楠, 赵赤鸿, 李春雨等.感染性物质运输的研究与实践[J].中国医学装备, 2012, 9(3): 1-3.

[7] 祁国明.病原微生物实验室生物安全[M].北京: 人民卫生出版社. 2版. 2006: 148.

[8] 丘丰, 张红.实验室生物安全基本要求与操作指南[M].北京: 科学技术文献出版社. 2020.

[9] 世界卫生组织.实验室生物安全手册[M]. 3版. 2004.

[10] 魏强, 刘剑君. 推进国家病原微生物资源保藏标准体系建设[J]. 中华实验和临床病毒学杂志, 2021, 35(5): 484-486.

[11] 武桂珍, 王健伟.实验室生物安全手册[M].北京: 人民卫生出版社. 2020.

[12] 中华人民共和国国务院.中华人民共和国国务院令 第424号.病原微生物实验室生物安全管理条例[S].北京: 中华人民共和国国务院, 2004.

[13] 中华人民共和国住房和城乡建设部.安全防范工程技术标准 GB 50348—2018[S]. 2018.

[14] WOOLEY D P, BYERS K B, BALOWS A. Biological safety:principles and practices[M]. 5th ed. ASM Press, 2017.

[15] WORLD HEALTH ORGANIZATION. 2015. Guidance on regulations for the transport of infectious substances2015–2016. World Health Organization, Geneva (http://apps. who. int/iris/bitstream/10665/149288/1/WHO_HSE_GCR_2015. 2_eng. pdf)

第9章

实验室生物安全应急管理能力建设

9.1 应急 / 事件响应

9.1.1 应急管理的总体要求

每一个从事病原微生物工作的实验室都应当制订针对所操作病原微生物和感染动物危害的安全防护措施。一级和二级生物安全实验室通常只能开展 3 类和 4 类低致病性病原微生物实验活动，尽管实验室生物安全风险总体可控，但也必须杜绝实验室感染事件的发生，同时也要做好实验室火灾、漏水、化学损伤、触电和电离辐射等安全事故的预防，制定突发感染事件和意外伤害事故处置的应急预案。在任何涉及处理或保存 1 类和 2 类高致病性病原微生物的实验室，即三级生物安全水平的防护实验室和四级生物安全水平的最高防护实验室，都必须制定关于处理实验室和动物设施意外事故的应急预案。

实验室设立机构必须建立完善的生物安全实验室管理架构和管理体系文件，设立生物安全管理委员会和生物安全专家小组，明确生物安全管理委员会、生物安全专家小组、单位法人、实验室主管领导、实验室主任、实验室使用管理安全责任人和实验活动当事人的生物安全责任和义务。实验室设立单位还必须设立独立的监管部门加强对实验室的监督管理，当实验室出现意外事故和突发应急事件时能及时组织专家小组对意外事故和应急事件进行快速、公正、科学的风险评估，及时提出书面评估意见，供生物安全管理委员会和单位法人做出决策。

为了做好意外事故和突发应急事件的应对和处置工作，实验室设立单位要和当地的卫生行政部门、公安、消防部门、急救和专业医疗机构沟通交流，邀请各单位参与制订突发生物安全事故和事件的应急预案，平时保持联系方式畅通，一旦出现严重的意外事故和突发应急事件能迅速沟通，快速反应，减少损失。

9.1.2 生物安全事件的分级

为了做好生物安全实验室常见的意外事故的事件应急工作，可以将事件分成三级。

1. 重大事件（3级）

（1）高致病性病原微生物菌（毒）种或未经培养的样本丢失或被盗。

（2）实验人员在高等级生物安全实验室开展实验活动时，在生物安全柜以外发生容器破碎及感染性物质溅洒，或者在可封闭的离心桶（安全杯）内离心管发生破裂等产生潜在危害性气溶胶的意外事故。

（3）实验人员操作1类或2类高致病性病原微生物培养物或样本时，被污染的锐器刺伤或被感染的实验动物抓伤咬伤，并造成实验人员感染。

（4）实验人员在高等级生物安全实验室从事实验活动的过程中实验室核心区和核心区内的生物安全柜同时出现正压。

（5）实验室发生火灾、触电事故，并造成人员伤亡的。

2. 较大事件（2级）

（1）高等级生物安全实验室运行正常，生物安全柜出现压力异常。

（2）实验人员在操作1类或2类高致病性病原微生物的培养物或含有高致病性病原微生物的废弃物时，在正常运行的高等级生物安全实验室内的地面、台面，以及仪器设备等物体的内外表面发生溢洒或泄漏。

（3）高等级生物安全实验室在离心操作时，在可封闭的离心桶内离心管发生破裂等产生潜在危害性气溶胶的意外事故。

（4）BSL-3实验室出现压力异常但生物安全柜保持负压。

（5）实验人员操作3类或4类病原微生物培养物或样本时，被污染的锐器刺伤或被感染的实验动物抓伤咬伤。

（6）未装可封闭离心桶的离心机内盛有潜在感染性物质的离心管发生破裂。

（7）实验室发生3类或4类病原微生物培养物或未经培养的样本丢失或被盗。

3. 一般事件（1级）

（1）实验人员在高等级生物安全实验室操作1类或2类高致病性培养物，或未经培养的感染性样本时，在生物安全柜内发生溢洒。

（2）实验人员在处理3类或4类病原微生物的培养物，或含1类或2类病原微生物的废弃物时，在二级生物安全实验室的地面、台面，以及仪器设备等物体的内外表面发生溢洒或泄漏。

（3）在动物二级生物安全实验室发生感染实验小动物逃逸。

综上所述，针对生物安全实验室内常见的意外事故导致的突发应急事件进行分级处置，根据事件的分级制定相应的应急处置方案，做到快速有效地响应。在处置过程中应结合事件的实际处置情况，以及事件的发展，进行动态跟踪调级，待事件处置完成后对事件进行最终分级确认，完成事件响应处置报告，并做好处置记录。

9.2 实验室暴露后预防

实验室通过建立标准化的生物安全实验室设施，配备合格的生物安全设备，建立完善的生物安全管理制度，开展规范化的人员培训，减少实验室暴露。如果实验人员在开展实验活动时发生意外事故，造成人员的病原微生物意外暴露，实验室主任必须组织做好暴露后的预防工作。

9.2.1 BSL-1、BSL-2 实验室暴露后预防

一级、二级生物安全实验室实验人员出现病原微生物意外暴露后，首先，要对暴露人员开展心理疏导，减轻意外事故暴露对人员造成的心理压力，舒缓紧张情绪。其次，要做好人员健康监护，针对暴露的病原微生物类别，以及感染引起的临床表现，每日测体温，并报告是否出现相关临床症状。最后，必要时实验室主任应向所在单位的生物安全监督管理部门报告实验室意外事故造成的病原微生物暴露事件，监督管理部门组织专家小组对事件暴露的风险进行评估，决定是否需要对暴露人员开展预防性服药，或者隔离观察。

9.2.2 BSL-3、BSL-4 实验室暴露后预防

三级、四级生物安全实验室实验人员出现病原微生物意外暴露后，因涉及高致病性病原微生物的意外暴露，暴露后预防必须经过严格的风险评估，采取安全、可靠、科学的预防措施。首先，实验人员在实验活动过程中发生意外泄漏、设施设备故障的高致病性病原微生物暴露时，实验人员应立即按程序退出实验室，意外事故的处理由新派的实验人员按照标准操作流程完成。原实验人员退出实验室前必须淋浴，退出后避免与其他实验人员接触，按照意外事故的事件应急预案到达指定位置休息，等候进一步的预防处理措施。其次，高等级生物安全实验室的监控人员按事件报告程序逐级报告事件过程，实验室管理负责人和实验室主任初步对事件进行分级，根据事件的等级确定暴露后的预防措施。最后，如果意外事故为重大事件，实验室主任应向所在单位的法人和生物安全管理委员会主任报告事件的经过，单位生物安全管理办公室组织专家小组对事件暴露的风险进行评估，决定对暴露人员开展心理疏导、预防性服药、隔离观察。

（1）心理疏导：意外暴露事件发生后，通过和暴露的实验人员交流、谈心，缓解紧张情绪。

（2）预防性服药：如果有针对操作的病原微生物感染的预防药物，则根据风险评估，可以让暴露人员服用。

（3）隔离观察：根据风险评估，必要时可以对暴露人员实施隔离管控，隔离时间为所暴露的病原微生物引起感染性疾病的一个平均潜伏期，隔离场所能满足日常生活要求，有专人提供日常生活用品和一日三餐。隔离期间每日开展体温监测、临床症状监测和核酸检测。

9.3 实验室事故事件报告程序

为了做好实验室病原微生物样本或菌（毒）种丢失被盗和实验活动意外事故的处置工作，实验室必须根据意外事故的事件分级制定详细的处置和报告程序。

9.3.1 重大事件报告程序

三级生物安全实验室发生属于重大事件的意外事故时，实验活动当事人应立即停止实验活动，并立即报告监控室的监控人员，然后按程序退出实验室。监控人员同时将事件的基本情况报告三级生物安全实验室安全负责人和实验室主任。实验室主任应立即报告单位法人和生物安全管理委员会主任，单位法人应同时电话报告上级主管部门领导。生物安全委员会主任通知生物安全技术负责人和生物安全监督管理部门分管领导组织专家小组对事件进行风险评估，并提出对实验活动当事人的预防感染措施和建议，生物安全管理部门撰写事件发生、处置及评估报告，并书面报告上级主管部门。

生物安全重大事件的报告分为初次报告、阶段报告、总结报告。

初次报告内容：事件发生时间、涉及的人员，开展实验活动的病原体名称和活动内容、事件涉及的人和（或）环境的范围、人员是否受到伤害、感染或发生死亡（如果有人员受伤或感染，还需要报告受伤、感染或死亡人数，以及感染者的密切接触者情况），是否已溢出实验室外、初步判定事件级别，实验室已采取的措施、事件发展趋势、是否需外部支援、下一步应对措施等，最后列明报告单位、报告人员及通信方式等。

阶段报告内容：事故（事件）的发展与变化、处置进程、事态评估、新的控制措施等。重大事件应按日进行进程报告。

总结报告内容：重大事件的最终结果，事件发生的原因，预防措施和建议等。

9.3.2 较大事件报告程序

一级、二级生物安全实验室发生属于较大事件的意外事故时，实验活动当事人应按照应急预案和事故处置规范立即停止一切实验活动，有外伤的立即对伤口进行处理，并立即将事件报告实验室主任，实验室主任立即报告生物安全监督管理部门负责人，安全监督管理部门组织生物安全专家小组对事件进行风险评估，并提出对实验活动当事人的预防感染建议。当事人撰写事件发生、处置及后续监测评估过程报告，交生物安全管理部门备案，生物安全管理部门组织事件分析培训会。

三级生物安全实验室发生属于较大事件的意外事故时，实验活动当事人应立即停止实验活动，并立即报告监控室的监控人员，按照监控人员的指示对泄露的感染性材料进行消毒处理，或者按程序退出实验室。监控人员同时将事件的基本情况报告三级生物安全实验室安全负责人和实验室主任。

实验室主任通知技术负责人和生物安全监督管理部门组织专家小组对事件进行风险评估，并提出对实验活动当事人的预防感染措施和建议。当事人撰写事件发生、处置及后续监测评估过程报告，交生物安全管理部门备案，生物安全管理部门组织事件分析培训会。

9.3.3 一般事件报告程序

一级、二级、三级生物安全实验室发生属于一般事件的意外事故时，不需特别报告，实验活动当事人应按照应急预案和事故处置规范做好意外事故的处理，并填写一般事件情况处置记录表，记录表经实验室主任签字确认后存档。实验室每年要对实验室发生的一般事件组织一次全员分析交流培训会，分析事件发生的原因，提出改进措施，避免事件的发生。

9.4 实验室事故事件处理

当出现生物安全实验室意外事故等应急事件时，采取科学有效的处理方法是控制危害的关键。在任何涉及处理或储存高致病性病原微生物的三级生物安全实验室都必须有一份关于处理实验室和动物设施意外事故等应急事件的书面方案。

9.4.1 重大事件的处理

1. 高致病性病原微生物菌（毒）种或未经培养的含高致病性病原微生物的样本丢失或被盗。

（1）实验人员或菌（毒）种和样本管理人员应立即报告三级生物安全实验室主任，同时报告单位保卫部门负责人。

（2）保卫部门在失窃现场设置警示标志，指定专人把守，限制无关人员进入。进入现场人员均需穿白大衣、戴口罩和手套。

（3）保卫部门组织相关人员查看监控录像，同时向公安部门报警。

（4）各部门配合公安部门调查取证，在公安勘测现场完毕后，实验室人员清点核对实验室内丢失和现存的菌（毒）种或样本的数量和信息，并作好记录。

（5）实验室人员填写三级生物安全实验室突发事件处理记录表，根据公安部门破案的进展撰写事件处置报告和总结报告，将事件最终处置情况报上级主管部门。

2. 实验人员操作 3 类或 4 类高致病性病原微生物培养物或样本时，被污染的锐器刺伤或被感染的实验动物抓伤咬伤。

（1）立即停止实验工作。

（2）实验人员在核心区先用 75% 乙醇或 1 g/L 含氯消毒剂（根据病原体选择）消毒外层手套。

（3）脱掉手套，然后再戴上双层新手套，按程序退出实验室核心区和二缓到准备间。

（4）在准备间脱掉内层手套，打开水龙头，对伤口进行冲洗 5 min。在准备间拿出黄色意外事故应急处理箱，使用专用皮肤消毒剂对刺伤或动物抓伤的伤口进行消毒处理，再用止血贴包扎整个伤口。实验人员继续按常规程序退出实验室，在淋浴间进行淋浴更换衣服，换上新的止血贴，戴上外科口罩，离开实验室，立即送定点医院做医学隔离观察。

（5）对实验室进行紫外线消毒处理后，另外安排 2 位实验人员按标准程序进入实验室进行清场。

（6）监控人员对实验室进行终末消毒。

3. 实验人员在高等级生物安全实验室开展实验活动时，在生物安全柜以外发生容器破碎及感染性物质溅洒。

（1）立即停止实验工作。

（2）实验人员先用 75% 乙醇或 1 g/L 含氯消毒剂（根据病原体选择）消毒外层手套，立即使用干净的一次性吸水纸覆盖溢洒处。

（3）拿出黄色意外事故应急处理箱，配制 5 g/L 含氯消毒剂；用 5 g/L 含氯消毒剂由外向里倒在吸水纸上，待消毒剂完全浸透，作用 30 min。

（4）用 75% 乙醇或 1 g/L 含氯消毒剂（根据病原体选择）对实验人员防护服外表进行全身喷洒消毒。

（5）通过气溶胶传播风险低的病原体可继续完成实验。

（6）实验结束，先进行清场。清场结束后，实验人员用镊子小心将吸收了溢洒物的吸水纸连同溢洒物收集到医疗废物垃圾袋并用扎带密封好，高压灭菌处理。

（7）实验人员按常规程序退出实验室，在淋浴间进行淋浴更换衣服，戴上外科口罩，离开实验室，送隔离点进行隔离观察。

（8）监控人员对实验室进行终末消毒。

4. 实验人员在高等级生物安全实验室从事实验活动的过程中实验室核心区和核心区内的生物安全柜同时出现压力异常。

（1）立即关上生物安全柜的门，再关闭安全柜电源，停止实验工作。

（2）用用 75% 乙醇或 1 g/L 含氯消毒剂（根据病原体选择）消毒手套。

（3）脱掉外层手套，换新的外层手套。

（4）实验人员按常规程序退出实验室，在淋浴间进行淋浴更换衣服，戴上外科口罩，离开实验室，送隔离点进行隔离观察。

（5）对实验室进行紫外线消毒处理后，另外安排 2 位实验人员按标准程序进入实验室进行清场。

（6）实验室消除压力异常故障后，由监控人员进行终末消毒。

5. 实验室发生火灾。

（1）实验室发生火灾，实验人员应立即停止实验工作，通过对讲机通知监控人员。

（2）起火早期，如火势未蔓延，在保证自身安全的前提下，实验人员可立即使用实验室内的二氧化碳或六氟丙烷气体灭火器灭火。具体操作：一拔（拔掉保险销）、二压（站在上风处，握住喇叭筒，压下压把）、三对准（喷口对准火焰根部扫射），尽可能地扑灭或控制火灾。

（3）火势已无法控制，实验人员应直接撤离核心区，如火势未进入准备间和缓冲间，可从走常规路径撤出；如火势进入缓冲间，则用安全锤击碎安全门撤离。

（4）实验人员撤离后，监控人员立即关闭总电源，强制切断送、排风机。

（5）对于较大范围火灾，监控人员拨打 119 报警。同时通知安保部门人员前来协助。

9.4.2 较大事件的处理

1. 高等级生物安全实验室运行正常，生物安全柜出现压力异常。

（1）立即停止实验工作。

（2）应缓慢撤出双手，离开操作位置，避开从安全柜出来的气流，立即关上生物安全柜的门，再关闭安全柜风机，开紫外灯消毒。

（3）用 75% 乙醇或 1 g/L 含氯消毒剂（根据病原体选择）对实验人员手套和防护服全身进行喷雾消毒。

（4）脱掉外层手套，换新的外层手套。

（5）实验人员按常规程序退出实验室，在淋浴间进行淋浴更换衣服，戴上外科口罩，离开实验室，做常规健康监测。

（6）另外安排 2 位实验人员按标准程序进入实验室进行清场。

（7）监控人员对实验室进行终末消毒，对安全柜进行维修。

2. 实验人员在操作 1 类或 2 类高致病性病原微生物的培养物或含有高致病性病原微生物的废弃物时，在正常运行的高等级生物安全实验室内的地面、台面，以及仪器设备等物体的内外表面发生溢洒或泄漏。

（1）实验人员立即用 75% 乙醇或 1 g/L 含氯消毒剂（根据病原体选择）消毒外层手套，立即使用干净的一次性吸水纸覆盖溢洒处。

（2）拿出黄色意外事故应急处理箱，配制 5 g/L 含氯消毒剂；用 5 g/L 含氯消毒剂由外向里倒在吸水纸上，待消毒剂完全浸透，作用 30 min。

（3）用 75% 乙醇或 1 g/L 含氯消毒剂（根据病原体选择）对实验人员防护服外表进行全身喷洒消毒，处理完毕可继续完成实验。

（4）实验结束，先进行清场。清场结束后，实验人员用镊子小心将吸收了溢洒物的吸水纸连同溢洒物收集到医疗废物垃圾袋并用扎带密封好，高压灭菌处理。

（5）实验人员按常规程序退出实验室，在淋浴间进行淋浴更换衣服，戴上外科口罩，离开实验室，做常规健康监测。

（6）开启紫外线对实验室消毒 30 min。

3. 高等级生物安全实验室在离心操作时，在可封闭的离心桶内离心管发生破裂等产生潜在危害性气溶胶的意外事故。

（1）所有密封离心桶都应在生物安全柜内装卸。

（2）离心完毕发现离心桶内离心管发生破裂，应该松开离心桶盖子，将离心桶放入医疗废物垃圾袋高压灭菌处理。

（3）可继续完成试验，实验人员按常规程序退出实验室，在淋浴间进行淋浴更换衣服，戴上外科口罩，离开实验室，做常规健康监测。

4．BSL-3 实验室出现压力异常但生物安全柜保持负压。

（1）立即停止实验工作，继续保持生物安全柜的负压运行 10 min，关上生物安全柜门，实验人员按常规对实验进行清场。

（2）实验人员用含 75% 乙醇或 1 g/L 含氯消毒剂（根据病原体选择）消毒防护服,然后正常撤离，做常规健康监测。

（3）开启紫外线对实验室消毒 30 min。

（4）实验室消除压力异常故障后，由专业人员进行终末消毒。

5. 实验人员操作 3 类或 4 类病原微生物培养物或样本时，被污染的锐器刺伤或被感染的实验动物抓伤咬伤。

（1）立即停止实验工作。

（2）实验人员先用 75% 乙醇或 1 g/L 含氯消毒剂（根据病原体选择）消毒手套。

（3）脱掉手套，打开水龙头，对伤口进行冲洗 5 min。

（4）使用专用皮肤消毒剂对实验人员刺伤或动物抓伤的伤口进行消毒处理，再用止血贴包扎整个伤口，对受伤人员做常规健康监测。

6. 二级生物安全实验室发生未装可封闭离心桶的离心机内盛有潜在感染性物质的离心管发生破裂。

（1）如果离心机正在运行时发生破裂或怀疑发生破裂，应关闭离心机电源，让离心机密闭静止 30 min 使气溶胶沉积。

（2）如果离心机停止后发现破裂，应立即将离心机盖子盖上，并密闭静止 30 min。

（3）戴上双层手套，用镊子清理玻璃或塑料碎片。

（4）将破碎的离心管、玻璃碎片、离心桶、离心机十字轴和转子装入专用高压灭菌袋进行高压灭菌。如果离心桶、离心机十字轴和转子不能高压灭菌，可用无腐蚀性的、已知对相关微生物具有杀灭活性的消毒剂进行消毒。

（5）未破损的带盖离心管用消毒剂灭菌后仍可以使用。

（6）首先用 1 g/L 含氯消毒剂对离心机内腔进行两次擦拭消毒，然后用 75% 乙醇再进行两次擦拭消毒并用吸水纸擦干。

（7）清理时所使用的全部材料都应作为感染性废弃物进行高压灭菌处理。

7. 二级生物安全实验室发生 3 类或 4 类病原微生物菌（毒）种丢失或被盗。

（1）实验人员或菌（毒）种和样本管理人员应立即报告实验室主任，同时报告单位保卫部门负责人。

（2）保卫部门在失窃现场设置警示标志，指定专人把守，限制无关人员进入。进入现场人员均需穿白大衣、戴口罩和手套。

（3）保卫部门组织相关人员查看监控录像，同时向公安部门报警。

（4）各部门配合公安部门调查取证，在公安勘测现场完毕后，实验室人员清点核对实验室内丢失和现存的菌（毒）种或样本的数量和信息，并作好记录。

（5）实验室人员填写事件处理记录表，根据公安部门破案的进展撰写事件处置报告和总结报告，将事件最终处置情况报上级主管部门。

9.4.3 一般事件的处理

1. 实验人员在高等级生物安全实验室操作 1 类或 2 类高致病性病原微生物培养物或未经培养的感染性样本时，在生物安全柜内发生溢洒。

（1）暂停实验工作。

（2）首先用吸水纸覆盖溢洒的感染性材料，然后用 1g/L 含氯消毒剂由外向里倒在吸水纸上，待消毒剂完全浸透，作用 30 min。

（3）用 75% 乙醇或 1g/L 含氯消毒剂（根据病原体选择）对实验人员手套进行消毒，更换新的外层手套继续完成实验。

（4）实验结束后按常规进行清场消毒。

（5）实验人员按常规程序退出实验室，做常规健康监测。

2. 实验人员在处理 3 类或 4 类病原微生物的培养物，或含高致病性病原微生物的废弃物时，在二级生物安全实验室的地面、台面，以及仪器设备等物体的内外表面发生溢洒或泄漏。

（1）实验人员立即使用干净的一次性吸水纸覆盖溢洒或泄漏的感染性材料。

（2）取出应急处理箱，配制 5g/L 含氯消毒剂；用 5g/L 含氯消毒剂由外向里倒在吸水纸上，待消毒剂完全浸透，作用 30 min。

（3）将吸水纸等物品转入垃圾袋，再用 75% 乙醇对污染表面进行消毒清洁，所有处理物品作为感染性废弃物高压灭菌处理。

（4）实验人员离开实验室，做常规健康监测。

（5）开启紫外线对实验室消毒 30 min。

3. 在动物二级生物安全实验室发生感染实验小动物逃逸。

（1）实验人员立即停止实验工作；将其余小鼠放回 IVC 笼具，扣紧 IVC 笼具锁紧放入笼具架上。

（2）实验人员在安全柜内脱下外层手套，离开生物安全柜，换上新的外层手套，双人配合捕捉逃逸的实验小动物。

（3）在安全柜内将捉回的动物放回原笼继续实验；若逃脱时间过长，捕捉后发现小动物受伤，应给予安乐死。

（4）使用 75% 乙醇对实验人员防护服和手套进行彻底消毒，按正常流程退出实验室。

9.4.4 事件分级的确认及总结

实验室在处置意外事故过程中将根据意外事故的处置情况及事件的发展进行动态调级跟踪，待事故处置完成后对事件进行分级确认。

在各级事件报告的最高级别负责人确认事件终止后，由负责人牵头，及时组织相关责任部门人员就事件的处置工作撰写事故调查总结报告，报生物安全管理办公室备案，必要时会同生物安全管理办公室一起讨论撰写总结。事故调查报告内容：①事故总体描述；②现场调查处置经过（事故发现，处置全过程，涉及人员情况，包括可疑感染人员和密切接触者等，相关检测结果）；③事故定性结论；④事故原因分析经验教训；⑤下一步整改建议等。

9.5 实验室应急措施

当实验室发生应急事件时必须有有效的应对措施，制定应急预案，按照应急预案做好物资储备和人员培训，一旦发生各种意外事故造成的应急事件，能够科学有效处置，确保实验室生物安全。

9.5.1 应急物资储备

（1）应急处理箱。

应在三级生物安全实验室的每个核心区和准备间配备应急处理箱，放在易于取放且显眼的位置，外贴应急处理箱标识。应急处理箱配备的物料包括：纱布、吸水纸、含氯消毒剂、75% 乙醇、镊子、手套、连体防护服、N95 口罩、护目镜、带有过滤器的呼吸防毒面具、急救毯等。

（2）应急药箱。

应在准备间内，洗手池边上配备应急药箱，外贴应急药箱标识；应急药箱配备的物料应包括：敷料、三角绷带、纱布绷带、紧急止血带、胶布、医用剪刀、镊子、棉签、胶手套等。配备的药品应包括医用乙醇棉球、创可贴、医用碘伏棉球等。

（3）固定式洗眼器。

应在准备间洗手池旁配备洗眼器。

（4）便携可移动洗眼器。

应在准备间洗手池旁储备一些便携可移动洗眼器，每次实验活动带入核心区备用。

（5）灭火器。

应在洗消间、准备间、每个核心区配备气体灭火器，放在易于取放的稳固铁箱内，并做好标识。

（6）个人防护装备。

储备充足的手套、面屏、护目镜、连体防护服、N95 口罩等个人防护装备。

（7）做好各种应急物资的储备，实验室安全管理人员应对储备的物品每季度检查一次，并根据使用记录和有效期增补更换。

9.5.2 人员救护、隔离及医学观察设施

发生应急事件，特别是发生伤害、病原微生物暴露风险等意外事故时，除开展现场紧急救治处理外，根据意外事故的分级及人员的伤害情况，经风险评估后还需送指定的医疗救治定点医院进行医学观察或救治，需要有专用场所对有感染风险的实验人员进行隔离观察。

（1）实验室必须在实验人员中培训一批现场急救人员。

（2）实验室设立单位必须确定 1 ～ 2 家定点医院，定点医院必须有传染病隔离救治能力，并能保持畅通的联系方式，能够及时转运需要医学观察和临床救治的实验人员。

（3）实验室设立单位必须建立合格的病原微生物暴露人员的隔离观察场所，并有转运暴露人员到定点医院或隔离场所的车辆及陪同人员。

9.5.3 重大事件的应急消杀能力

实验室设立单位必须有专业队伍能对被污染或潜在被污染的实验室、公共场所和隔离场所进行消毒处理，并对消毒效果进行评价。

9.5.4 健康监护

（1）诊断能力。

在隔离观察期间应急事件的当事人及其密切接触者在潜伏期内出现相关感染的可疑症状时，要对相关人员进行快速实验室检测和临床鉴别诊断。

（2）保留本底血清。

对于没有出现可疑症状的实验人员，必须在事故发生后收集实验人员的血清作为本底。

（3）医学观察和救治。

应急事件的当事人及其密切接触者一旦出现与实验相关的病原微生物感染的临床症状或体征时，立即协调定点医院派专人和负压救护车将患者送医院治疗。治疗过程中要如实主诉工作性质和发病情况。在就诊过程中，应采取必要的隔离防护措施，并收治到专用负压病房，以免疾病传播。

9.5.5 应急演练和培训

为了做好意外事故等应急事件的处置工作，实验室必须制定详细的应急预案，每年组织 1 ～ 2 次应急演练，避免意外事故的发生。

加强人员培训，每年举办 2 次全员培训，包括管理人员的实验室管理制度培训、实验室人员的良好操作技术和实验室设施设备的使用培训。

9.6 事故紧急撤离

9.6.1 实验室意外事故的紧急撤离

三级生物安全实验室发生重大事件和较大事件的意外事故时，对事故进行初步处理后，需要停止实验工作。需要紧急撤离时，按照以下程序撤离。

（1）在生物安全柜内迅速脱掉外层手套，收集在生物安全柜的垃圾袋中。

（2）换新的外层手套，用 75% 乙醇对连体防护服进行全身喷洒消毒，迅速进入第二缓冲间按顺序脱掉面罩、外层连体防护服、鞋套和外层手套，分别放进缓冲间的专用高压灭菌袋，退出第二缓冲间进入准备间。

（3）进入准备间后先用 75% 乙醇对内层手套进行消毒，先摘下口罩，再脱掉内层手套。

（4）在第一缓冲间脱去内层防护服和内层鞋套进入淋浴间。

（5）淋浴后，进入更衣间，换好个人衣物离开，进入清洗间。

（6）避免与实验室外工作人员接触，到指定地点等候进一步安排。

9.6.2 紧急撤离路线

各核心区实验室→缓冲二区→准备间→缓冲一区→淋浴间→更衣室→清洗间→指定集中地点。

9.7 各类生物安全实验室的风险控制措施

各类生物安全风险的控制措施主要包括：良好微生物操作技术规范的应用、适当的防护设备和实验室设施的正确使用和维护，以及通过规范的管理制度减少实验室工作人员受伤或感染的风险。这些控制措施的实施可以同时把生物安全实验室对环境以及周围社区造成的风险降到最低。随着生物技术的发展，生物安全实验室还必须加强对实验室以及实验室内的材料的保护，以免可能因故意破坏实验室或故意投放病原微生物及其毒素等行为而危害人类、家畜、农业或环境。实验室除了要制定防止发生病原体或毒素无意中暴露及意外释放的防护原则、技术等措施外，还必须制定防止病原体或毒素丢失、被盗、滥用、转移或有意释放的安全措施。有效的生物安全规范是实验室生物安全保障活动的根本，各类生物安全实验室风险的控制措施如下。

（1）实验室生物安全管理部门应详细掌握各类生物安全实验室拥有和使用的病原微生物的种类

和数量，存放位置、需要接触使用这些病原微生物的人员，以及负责保管这些病原微生物的人员的身份等信息。通过这些信息可以评估这些病原微生物对于那些企图不当使用它们的人是否具有诱惑力。

（2）各类生物安全实验室设立单位都必须根据本单位的需要、实验室工作的类型以及本地的情况等来制定和实施特定的实验室生物安全保障规划。制定安全保障规划时，除了单位的实验室、科教信息、生物安全管理、后勤保障等部门的人员参与外，还必须邀请上级主管部门、科技、公安和国家安全等机构的人员来参加。

（3）生物安全实验室风险控制措施应包括详细记录病原微生物及其毒素的贮存位置、进出储存位置的人员资料、使用情况、本单位和外单位之间的运输情况、实验室生物安全保障工作中的违规情况等。

（4）开展实验室生物安全培训和实验室生物安全保障培训，让每个工作人员理解生物安全和保护病原微生物资源的重要性，明确个人的作用和责任。

（5）对于所有有权接触敏感材料的人员，要严格考察他们在专业和道德方面是否胜任涉及高致病性病原微生物的实验活动，这也是控制高等级生物安全实验室风险的重要措施。

总之，良好的微生物操作技术规范、适当的防护设备和实验室设施、规范的管理制度和实验室安全保障是各类生物安全实验室风险控制的重要措施。所有这些措施必须通过对实验室风险的定期评估，以及对相关措施的定期检查及更新来加以维持。

参考文献

[1] 柯昌文, 李晖. 实验室生物安全应急处理技术[M]. 广州: 中山大学出版社, 2008.

[2] WORLD HEALTH ORGANIZATION. Laboratory biosafety manual[M], 4th ed. 2020.

第10章

实验室生物安全能力建设展望

生物安全已成为国家安全的重要组成部分，生物安全能力是国家生物防御能力的重要体现。随着新发突发传染病不断出现，生物武器、生物恐怖、生物技术谬用等生物安全问题受到越来越多的关注，并且国内外对生物安全的研究范围逐渐扩大，研究深度不断增加，实验室生物安全的重要性也日益凸显。根据国际社会发展趋势和我国的现实需求，开展和加强生物安全实验室体系规划建设，对提升我国的生物安全防护能力、保护人民健康、促进经济社会发展、维护国家安全具有重要的战略意义和现实意义。

相较于发达国家，我国的高等级生物安全实验室起步时间较晚，与国外先进的设备制造技术和实验室管理理念有一定的差距。但自 2003 年 SARS 疫情暴发以来，我国出台多个实验室生物安全发展规划，不断完善法律法规，强化监督与管理体系，投入大量经费支持科技研究与基础设施建设，推动我国生物安全实验室工艺和技术进步，提高了生物安全防护设备的国产化水平，培养了高科技和高管理水平人才，使我国实验室生物安全能力建设得到快速发展，我国应对突发公共卫生事件的能力也得到持续提升，我国逐步迈向全球生物安全强国之列。

然而，随着信息化、人工智能等技术的发展，生物安全实验室可能发生巨大的技术变革。同时，我国在实验室生物安全能力建设和管理方面也存在一定的问题与不足，如法治规范建设与管理制度不完善、软硬件设施性能有待提高、人才队伍建设有待加强等。因此，我国也需要不断关注实验室生物安全领域的发展动向，跟上并引领实验室生物安全建设发展，跨越式提升实验室生物安全保障能力水平，更好地维护我国实验室生物安全。

10.1 实验室生物安全能力建设进展与成绩

2004 年以来，我国实验室生物安全工作有了长足进步与发展，实验室生物安全工作逐步得到重视，并纳入国家整体安全战略，为我国生物安全的持续发展打下了良好的基础。目前，我国生物安全实验室的建设、运行和管理能力得到很大提升，有力地支撑了我国疾病防控、医药等生命科学相关领域的研发和技术创新，为 2008 年北京奥运会、2010 年上海世博会、2022 年北京冬奥会等重大活动，以及甲型 H1N1 流感疫情、H5N1 禽流感疫情、新冠病毒感染疫情等新发突发传染病防控工作提供了重要保障。

10.1.1 生物安全纳入国家整体安全战略

国家安全一切为了人民，人民安全是国家安全的基石，维护人民安全的首要任务是保障人民群众的生命安全。其中，生物安全关乎人民生命健康，关乎国家长治久安，关乎中华民族永续发展，是国家总体安全的重要组成部分，也是影响乃至重塑世界格局的重要力量。党的十八大以来，习近平总书记亲自谋划国家安全领导体制改革，2013 年 11 月 12 日经由中国共产党第十八届中央委员会第三次全体会议通过，成立中央国家安全委员会。习近平总书记多次就生物安全问题作出重要指示，并要求加快立法步伐。中央国家安全委员会就生物安全作出顶层设计，生物安全立法是通过法律形式贯彻落实党中央的战略部署，把党的主张转化为国家意志。2019 年，生物安全立法被纳入十三届全国人大常委会立法规划和立法工作计划，由全国人大环境与资源保护委员会负责牵头起草和提请审议。2019 年 10 月 21 日，十三届全国人大常委会第十四次会议首次提请审议《中华人民共和国生物安全法（草案）》。经过两次会议审议后，2020 年 10 月 17 日，第十三届全国人民代表大会常务委员会第二十二次会议正式通过《中华人民共和国生物安全法》。

2021 年 4 月 15 日，《生物安全法》正式施行，这标志着我国生物安全法律体系建设进入了依法治理的新阶段，是生物安全法律规制的重要里程碑，为我国防范生物安全风险和提高生物安全治理能力提供了坚实的法律支撑。《生物安全法》共十章八十八条，其中，第八章着重针对生物安全能力建设作出明确规定。在重视传统安全、加强非传统安全建设的背景下，面对新的形势和发展趋势，实验室生物安全的重要性已逐渐超越传统知识范围和所可能产生的影响，成为国家安全的重要组成部分。

2021 年 9 月 29 日，中共中央政治局就加强我国生物安全建设进行第三十三次集体学习时，习近平总书记发表重要讲话，指出党的十八大以来，党中央把加强生物安全建设摆上更加突出的位置，纳入国家安全战略，颁布施行生物安全法，出台国家生物安全政策和发展战略，健全国家生物安全工作组织领导体制机制，积极应对生物安全重大风险，加强生物资源保护利用，举全党全国全社会之力打好新冠肺炎疫情防控人民战争。我国生物安全防范意识和防护能力不断增强，维护生物安全基础不断巩固，生物安全建设取得了历史性成就。

10.1.2 实验室生物安全法制规范与管理体系逐步健全

我国的高等级生物安全实验室最早可追溯到 20 世纪 80 年代，为了进行流行性出血热病毒传播机制的相关研究，1987 年在军事医学科学院建立了我国第一个现代意义上的生物安全三级实验室。同期，为了进行艾滋病的研究，中国预防医学科学院从德国引进生物安全三级实验室。此后，我国有关单位也陆续引进和自建了一批接近生物安全三级防护水平的实验室。在 20 世纪 90 年代后期，有专家提出，建议出台我国的实验室生物安全准则和规范。2002 年 12 月，卫生行业标准《微生物和生物医学实验室生物安全通用准则》发布，这是我国第一个实验室生物安全领域的标准。2003 年在我国暴发的 SARS 疫情，进一步引起了国家对高等级生物安全实验室建设的高度重视。

2004 年起，我国先后颁布了《病原微生物实验室生物安全管理条例》（中华人民共和国国务院令第 424 号）、《医疗废物管理条例》（中华人民共和国国务院令第 588 号）和《实验室生物安全通用要求》（GB 19489—2004）等有关实验室生物安全的规范与标准。同年，国家住房和城乡建设部发布了《生物安全实验室建筑技术规范》（GB 50346—2004），补充规范了我国的生物安全实验室的建设要求。随后，我国又发布了《可感染人类的高致病性病原微生物菌（毒）种或样本运输管理规定》（中华人民共和国卫生部令第 45 号）、《人间传染的高致病性病原微生物实验室和实验活动生物安全审批管理办法》（卫生部令第 50 号）、《人间传染的病原微生物菌（毒）种保藏机构管理办法》（中华人民共和国卫生部令第 68 号）、《人间传染的病原微生物名录》、《病原微生物实验室生物安全环境管理办法》（环保总局令第 32 号）等配套的相关规定。自此，我国实验室生物安全管理工作已逐步走入规范化和科学化管理轨道。经过近 20 年的快速发展，我国不断根据生物安全实验室的发展情况，修订已发布的《实验室生物安全通用要求》（GB 19489—2008）和《生物安全实验室建筑技术规范》（GB 50346—2011），同时制修定了卫生、农业、认证认可、出入境检验检疫等行业标准，如《人间传染的病原微生物菌（毒）种保藏机构设置技术规范》（WS 315—2010）、《兽医实验室生物安全要求准则》（NY/T 1948—2010）、《实验室设备生物安全性能评价技术规范》（RB/T 199—2015）、《病原微生物实验室生物安全通用准则》（WS 233—2017）、《病原微生物实验室生物安全标识》（WS 589—2018）、《病原微生物实验室生物安全风险管理指南》（RB/T 040—2020）等。目前，我国实验室生物安全体系已初具规模，实验室生物安全能力得到明显提升。

在我国，生物安全实验室的监管贯穿“全过程”，即从项目立项、审查、环评、建设，到认可、活动批复等有一套完整的监督管理流程。其中，国家发展和改革委员会及科技部负责项目的规划、立项与审批，环保部门负责项目环评，中国合格评定国家认可中心负责生物安全实验室的认可，卫生健康委员会、农业农村部负责实验活动审批。各级管理部门分工协助、沟通协调、上下联动，各级监管部门、各级负责人责任划分清晰，形成了职责明确、齐抓共管的实验室生物安全管理体系。通过层层落实责任，提高各级管理部门和单位对实验室生物安全工作重要性的认识，增强忧患意识，认真落实实验室生物安全管理职责。

10.1.3 科技助力生物安全科研能力提升

《“十三五”生物产业发展规划》指出，构建和完善高级别生物安全实验室体系，夯实我国的烈性与重大传染病防控、生物防范和生物产业发展的基础条件，增强生物安全科技自主创新能力。

十九大报告中也指出“创新是引领发展的第一动力”。目前，我国实验室生物安全科技创新能力得到显著提升，具体体现在课题部署、设备研发、企业培育和专利成果等方面。

2003 年以来，“863 计划”、国家科技攻关计划、国家科技支撑计划、传染病防治科技重大专项、国家重点研发计划等国家科技计划部署了一批实验室生物安全相关课题。目前我国国产设备已基本满足生物安全三级实验室的建设需求，高效空气过滤器、生物安全型双扉压力蒸汽灭菌器、二级生物安全柜、气密门、生物密闭阀等国产关键防护设备已被成功应用于生物安全三级实验室，我国已基本实现生物安全三级实验室防护设备的自主保障。同时，生物安全四级实验室关键防护设备研发亦取得重大突破。“十三五”期间，我国相继突破防护服气密防护技术、高速气流降噪、空气品质监控、消毒液自动配液、精细雾化、高温碱水解、产物固态输出等关键技术，成功研制出正压防护服、生命支持系统、化学淋浴设备、动物组织无害化处理设备等生物安全四级实验室核心防护设备，经第三方机构性能评估，主要性能指标达到国外同类产品先进水平。通过课题的研发，我国基本完成了生物安全实验室防护设备全系列产品的研发，并且相关技术专利申请数量也逐步增加。在我国，正压防护头罩、生物安全柜、压力蒸汽灭菌器和废水处理系统等相关设备的专利申请数量全球领先，成为主要的技术来源国。生物安全防护设备技术的掌握和自主知识产权的拥有，为我国打破西方发达国家的技术封锁、摆脱国外进口的依赖提供了有力的技术储备。

由于我国生物安全自主研发能力的提升，生物安全设备相关研发生产企业不断壮大发展，近年来涌现出很多初具规模的国企、民营、中小型企业等，某些产品的技术和工艺水平已达到国际水平，市场占比甚至远超进口品牌。我国实验室生物安全的科技创新能力得到显著提升，相关研究机构与制造企业的技术水平也不断提高，为实现实验室生物安全自主保障奠定了坚实的技术基础。

10.1.4 积极应对新发突发传染病疫情防控

2003 年前，我国在传染病防控和病原微生物研究方面做了大量工作，但“生物安全”的重要性没有引起足够重视。2003 年的 SARS 事件，凸显了我国在公共卫生应急管理体系和能力建设方面的危机，当年我国出台了《突发公共卫生事件应急条例》，也使得生物安全概念进入政府管理视野。

SARS 事件后，我国全面开始应急管理体系建设。2005 年出台了《国家突发公共事件总体应急预案》，2007 年出台了《中华人民共和国突发事件应对法》，规范了我国公共卫生事件的监测预警、信息报送、应急响应、应急处置等环节，同时健全了我国重大传染病突发公共卫生事件预案体系。2004 年我国建设了全球最大的传染病疫情和突发公共卫生事件网络直报系统，为传染病疫情监测和预警奠定了坚实的基础。近年来，我国已成功处置了甲型 H1N1 流感病毒、H5N1 禽流感病毒、H7N9 禽流感病毒、中东呼吸综合征、埃博拉等多项突发公共卫生事件，重大传染病和突发公共卫生事件处置能力不断提升，这离不开生物安全实验室为传染病监测、检测等处置工作和疫苗研发工作的有力保障。截至 2020 年 10 月，我国通过科技部建设审查的三级生物安全实验室共有 81 家，这些实验室在国家新发突发传染病防控和国家重大活动保障中发挥了积极作用。

2020 年 3 月 11 日世界卫生组织宣布了新冠肺炎疫情的全球大流行。在疫情防控中，生物安全实验室在病原检测及疫苗研发中发挥着不可忽视的作用。面对此次突发疫情，我国快速启动生物安全三级实验室，为科研攻关提供安全、可靠的技术平台。为了保证新冠肺炎疫情流行期间的实验室生物安全，国家卫生健康委员会及时发布了两版《新型冠状病毒实验室生物安全指南》，指导实验室安全、有序地开展检测工作。至今，新冠病毒感染疫情仍在世界范围内持续流行，并不断出现变异毒株，但实验室一直处于高效、稳定的运行状态，未发生任何生物安全事故，为我国应对新冠病毒感染疫情提供了坚实的保障。

10.1.5 国际合作彰显大国风范

随着我国实验室生物安全能力的提升，我国广泛与世界卫生组织、美国疾病预防控制中心、加拿大公共卫生署、瑞典传染病控制所、法国巴斯德研究所等机构建立双边合作，以“请进来、走出去”的方式深化人员能力培养，积极邀请国际专家来华交流，同时广泛参与国际组织或协会的工作。我国与“一带一路”沿线国家和地区也在积极共商生物安全领域的合作与发展，广泛开展国际合作，推进构建人类卫生健康共同体。近年来，包括中国在内的多国举办多场生物安全论坛或国际会议，会议上各国积极沟通，为传染病防控出谋划策，取得了显著效果。通过科研和国际合作，我国逐渐汇聚了一大批实验室生物安全领域的科研团队和专家队伍，为我国实验室生物安全管理工作培养和储备了大量人才，这也是我国实验室生物安全工作能够长期持续健康发展的宝贵财富和动力源泉。

此外，我国同多个国家开展了生物安全实验室共建合作，构建全球化的生物安全实验室合作体系，以更好地应对全球一体化时代所面临的传染病防控和生物威胁新形势。2003 年 7 月，中国科学院和武汉市人民政府与法国签署战略合作项目，历时十余年，2015 年 1 月，建成我国第一个生物安全四级实验室——中国科学院武汉国家生物安全实验室，并于 2017 年获得国家认可。2014 年，西非埃博拉疫情暴发，应塞拉利昂政府请求，我国政府第一时间做出积极回应，商务部审批立项了援塞生物安全实验室建设项目，由中国疾病预防控制中心承接该项目，仅用 87 天建成了我国在海外援助的第一个固定生物安全三级实验室，为西非埃博拉防控工作发挥了重要作用。2014 年 11 月，科技部全额资助了中哈农业科学联合实验室及教学示范基地项目；2018 年 7 月，项目完成全部建设内容，通过竣工验收并顺利运行；该项目成为哈萨克斯坦农业高校中唯一能够开展 A 类动物疫病病原研究的生物安全三级实验室，对提高哈萨克斯坦兽医研究水平起到重要作用。

10.2 实验室生物安全能力建设问题与不足

我国实验室生物安全能力建设发展机遇与挑战并存。近年来，随着国家对实验室生物安全的重视与科技投入，我国生物安全能力建设取得了一定进展，但由于我国起步发展时间较晚，还存在一定的问题与不足，相关工作的系统性、完整性、有效性、持续性也有待进一步提高。这主要体现在实验室生物安全法制规范、人才队伍建设、设备研发等方面，下面将对这些方面进行具体介绍。

10.2.1 实验室生物安全体系建设有待完善

尽管我国生物安全实验室在“建、管、用”等方面，借鉴并参照了国际先进标准体系，但还未形成统一的规范化管理制度，如在建设方面，缺乏标准化的实验室统筹设计、选址规划和安全环境评估程序；在使用方面，缺乏全国统一的生物安全实验室技术标准体系和规范化操作流程；在监管方面，缺乏全国统一的高等级生物安全实验室科学、规范、有效的运行监管制度。我国高等级生物安全实验室，特别是生物安全四级实验室的数量远不如发达国家，管理经验也远落后于欧美国家。

我国多数生物安全关键防护设备缺乏相关产品标准，如正压防护服、生命支持系统、废水处理系统、化学淋浴设备、气密门、动物负压解剖台、换笼工作台、动物垫料处置柜、动物隔离器、生物型密闭阀等设备无可参考的国际标准，增加了我国相关标准制定的难度。同时，我国标准中对检测项目、参数指标及检测方法的要求比较全面、具体，但在大动物实验室及生物安全四级实验室方面，相应的设施设备检测项目要求尚不全面，有待结合现有国内实验室现状制定相应的检测验收要求。此外，实验室日常或定期运行维护方面，各国均没有针对性的要求、规定或可操作性的指导文件，而实验室运行维护是实验室日常安全运行的关键环节，这是我国生物安全实验室标准体系未来发展应该考虑的环节之一。

10.2.2 实验室生物安全能力建设发展有待均衡

由于我国地域分布广泛，经济和社会发展不平衡，实验室生物安全能力地区间差异较大。从全国来看，国家级和省级生物安全实验室均设立了实验室生物安全管理部门，且配备了专职人员和专项经费，但部分市、县级基层管理部门和实验室能力有限，在生物安全培训、监督检查、规章制度建设、实验室备案、病原体微生物菌（毒）种运输审批等方面还存在执行力度不够、落实不到位的情况。

同时，疾控系统、科研机构、高校、医疗机构等不同系统、业务单位间，实验室生物安全能力和落实程度上也存在一定差距。由于全国疾控机构的体系构架相对完整独立，并且省、市级疾病预防控制中心对下级单位有指导的职责，在实验室生物安全的组织机构、制度建设、人员培训和监督检查等方面开展相对较好。与疾控系统相比，医疗机构、高校和科研院所的实验室生物安全的管理能力还有待提高，尤其是高校在病原微生物、实验动物、危化品、仪器设备等管理方面还存在诸多安全问题。近年来，实验室安全事故时有发生，如 2010 年东北农业大学学生感染布鲁氏菌，2019 年兰州兽医研究所人员感染布鲁氏菌，2015 年清华大学实验室氢气瓶爆炸，2015 年上海交通大学实验室硫化氢泄露，2018 年南京中医药大学、北京交通大学实验室相继发生爆炸等，都提示高校的实验室安全管理水平还有待提高。随着生命科学和医学的快速发展，给各个行业的实验室生物安全管理工作都提出了更高的要求。

10.2.3 实验室生物安全意识有待提高

生物安全实验室相关从业人员的生物安全责任意识有待进一步提高。生物安全意识是在工作中潜移默化形成的，只有紧绷生物安全意识，才能守住安全的红线。目前，我国生物安全实验室从业人员还没有规范化或标准化的人员选拔、考核和审查制度，人员培训是一个长期、持续的过程，不仅要对新入职的人员进行岗前培训、专业知识培训等，还不能忽视工作中的培训。当实验室人员长期从事某项工作后，因对工作的熟悉程度，往往放松了戒备，忽视了自我防范，更容易出现生物安全隐患。另外，高校学生的生物安全意识也较为薄弱，大多数学生在进入实验室前缺乏系统的生物安全知识和技能培训，还没有形成生物安全的概念和意识，因此缺乏生物安全风险识别能力，生物安全责任意识薄弱。

10.2.4 实验室生物安全人才队伍建设有待加强

目前，我国缺乏复合型生物安全人才，生物安全管理人员和硬件设施维护管理人员不足，其中，从事生物安全四级实验室管理的专业化人才极度缺乏。设施设备的运行与维护、医疗废物的处理等后勤管理工作，是实验室生物安全中不可或缺的一部分，但这部分工作专业程度高、涉及专业广，同样需要专职人员负责管理。但目前生物安全实验室往往聘用兼职人员或委托第三方机构承担实验室运行与维护工作，因此极度缺乏此类人员来保障实验室安全、有效地运行。同时，由于国内高等级生物安全实验室数量较少，专业较为小众，知识层次、业务水平、管理能力同时具备的高级人才匮乏，实验室生物安全专家队伍也未形成系统化、制度化、动态化管理。

10.2.5 实验室生物安全设备研发能力有待提升

与欧美等发达国家相比，我国实验室生物安全科技研究能力、技术装备研发能力，尤其是自主创新能力方面还有所欠缺。虽然我国在生物安全设施设备的研制方面取得了一定进展，但与世界先进水平相比，在运行的安全性和防护的有效性方面还存在差距。多数国产产品与进口产品的参数指标几乎无差别，产品中的核心技术国内也可自主研发，但材料和技术差异是造成产品质量差异的关键。根据我国高等级生物安全实验室的现况调查，目前国内部分生物安全设施设备的关键材料与核心部件如高性能橡胶材料、高性能风机、专业传感器、有害气体催化器等仍然依靠进口；应用于生物安全四级实验室中的设备几乎均选用进口产品，生物安全四级实验室关键防护设备及核心技术均为欧美发达国家所掌握和垄断。

高等级生物安全实验室关键防护设备技术工艺要求高，对企业的实力及资质也有较高要求，企业难以花大成本研发设备，投入市场销量小，收回资金慢，是国内企业自主研发能力欠缺的原因之一。尽管二级生物安全柜、压力蒸汽灭菌器、实验动物独立通风笼具等生物安全关键设备的国产化技术、产品和标准已很成熟，且具有价格和服务优势，但产品质量和声誉尚不及同类进口产品，用户对国产产品信任度不高。同时，我国缺少用户与企业沟通联系的平台，不利于企业产品性能的提升。

10.3 实验室生物安全能力建设展望

我国生物安全实验室建设历经10余年，从几乎一片空白，到目前管理体制趋于健全，设备设施逐步完善，可见在实验室生物安全能力建设方面取得了突出成效。但不可忽视的是，现有的国家法规标准体系尚有很多内容亟须完善、更新和补充，未来随着国际交流与合作进一步加强，新技术、新装备将会应用于实验室生物安全领域，我们应站在一个新的高度审视和规划未来，提高我国实验室生物安全的能力建设。针对目前我国实验室生物安全能力建设的问题与不足，根据国家安全战略总体发展要求，结合重大传染性疾病防控需要，应不断制定和调整对策。

10.3.1 顶层设计出发，全面提升国家生物安全治理能力

近年来，习近平总书记多次提出生物安全的重要性。2020年5月，国家发展改革委、国家卫生健康委、国家中医药管理局联合印发《关于印发公共卫生防控救治能力建设方案的通知》(发改社会〔2020〕735号)，要求加强疾病预防控制体系现代化建设，实现每省至少有一个达到生物安全三级水平的实验室；每个地级市至少有一个达到生物安全二级水平的实验室，具备传染病病原体、健康危害因素和国家卫生标准实施所需的检验检测能力。《中共中央关于制定国民经济和社会发展第十四个五年规划和二〇三五年远景目标的建议》中也提出了加强高级别生物安全实验室体系建设和运行管理。此外，“十四五”开局之年国家也部署了一批生物安全重点专项课题。国家从顶层规划生物安全发展，统筹布局我国生物安全实验室的建设，着力提高实验室生物安全能力，为全面提升国家安全治理能力奠定基础。

提升实验室生物安全能力，要健全党委领导、政府负责、社会协同、公众参与、法治保障的生物安全治理机制，强化各级生物安全工作协调机制。要从立法、执法、司法、普法、守法各环节全面发力，健全国家生物安全法律法规体系和制度保障体系，加强生物安全法律法规和生物安全知识宣传教育，提高全社会生物安全风险防范意识。

10.3.2 实验室生物安全法规标准体系更加健全

标准是产品质量的基础。目前我国已制定了一系列有关生物安全的法律、法规、政策、标准和文件，尤其是《生物安全法》出台后，完善了我国生物安全管理体系，更是在法律层面填补了空白。随之，生物安全相关法规、标准和文件还需根据《生物安全法》的内容进行修订、补充。此后，还需加快建立和完善生物安全风险监测预警制度、生物安全风险调查评估制度、生物安全名录和清单

制度、生物安全信息共享制度、生物安全审查制度等，进一步完善我国生物安全风险防控体制建设。

此外，我国需要进一步完善各类生物安全防护设备的技术标准，依靠标准规范行业行为，在政府引导下实行产品认证制度，切实提升国产生物安全设备的品质和性能，提高国产产品的耐用性和可靠性，缩短与进口产品技术工艺的差距，通过技术标准约束产品质量。同时，现行的法规、政策、标准和规范等也需根据国内外生物安全的发展现状，及时进行更新和完善，以建立更有适用性、更成熟的生物安全实验室法制体系，支撑国家生物安全防护和能力建设。

10.3.3 加快实验室生物安全专业人才培养，完善学科建设

实验室的管理能力是由人员的技术水平、仪器设备的条件、规章制度是否完善等多种因素决定，提高实验室综合能力关键之一就是人才队伍建设。

具体来说，生物安全实验室的建设与管理是一个交叉领域，涉及生物、公共卫生、管理等多门学科。应加强相关学科建设发展和专业设置，选择性地在部分院校和科研院所设立生物安全专业，逐步将学科设置提前至本科阶段，让学生尽早接触到生物安全领域，确保生物安全专业人才的稳定输出。加强重要岗位人员的出国培训学习及吸引国外优秀人才回国工作创业，在科技领军人才等人才计划中支持引进生物安全实验室装备研发与管理方面的人才。加大对“高精尖缺”人才培养力度，支持发展新型联合培养基地，探索培训新模式，提升培训成效性。从全产业链入手，加强各领域合作，形成综合的人才队伍。

10.3.4 强化实验室生物安全自主创新能力，增加经费投入

科研经费是创新和发展的保障。合理布局与加快高等级生物安全实验室建设，突破生物安全四级实验室关键设备核心技术，加大设施设备的研发力度，提高设备产品的稳定性、安全性和有效性，加快高等级生物安全实验室全面国产化的进程。例如，进一步加强生物安全四级实验室相关设备的研发，形成一套完整的实验室生物安全设备保障链；加大对灵长类等动物的隔离饲养、手术解剖、X线拍片等的研发力度，全面提升高等级动物生物安全实验室的生物安全水平；持续对生物安全实验室基础材料、工艺、自动控制和人工智能等领域的产品研发，提升实验室生物安全创新能力与保障能力水平。

此外，国家应进一步加大实验室生物安全科技创新的支持力度，保证稳定的高等级生物安全实验室科技研发、能力提升等科研经费支持，国家科技重大专项、重点研发计划等科技项目中加强对实验室生物安全领域的投入。加强对民营、微型企业的扶持，采取适当的优惠和税收减免政策，加大对企业的支持力度，鼓励企业自主研发实验室生物安全设备，同时引导企业产业升级，发展常规设备与生物安全设备的融合，提升企业创造力，由“中国制造”向“中国智造”转变。

10.3.5 提高实验室生物安全意识

实验室生物安全意识至关重要。只有具有扎实的专业知识技能及安全防护知识，才能深刻认识到实验室生物安全的重要性，进而提高对实验室生物安全的意识。应加强实验室生物安全从业人员岗前培训，经考核通过持证上岗；在开展实验活动前，对所从事的病原微生物及相关操作进行风险评估，制定全面、细致的标准操作规程和程序文件；熟悉各级生物安全实验室运行的一般规则，掌握各种仪器、设备的操作步骤和要点，对于各种可能的危害应非常熟悉；还应掌握实验操作的一般准则和技术要点。在岗期间，养成良好的实验室生物安全防护习惯，实验期间注意个人防护，实验后做好清洁消毒，将生物安全操作纳入考核内容，不断强化个人防护意识。同时，定期加强实验室生物安全及职业暴露相关培训，增强实验室生物安全从业人员的心理素质。

10.3.6 加强国际交流合作，提升全球生物防御地位

强化与国外高等级生物安全实验室、科研机构、相关企业的交流合作。加强与国外优势企业的交流，掌握最新发展趋势；加强与国外政府管理部门的交流，学习其实验室生物安全管理方面的有益经验；加强与国外科研机构和高校的交流，学习实验室生物安全的新技术新发展。国家合作可采用"拿进来、走出去"的战略方针，引进、消化、吸收、再创新。与世界卫生组织、国际条约执行机构等国际组织和美、英、法等发达国家开展常态化合作，强化亚太地区生物安全合作，在"一带一路"区域发挥生物安全产业的领军作用。

新冠病毒感染疫情的防控实践证明，生物安全问题已经不再是某个国家的事，而是全球需要共同关注的国际问题。我们要在总体国家安全观的指引下，探讨多重机制解决生物安全国际合作的问题。生物安全国际合作机制的建设必须依靠总体国家安全观的统筹指导，而生物安全国际合作机制的建设成效也直接影响总体国家安全观的落实效果，两者相辅相成，相互促进。同时，积极提倡生物安全数据信息成果共享，世界各国只有在传染病防控信息、科学研究成果等方面进行共享，才能有效防止新发突发传染病的全球传播，共同战胜"敌人"，实现人类命运共同体。

参考文献

[1] 蔡霞, 韩文东, 孙志平, 等. 从新型冠状病毒疫情看生物安全三级实验室的应急能力及内涵建设[J]. 微生物与感染, 2020, 15(4): 233-240.

[2] 曹冠朋, 曹国庆, 张彦国, 等. 国内外生物安全实验室标准体系检测要求对比[J]. 暖通空调, 2022, 52(2): 16-22.

[3] 崔玉军, 赵建军, 贝祝春, 等. 移动生物安全三级实验室在埃博拉病毒检测中的应用与展望[J]. 中华流行病学杂志, 2015, 36(9): 1038-1039.

[4] 高福, 魏强. 中国实验室生物安全能力发展报告——管理能力调查与分析[M]. 北京: 人民卫生出版社, 2017.

[5] 高福, 武桂珍. 中国实验室生物安全能力发展报告——科技发展与产出分析[M]. 北京: 人民卫生出版社, 2016.
[6] 李明. 国家生物安全应急体系和能力现代化路径研究[J]. 行政管理改革, 2020, (4): 22-28.
[7] 李万莎, 谭富兵, 刘晶哲. 实验室生物安全智能管理系统设计[J]. 中国数字医学, 2022, 17(3): 45-49.
[8] 刘静, 孙燕荣. 我国实验室生物安全防护装备发展现状及展望[J]. 中国公共卫生, 2018, 34(12): 1700-1704.
[9] 刘晓辉, 刘芳. 解读《生物安全法》对病原微生物实验室的管理要求[J]. 口岸卫生控制, 2021, 26(6): 34-35.
[10] 孙佑海. 生物安全法: 国家生物安全的根本保障[J]. 环境保护, 2020, 48(22): 12-17.
[11] 唐小明, 林源, 何世成, 等. 湖南省非洲猪瘟检测实验室能力建设现状调查[J]. 中国动物检疫, 2020, 37(2): 29-33.
[12] 吴敏芝, 刘利东, 林卫虹. 疫情视角下加强医学检验技术实习生的生物安全防护及意识形态教育[J]. 卫生职业教育, 2022, 40(4): 107-109.
[13] 习近平在中共中央政治局第三十三次集体学习时强调加强国家生物安全风险防控和治理体系建设提高国家生物安全治理能力[J]. 中国军转民, 2021, (19): 8-9.
[14] 肖军, 郝长潞, 陈鹏, 等. 总体国家安全观视野下的生物安全国际合作机制构建研究[J]. 卫生职业教育, 2022, 40(6): 154-156.
[15] 亚太建设科技信息研究院有限公司, 同济大学. 生物安全实验室建设与发展报告[M]. 北京: 科学出版社, 2021.
[16] 杨旭, 梁慧刚, 沈毅, 等. 关于加强我国高等级生物安全实验室体系规划的思考[J]. 中国科学院院刊, 2016, 31(10): 1248-1254.
[17] 叶元兴, 马静, 赵玉泽, 等. 基于150起实验室事故的统计分析及安全管理对策研究[J]. 实验技术与管理, 2020, 37(12): 317-322.
[18] 张文婷. 我国地方政府应对重大及以上传染病突发公共卫生事件能力研究[D]. 长春: 中共吉林省委党校(吉林省行政学院), 2021.
[19] 张玉鹍. 浅析如何加强医院检验科的生物安全管理[J]. 世界最新医学信息文摘, 2016, 16(4): 176, 178.
[20] 赵赤鸿, 邴国霞, 生甡. 高等级生物安全实验室防护设备现状与发展[M]. 北京: 人民卫生出版社, 2022.
[21] 郑晓茂, 孙宝清, 郑佩燕. 加强医学生实验室生物安全意识浅析[J]. 中国初级卫生保健, 2019, 33(9): 83-84, 95.